親切な代数学演習

―整数・群・環・体―

〈新装2版〉

加藤 明史 著

現代数学社

新装 2 版によせて

本書は旧著『親切な代数学演習』(1985年)の2度目の改訂新版である．最初の改訂新版(2002年)では，単に誤植の訂正だけではなく，いくつかの問題を追加し，解説や注意事項も加筆訂正した．新装版・新装2版では，このような改訂は行わず，むしろ旧版の持ち味を保存した．読者のあたたかいご声援と現代数学社のご尽力に感謝申し上げます．

2020年9月

加藤明史・編集部

改訂新版によせて

本書は旧著『親切な代数学演習』(1985年3月)の改訂新版である．この歳月の推移の間に，学問の世界は大きく様変わりした．代数学の分野においても，1981年に長く懸案であった有限単純群の分類が完成されたり，また1994年には未解決問題で有名なフェルマーの予想が解決されたり，いろいろと大きな進展がなされた．この間に『親切な代数学演習』のような入門的参考書の世界においても，いくつかの類書が出版され，それぞれ一長一短の特色を競ってきた．しかし，幸いにして『親切な代数学演習』は出版以来の評判もよく，このたび改訂新版が出されることになった．

もとより，この改訂は上記のような大テーマの進展を追おうとするものではなく，むしろ旧著の素朴な記述の持ち味を生かし，加筆訂正は必要最小限なものに止めてある．しかしながら，それは単に誤植の訂正だけではなく，いくつかの興味ある注や問題を追加し，また"up-to-date"な[補足]を書き加えた．この新版の刊行は著者としては誠に有難く，声援を送って下さった読者や現代数学社の方々に心からの感謝の意を表したい．

2002年3月

加藤明史

初版への序文

本書は，ともすれば上滑りな理解に留まりがちな現代代数学を，本当に"使えるもの"にするために工夫された，基本演習問題集である．すなわち，本書は，いわゆる代数系の理論——整数・群・環・体——について，基本事項，基本問題，応用問題を体系的に配列し，右頁に懇切な解答を，また巻末に詳細な索引を付したものであり，その叙述は平易ながらも内容豊かで，平方剰余，複素整数，組成列，直積分解，Galois 拡大，Galois 体などの重要項目を網羅している．

数学は諸科学の言語であり，代数学は数学の言語である——とは，よく言われる処である．全く，現代代数学は極めて高度の抽象性を担い，そのことが初学者にとってこの分野を難解で取り付きにくいものにしている．しかし，数学が単なる言語ではなく，それ自身の形式と内容を持つ自律的科学であるのと同様に，代数学も単なる言語や規範ではなく，いわば一種の"パターン認識"の科学として，いろいろな抽象的叙述の背景に極めて豊かで具象的な内容を持つ卓抜した数学の一分野である．従って，代数学においては，"抽象 E 具象"という相互作用に常に注意を払うことが必要である．

本書は，このような考えから，読者が与えられた抽象的叙述に対しては適切な具体例を考え，逆に個々の例題の中には一般的構造を把握するという能力を錬成できるように，細かい配慮がなされている．このために，冒頭に"整数"を配置して，その場で代数系の用語をごく自然に導入して，"群・環・体"における抽象的定義を一層親しみ易くするための伏線とした．また，歴史上あるいは応用上，興味深い問題も随所に含まれている．

本書を，日々の教則本として，また手頃な要項集として，座右の一冊として愛用して頂ければ幸いである．

1985 年 1 月

加藤明史

目次

第I部 整数

第II部 群

Contents

第Ⅲ部　環・体

（本文の左頁は問題，右頁はそれに対する解答である）

代数系の諸段階

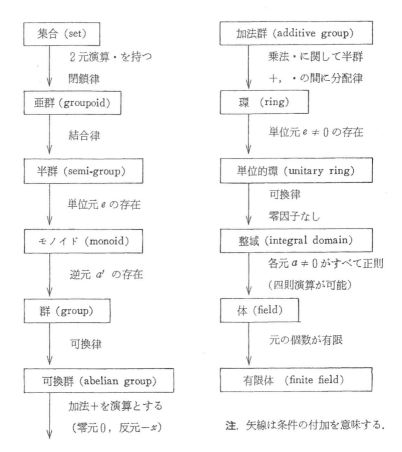

集合 (set)	加法群 (additive group)
↓ 2元演算・を持つ 閉鎖律	↓ 乗法・に関して半群 ＋，・の間に分配律
亜群 (groupoid)	環 (ring)
↓ 結合律	↓ 単位元 $e \neq 0$ の存在
半群 (semi-group)	単位的環 (unitary ring)
↓ 単位元 e の存在	↓ 可換律 零因子なし
モノイド (monoid)	整域 (integral domain)
↓ 逆元 a' の存在	↓ 各元 $a \neq 0$ がすべて正則 （四則演算が可能）
群 (group)	体 (field)
↓ 可換律	↓ 元の個数が有限
可換群 (abelian group)	有限体 (finite field)
↓ 加法＋を演算とする （零元 0，反元 $-x$）	注．矢線は条件の付加を意味する．

1．数学的構造（数学的体系）は基礎になる集合と概念の組として決定される．
　特に，基礎概念として結合算法（演算）に着目したものが "代数系" である．

2．集合の包含関係 $A \subseteq B \Leftrightarrow x \in A$ ならば $x \in B$.
　注．$A \subset B$ は "真部分集合" を表わす． $|A|$＝集合 A の元の個数．

3．数学でよく用いられる集合 $N \subset Z \subset Q \subset R \subset C \subset H$.
　N（自然数の全体）， Z（整数の全体）， Q（有理数の全体），
　R（実数の全体）， C（複素数の全体），H（4元数の全体）．

主な有限群の型

記　号	名　　　称	位　数	定　　　義
C_n	位数 n の巡回群	n	$\{e,\ g,\ g^2,\ \cdots,\ g^{n-1}\}\ (g^n=e)$
D_2	Klein の 4 元群	4	長方形の対称変換群
D_n	n 次の二面体群	$2n$	正 n 角形の対称変換群
S_n	n 次の対称群	$n!$	n 文字上の置換の全体
A_n	n 次の交代群	$n!/2$	n 文字上の偶置換の全体
Q_4	4 元数群	8	$\{\pm 1,\ \pm i,\ \pm j,\ \pm k\}$

位数 n の群の型

n	群　の　型	n	群　の　型
1	単位群 $\{e\}$	8	$C_8,\ C_4\times C_2,\ C_2\times C_2\times C_2,\ D_4,\ Q_4$
2	$C_2\cong S_2\cong D_1$	9	$C_9,\ C_3\times C_3$
3	$C_3\cong A_3$	10	$C_{10},\ D_5$
4	$C_4,\ D_2\cong C_2\times C_2$	11	C_{11}
5	C_5	12	$C_{12},\ C_6\times C_2,\ D_6\cong D_3\times C_2,\ A_4,\ Q_6$
6	$C_6,\ D_3\cong S_3$	13	C_{13}
7	C_7	14	$C_{14},\ D_7$

諸　記　号

1. $H\leqq G$（H は群 G の部分群），$H<G$（$H\leqq G$ かつ $H\neq G$）.

2. $H\trianglelefteq G$（H は群 G の正規部分群），$H\triangleleft G$（$H\trianglelefteq G$ かつ $H\neq G$）.

Carl Friedrich Gauss
（1777〜1855）

第 I 部

整　数

**If mathematics is the queen of sciences,
then the theory of numbers is the queen of
mathematics. ――Gauss**

もし数学が科学の女王であるとするならば，整数論は
数学の女王である．（Legendre への手紙，1830）

　　自然数は数学の故郷である．ピュタゴラス学派の人々が「万物は数である」と
主張した古代ギリシァ時代から，$2^{44497}-1$ などという素数が算出されている20世
紀の今日に至るまで，自然数列 1，2，…は数学的アイデアの汲めども尽きない
源泉であった．
　　一連の数論研究によって近代整数論の発端を開いたのは Fermat であるが，
それを真に「数学の女王」としたのは Gauss である．今日の整数論に不可欠な
合同式 $a\equiv b$ （mod.m）の記号は，彼の青年期の傑作『整数論研究』（1801）の巻
頭第1頁で導入されたものである．相互法則が証明されたのもこの書物において
であった．
　　Gauss は，天文学，測地学，電磁気学など，応用数学の方面でも不朽の業績
を残したが，「如何に美しい天文学上の発見でも，整数論が与える喜びに比べれ
ば言うに足らない」と述べている．

§1. 約 数 と 倍 数

SUMMARY

① 初等整数論は（有理）整数全体の集合
$$Z=\{0,\ \pm1,\ \pm2,\ \cdots\}$$
を研究する数学の一分野である.

② 正の整数を自然数とも呼ぶ：$N=\{1,\ 2,\ 3,\ \cdots\}$.

③ 整数全体の集合 Z の中で加・減・乗の三つの算法を有限回行なった結果はやはり整数である（Z は"環"をなす）. しかし, 除法を行なった結果は必らずしも整数ではない.

④ 前項により, Z は（有理）整数環と呼ばれる.

⑤ 除法定理（整除の一意性）. 二つの整数 $a\neq0$, b に対し,
$$b=qa+r,\ 0\leqq r<|a|$$
となるような整数 q（商）と r（剰余）が一意的に定まる.

⑥ 前項で, 特に, 剰余 $r=0$ のとき, b は a で整除される（割り切れる）といい,
$$a|b \quad \text{（Landau の記号）}$$

問題A（☞解答は右ページ）

1. 次の記号の用い方は正しいか.

   (1) $3|15$ (2) $12|4$ (3) $7|0$ (4) $5|-45$

2. Landau の記号は次の性質を持つことを証明せよ.

   (1) 任意の整数 $a\neq0$ に対し, $a|a$ （反射律）.

   (2) $a|b$, $b|a$ ならば, $a=\pm b$ （反対称律）.

   (3) $a|b$, $b|c$ ならば, $a|c$ （推移律）.

3. Landau の記号は次の性質を持つことを証明せよ.

   (1) 任意の整数 $a\neq0$ に対し, $a|0$.

で表わす．このとき，a は b の約数，b は a の倍数という．

7　いくつかの整数に共通の約数をそれらの **公約数** といい，公約数の中で最大のものを **最大公約数** (G.C.M.) という．また，いくつかの整数に共通の倍数をそれらの **公倍数** といい，公倍数の中で正の最小のものを **最小公倍数** (L.C.M.) という．

8　二つの整数 a, b の G.C.M., L.C.M. は，それぞれ，

$$(a, b), \quad [a, b]$$

で表わされる．三つ以上の整数に対しても同様である．

9　特に，$(a, b)=1$ なるとき，a, b は **互いに素** であるという．

一般に，$(a, b)=g$ ならば，次の形に置ける：

$$a=ga', \quad b=gb', \quad (a', b')=1.$$

10　二つの正整数 $a, b(a<b)$ において，

$$b=qa+r, \quad 0\leqq r<a$$

とすれば，$(a, b)=(a, r)$ (**Euclid** の互除法)．

────問題 A の解答────

1.　(1), (3), (4)は正しい．(2)は正しくない．

2.　(1)　$a=1a.$ ∴$a|a.$

(2)　$b=qa, a=q'b$ と置けるから，$b=qq'b (b\neq0)$．従って，$qq'=1.$ q と q' は整数であるから，$q=q'=\pm1.$ ∴$b=\pm a.$

(3)　$b=qa, c=q'b.$ ∴$c=q'qa.$ ∴$a|c.$

3.　(1)　$0=0a.$ ∴$a|0.$

(2)　$a|b$, $a|c$ ならば，$a|(b \pm c)$.

(3)　$a|b$ ならば，$a|nb$　（n は整数）.

注．一般に，整数 a の倍数全体の集合を
$$aZ = \{0, \pm a, \pm 2a, \cdots\}$$
で表わせば，この問題により，集合 aZ は単に Z の部分集合であるばかりではなく，その内部で加・減・乗の三則が出来ることがわかる．すなわち，aZ は整数環 Z の"部分環"である（§22，問2参照）．なお，$a|b$ は，集合の包含関係で表わせば，$aZ \supseteq bZ$ と同じことである．

4. 次のことがらを証明せよ．

(1)　$a|b$, $c|d$ ならば，$ac|bd$.

(2)　$a|b$, $a|c$ ならば，$a|(mb \pm nc)$　（m, n は整数）.

5. 任意の正整数 a に対し，次のことがらを証明せよ．

(1)　$(a, 0) = a$　　　　(2)　$(a, a+1) = 1$

6. 次のことがらを証明せよ．

(1)　m が a, b の公倍数ならば，m は a, b の最小公倍数 l の倍数である．

(2)　d が a, b の公約数ならば，d は a, b の最大公約数 g の約数である．

注．上記(1)，(2)はそれぞれ，
$$(1)\, aZ \cap bZ = lZ, \quad (2)\, aZ + bZ = gZ$$
ということを意味する．

7. 二つの正整数 a, b の最大公約数を g，最小公倍数を l とすれば，
$$ab = gl$$
が成り立つ．このことを証明せよ．

(2) $b=qa$, $c=q'a$ と置けるから, $b\pm c=(q\pm q')a$. $\therefore a\,|\,(b\pm c)$.

(3) $b=qa$ と置けるから, $nb=nqa$. $\therefore a\,|\,nb$.

4. (1) $b=qa$, $d=q'c$ と置けるから, $bd=qq'ac$. $\therefore ac\,|\,bd$.

(2) $b=qa$, $c=q'a$ と置けるから, $mb\pm nc=(mq\pm nq')a$. $\therefore a\,|\,(mb\pm nc)$.

5. (1) $0=0a$ である (問 3 (1)参照) から, 確かに a は a と 0 の公約数であり, しかもそれは最大のものである.

(2) a のどの約数で $a+1$ を整除しても必ず 1 余るからである.

6. (1) $m=ql+r$, $0\leqq r<l$, とすれば, $r=m-ql$. この右辺は a, b の公倍数の差であるから, r も公倍数になる. しかるに, l は最小の公倍数であるから, $r=0$. $\therefore l\,|\,m$.

(2) d, g の最小公倍数を k とすれば, $d\,|\,k$ であるから, $k=g$ であることを示せば $d\,|\,g$ が証明できる. さて, $d\,|\,a$, $g\,|\,a$ であるから, a は d, g の公倍数である. 従って, (1)により, $k\,|\,a$. 同様にして, $d\,|\,b$, $g\,|\,b$ より $k\,|\,b$. 従って, k は a, b の公約数となる. $(a, b)=g$ であるから, $k\leqq g$. しかるに, k は g の倍数であるから, $g\leqq k$. $\therefore k=g$.

7. $a=ga'$, $b=gb'$, $(a', b')=1$, と置き, $l=ga'b'$ なることを示せばよい. そこで, $m=ga'b'$ として, $l=m$ なることを示せばよい. さて, $m=ab'=a'b$. $\therefore m$ は a, b の公倍数. 従って, 前問(1)より, $l\,|\,m$. $m=ln$ と置くと, $ln=m=ab'=a'b$. 他方, l は a, b の公倍数だから, $l=ab''=a''b$ と置ける. 従って,

$ln=ab'=ab''n$. $\therefore b'=b''n$.

8. 次のことがらを証明せよ:

$(a, b)=1$ のとき，$a|bc$ ならば，$a|c$ である（**Gauss** の定理）.

9. 次のことがらを証明せよ:

$(a, b)=1$ のとき，$a|c$ かつ $b|c$ ならば，$ab|c$.

10. 任意の正整数 m に対して，次の公式が成立つことを証明せよ.

(1) $(ma, mb)=m(a, b)$ (2) $[ma, mb]=m[a, b]$

注. 一般に，"括弧" はそれが用いられる分野や前後関係によって多様な意味を持つ（開区間と閉区間，点の座標とベクトルなど）から注意を要する.

11. 次のことがらを証明せよ.

(1) $(a, b)[a, b]=ab$

(2) $(a, b)=1$ ならば，$[a, b]=ab$

12. 次のことがらを証明せよ:

$(a, bc)=1 \Leftrightarrow (a, b)=1$ かつ $(a, c)=1$.

13. Euclid の互除法を証明せよ.

14. Euclid の互除法によって最大公約数 (a, b) を求める方法を，次例にもとづいて証明せよ.

$$
\begin{array}{r}
2 \\
2 1 \overline{) 4\ 2} \\
4\ 2 \\
\hline
0
\end{array}
\quad
\begin{array}{r}
1 \\
\overline{) 6\ 3} \\
4\ 2 \\
\hline
2\ 1
\end{array}
\quad
\begin{array}{r}
3 \\
\overline{) 2\ 3\ 1} \\
1\ 8\ 9 \\
\hline
4\ 2
\end{array}
\quad
\begin{array}{r}
2 \\
\overline{) 5\ 2\ 5} \\
4\ 6\ 2 \\
\hline
6\ 3
\end{array}
\quad \therefore (231, 525)=21
$$

$$ln=a'b=a''bn. \quad \therefore a'=a''n.$$

しかるに，$(a', b')=1$であるから，$n=1$. $\therefore m=l=ga'b'$.

8. 前問により，$ab=gl=l$. ここで，$a|bc$ であり，また $b|bc$ であるから，bc は a，b の公倍数である. $\therefore l|bc$. $\therefore ab|bc$. $\therefore a|c$.

9. $c=ac'$ と置けば，$b|c$ は $b|ac'$ となり，$(a, b)=1$ だから前問により，$b|c'$.
$$\therefore ab|ac'. \quad \therefore ab|c.$$

10. (1) $(a, b)=g$ とすれば，$a=ga'$，$b=gb'$，$(a', b')=1$，と置ける. 従って，
$(ma, mb)=(mga', mgb')=mg$.

(2) $[a, b]=l$ とすれば，(1)と同様にして，
$[ma, mb]=[mga', mgb']=mga'b'=ml$.

11. (1) 問7と同じである. (2) (1)によって明らかである.

12. $(a, bc)=1$とする. 仮に，$(a, b)=g$ とすれば，$a=ga'$，$b=gb'$，$(a', b')=1$，と置ける. 従って，$(a, bc)=(ga', gb'c)=g(a', b'c)=1$. $\therefore g=1$. $(a, c)=1$ も同様. 逆は明らかである.

13. $(a, b)=g$，$(a, r)=g'$ と置き，$g=g'$ なることを示す. さて，g は a，b の公約数であるから，$r=b-qa$ の約数になる. 従って，g は a，r の公約数になり，問6(2)により，$g|g'$. 逆に，g' は a，r の公約数であるから，$b=qa+r$ の約数になる. 従って，g' は a，b の公約数になり，$g'|g$. しからば，問2(2)により，$g=\pm g'$. g，g' は共に正であるから，$g=g'$.

14. 二つの正整数 a，$b\ (a<b)$ の G.C.M. を求めるとき，割り算を実行して，$b=qa+r$，$0\leqq r<a$，とすれば，前問により，$(a, b)=(r, a)$. 従って，より小さな2数 r，$a\ (r<a)$ のG.C.M. を求めることに帰着される. この操作を剰余が0となるまで繰返せばよい.

注. 与えられた二つの整数の G. C. M. を求めるには，この "Euclid の互除法" の他に "素因数分解による方法" がある（§2）．一般に，素因数分解は必ずしも容易ではないが，Euclid の互除法によれば，どのような2数 a, b の G. C. M. も有限回の割り算で求めることが出来る．

15. 次の2数の G. C. M. を求めよ．

   (1) 38, 105   (2) 7553, 11557

16. 4741 と 7327 の G. C. M と L. C. M を求めよ．

17. 次のように与えられた a で b を整除したときの負でない最小剰余を求めよ．

   (1) $a=3$, $b=-5$ (2) $a=-6$, $b=-1$

18. 分数計算における約分と通分は，最大公約数と最小公倍数
$$(a, b)=g, \quad [a, b]=l$$
を求めることと密接に結びついていることを説明せよ．

注. $a=ga'$, $b=gb'$, $(a', b')=1$ とすれば，

約分 $\dfrac{b}{a}=\dfrac{gb'}{ga'}=\dfrac{b'}{a'}$,   通分 $\dfrac{1}{a}+\dfrac{1}{b}=\dfrac{a+b}{ab}=\dfrac{a'+b'}{ga'b'}=\dfrac{a'+b'}{l}$.

19. 他の整数の平方である正整数を（完全）平方数という．連続する三つの正整数 m, $m+1$, $m+2$ の積は平方数にはなりえないことを証明せよ．

問題B （☞解答は右ページ）

20. 自然数に関する次の二つの基本性質は同値であることを証明せよ．

  自然数の整列性

  自然数の集合 $S\subseteq N$ が空でなければ，S はその中で最小数を持つ．

  数学的帰納法の原理

  自然数の集合 $A\subseteq N$ が次の二つの条件

   (1) $1\in A$ (2) $n\in A \Rightarrow n+1\in A$

解答のページ ───────

15. (1) 1　　(2) 91

16. G. C. M. ＝431,　L. C. M. ＝80597

17. (1) 1　　(2) 5

18. 注の通りである．なお，分母と分子が互いに素な分数を"既約分数"という（問30参照）．

19. 問5(2)により，$m+1$ は m, $m+2$ のいずれとも互いに素だから，仮に，積 $m(m+1)(m+2)$ が平方数ならば，$m+1$ も平方数でなければならない．

$$\therefore m+1=a^2,\ m(m+2)=b^2 (a,\ b\ \text{は正整数}).$$

しからば，$b^2=m(m+2)=(m+1)^2-1=a^4-1$. 平方数の数列 1, 4, 9, …は次第に間隔が粗になり，二つの平方数の差が1になることはありえないから，これは不合理である．従って，$m(m+1)(m+2)$は平方数ではありえない．

────問題Bの解答────

20. "自然数の整列性⇔数学的帰納法の原理"を証明する．

⇒なること：Aは帰納法の条件(1)，(2)をみたすとし，NにおけるAの補集合をSとする．仮に，$S\neq\phi$ とすれば，自然数の整列性によって，Sはその中で最小数mを持つ．1はAの元だから $m\geqq2$であり，$n=m-1$ は A の元になる．しからば，(2)によって$m=n+1$もAの元になるが，これは不合理である．

⇐なること：AをSの下界の集合とする．すなわち，

をみたすならば，$A=N$ である．

21. 自然数の整列性を用いて，除法定理（整除の一意性）を証明せよ．

　注．除法定理において，商 q が負になることを認めれば，$a>0$ と仮定しても一般性
を失なわない）．このとき，

$$q=\left[\frac{b}{a}\right] \quad (\,[x]\ \text{は実数}\ x\ \text{以下の最大の整数})$$

である．

22. 次の公式を証明せよ．

(1) $((a,\ b),\ c)=(a,\ (b,\ c))=(a,\ b,\ c)$

解答のページ

$$A=\{x\mid S \text{ の各元 } n \text{ に対して, } x\leq n\}.$$

1は確かに A の元である. S の一つの元 n に対して, $n+1$ は A の元ではない. $\therefore A\neq N$. 従って, A は帰納法の条件(2)は満たさない. すなわち, $m\in A$, $m+1\notin A$ なるような正整数 m が存在する. このとき, $m\in S$ である. 何故なら, もしそうでないとすれば, $m+1\in A$ となるが, これは不合理だからである. しかも, $m\in A$ であるから, m は S の最小数である.

21. まず, $a\neq 0$, b が共に負でない場合について証明する.

$$S=\{x\in N\mid b<xa\}$$

と置けば, $a\geq 1$ だから, $b<x$ なる任意の正整数 x が S の元になる. $\therefore S\neq\phi$. 従って, 自然数の整列性により, S はその中で最小数 $q+1(q\geq 0)$ を持つ. このとき, q はもはや S の元ではない.

$$\therefore qa\leq b<(q+1)a.$$

そこで, $r=b-qa$ と置けば,

$$b=qa+r,\ 0\leq r<a$$

を得る (整除の可能性). このとき,

$$b=q'a+r',\ 0\leq r'<a$$

ともう一通りに表わされたとすれば, 辺々を引いて,

$$(q-q')a=r'-r.$$

仮に, $q>q'$ とすれば, $q-q'\geq 1$ になり,

$$(q-q')a\geq a>r'-r.$$

これは上記の等式に矛盾する. $q<q'$ としても同様である.

$$\therefore q=q',\ r=r'\ (\text{整除の一意性}).$$

次に, $a\neq 0$, b のいずれか一方, または両方が負の場合には, 次のような置き換えによって上記の場合に帰着させることが出来る. 例えば, $a<0$, $b\geq 0$ の場合は, $a=-a'$ ($a'>0$) と置き, a' で b を整除すれば,

$$b=q'a'+r,\ 0\leq r<a'$$

と一意的に表わされる. 従って, $q=-q'$ と置けば,

$$b=-q'a+r=qa+r,\ 0\leq r<|a|.$$

他の場合も同様である.

22. (1) $(a,\ b,\ c)=g$ とし,

$$a=ga',\ b=gb',\ c=gc',\ (a',\ b',\ c')=1$$

(2) $[[a, b], c] = [a, [b, c]] = [a, b, c]$

注. $(a, b, c) = 1$ は a, b, c が "対ごとに" 互いに素ということではない. たとえば, $(6, 10, 15) = 1$ である.

23. 次の3数の G.C.M. を求めよ.

   (1) 899, 1073, 2407   (2) 299, 391, 667

24. **Fibonacci の数列**

     1, 1, 2, 3, 5, 8, 13, 21, ……

       $a_1 = a_2 = 1$, $a_n = a_{n-1} + a_{n-2}$ $(n \geq 3)$

において, どの隣接2項も互いに素であることを証明せよ.

25. $(a, b) = 1$ ならば, $(a-b, a+b)$ は1または2に等しいことを証明せよ.

26. 和が 288, 最大公約数が 24 であるような二つの正整数を求めよ.

27. 2桁の整数で, 首位と末位の数字の積の2倍にちょうど等しいものを求めよ.

28. 200 から 500 までの整数において, 7 の倍数は何個あるか.

と置けば,

$$((a, b), c)=((ga', gb'), gc')=(g(a', b'), gc')$$

$$=g((a', b'), c')=g(a', b', c')=g.$$ 他の場合も同様である.

(2) (1)と同様にして,

$$[[a, b], c]=[[ga', gb'], gc']=[g[a', b'], gc']$$

$$=g[[a', b'], c']=g[a', b', c']=ga'b'c'=[a, b, c].$$

他の場合も同様である.

23. (1) 29　　(2) 23

24. n に関する数学的帰納法で証明する. $(a_1, a_2)=(1, 1)=1$ である.

いま, ある隣接2項 a_{n-1}, a_{n-2} が互いに素であるとすれば,

$$a_n=a_{n-1}+a_{n-2}, \qquad 0\leq a_{n-2}<a_{n-1}$$

であるから, Euclid の互除法により, $(a_{n-1}, a_n)=(a_{n-1}, a_{n-2})=1$. 従って, どの隣接2項も互いに素である.

25. $(a-b, a+b)=g$ と置けば, g は $a-b$, $a+b$ の公約数だから, 問3(2)より, g は $2a$, $2b$ の公約数になる. 従って, 問6(2)により, g は $(2a, 2b)=2(a, b)=2$ の約数になる. $\therefore g=1$または2.

26. 求める2数を x, y とすれば, $(x, y)=24$ であるから,

$$x=24x', y=24y', (x', y')=1$$

と置ける. しからば,

$$x+y=24(x'+y')=288. \quad \therefore x'+y'=12.$$

従って, 和が12の互いに素な二つの正整数 x', y' を求めれば, 1と11, または, 5と7を得る. 従って, 求める2数は, 24 と 264, または, 120 と 168.

27. 2桁の整数は10進法で $10x+y$ と表わされる. 題意より,

$$10x+y=2xy. \quad \therefore y=5+\frac{5}{2x-1}.$$

y は整数であるから, $2x-1$ は5の約数±1, ±5 のいずれかでなければならない. x, y は正であるから, $2x-1=5$ だけが適する. $\therefore x=3, y=6$. 求める整数は36.

28. 1から500まで, および, 1から199までの7の倍数の個数は,

$$\frac{500}{7}=71+\frac{3}{7}, \qquad \frac{199}{7}=28+\frac{3}{7}$$

29. $5l+6$ と $8l+7$ が互いに素でないためには，l はどのような整数であればよいか.

30. 二つの既約分数

$$\frac{b}{a}, \quad \frac{d}{c} \quad (a,\ b,\ c,\ d\ は正整数)$$

の和が整数ならば，$a=c$ であることを証明せよ.

であるから，それぞれ，71個と28個である．従って，求める個数は，71−28＝43.

29. Euclid の互除法により，

$$
\begin{array}{r|r|r|r}
2 & 1 & 1 & 1 \\
l-4)\,\overline{2l+5} &)\,\overline{3l+1} &)\,\overline{5l+6} &)\,\overline{8l+7} \\
\underline{2l-8} & \underline{2l+5} & \underline{3l+1} & \underline{5l+6} \\
13 & l-4 & 2l+5 & 3l+1
\end{array}
$$

$$\therefore (5l+6,\ 8l+7)=(l-4,\ 13).$$

13は素数だから，その正の約数は 1 または13．従って，G. C. M. $\neq 1$ であるためには $l-4=13n$，すなわち，$l=13n+4$（n は整数）であればよい．

30. $\dfrac{b}{a}+\dfrac{d}{c}=\dfrac{bc+ad}{ac}$

において，これが整数ならば，

$$a\,|\,bc+ad. \quad \therefore \quad a\,|\,bc.$$

$(a,\ b)=1$ より，$a\,|\,c$. 同様にして，

$$c\,|\,bc+ad. \quad \therefore \quad c\,|\,ad.$$

$(c,\ d)=1$ より，$c\,|\,a$, 以上より，$a=c$.

§2. 素　数

SUMMARY

1. 正整数 $p \neq 1$ が **自明な約数**（$\pm p$, ± 1）の他には約数を持たないとき，p を **素数** という．

2. 1でも素数でもない正整数を **合成数** という．
   $$a \text{ が合成数} \iff a = bc \ (1 < b < a, \ 1 < c < a).$$

3. 100以下の素数は次の25個である．
   2, 3, 5, 7, 11, 13, 17, 19, 23, 29, 31, 37, 41, 43, 47, 53, 59, 61, 67, 71, 73, 79, 83, 89, 97.

4. 素数 p が整数 a の約数であるとき，p を a の **素因数** という．

5. 正整数 $a \neq 1$ が素数であるための必要十分条件は，a が $\sqrt{a}$ 以下の素因数を持たないことである．

6. $p | ab$（p は素数）ならば，$p | a$ または $p | b$ の少なくとも一方が成立つ（**Euclid の第 1 定理**）．

問題A（☞解答は右ページ）

1. 正整数 $a \neq 1$ が素数であるための必要十分条件は，a が $\sqrt{a}$ 以下の素因数を持たないことである．このことを証明せよ．

　注. 従って，与えられた整数 a が素数か否かを判定するには，それが $\sqrt{a}$ 以下の素数で整除されるか否かを調べればよい．例えば，91を判定するには，$\sqrt{91} = 9.53\cdots$ であるから，9までの素数2，3，5，7で91を整除してみる．しからば，$91 = 7 \times 13$ であるから，91は素数ではない．

2. 次の数は素数か．

　(1) 163　　(2) 461　　(3) 893　　(4) 3007

3. 正整数 $a \neq 1$ が $\sqrt[3]{a}$ 以下の素因数を持たないならば，a は素数であるか，または，二つの素数の積である．このことを証明せよ．

4. 1から a までの正整数を大きさの順に並べて，その中から $\sqrt{a}$ までの素

⑦ 素数は無数個ある（**Euclid** の第2定理）.

⑧ **初等整数論の基本定理（素因数分解定理）**

任意の正整数 $a \neq 1$ は幾つかの素因数の積に，素因数の順序を度外視して，一意的に分解される.

⑨ **標準分解**：$a = p_1^{\alpha_1} p_2^{\alpha_2} \cdots p_r^{\alpha_r}$ （$p_1 < p_2 < \cdots < p_r$）.

⑩ 前項において，a のすべての約数は次式で与えられる：

$$\pm p_1^{\beta_1} p_2^{\beta_2} \cdots p_r^{\beta_r} \quad (0 \leqq \beta_i \leqq \alpha_i;\ i = 1, 2, \cdots, r).$$

⑪ 2は，素数の中で唯一の偶数として，また最小の素数として，極めて例外的である. 2以外の素数を**奇素数**という.

⑫ **主な素因数の見つけ方**

(1) 2の倍数⇔末位が2の倍数

(2) 3の倍数⇔各位の数字の和が3の倍数

(3) 5の倍数⇔末位が5の倍数

(4) 7，11，13の倍数については次節（問17）を参照のこと.

――問題Aの解答――

1. 必要性は明らかである. 逆に，もし正整数 $a \neq 1$ が合成数ならば，$a = pq\cdots$ と少なくとも二つの素因数の積に分解される. そこで，もし，a の素因数がすべて $\sqrt{a}$ より大きければ，

$$a = pq\cdots \geqq pq > \sqrt{a}\,\sqrt{a} = a. \quad \therefore a > a \ (不合理).$$

従って，a の素因数の少なくとも一つは $\sqrt{a}$ 以下である.

2. (1) 素数　　　　　　　　(2) 素数

(3) 合成数 $893 = 19 \times 47$　　(4) 合成数 $3007 = 31 \times 97$

3. 対偶を証明する. 正整数 $a \neq 1$ が三つ以上の素数の積 $a = pqr\cdots$ であるとする. そこで，もし，a の素因数がすべて $\sqrt[3]{a}$ より大きければ，

$$a = pqr\cdots \geqq pqr > (\sqrt[3]{a})^3 = a. \quad \therefore a > a \ (不合理).$$

従って，a の素因数の少なくとも一つは $\sqrt[3]{a}$ 以下である.

4. 基本事項3の通りである.

数の倍数をすべて除外すれば，素数だけがふるい分けられる (Eratos-
thenes の篩).

100 以下の素数をすべて求めよ.

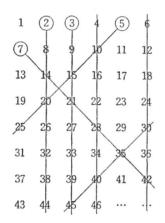

5. Euclid の第 1 定理を証明せよ.

注．Euclid「原論」(13巻，B. C. 300年頃) の第 7，8，9 巻が整数論である.

6. Euclid の第 2 定理を証明せよ.

注．"素数は無数個ある"という命題は，素数の列
　　2, 3, 5, 7, …, p, …
には最大 (最後) のものはない，という意味である.

7. 積 $ab \cdots c$ が素数 p の倍数ならば，$a, b, \cdots, c$ のうち少なくとも一つは
p の倍数である．このことを証明せよ.

解答のページ

100までの素数を求めるには，$\sqrt{100}=10$ であるから，10までの素数 2，3，5，7 の倍数を除外すれば十分である．

5. $p|ab$ （p は素数）ならば，$p|a$ または $p|b$ であることを証明する．さて，p は素数だから，その正の約数は 1 か p に限る．従って，

$(p,\ a)=1$ または p.

もし，$(p,\ a)=1$ ならば，Gauss の定理（§1，問 8）によって，$p|b$．また，もし，$(p,\ a)=p$ ならば，明らかに $p|a$ が成立つ．

6. 任意の素数 p が与えられたとき，p より大きな素数 q が常に存在することを言えばよい．そこで，与えられた素数 p に対して，p 以下のすべての素数の積を作り，それに 1 を加えた数を a とする：

$a=2\cdot3\cdot5\cdots\cdots p+1.$

a は素数か合成数かのいずれかであるが，もし素数であれば $a>p$ であるから証明は終る．そこで，a は合成数とする．しからば，a は素因数 q を持つが，p 以下のどの素数で a を整除しても必らず 1 余るから，$q>p$ でなければならない．

注．この証明は“構成的”ではない．すなわち，与えられた素数 p より大きな素数の実際の作り方を示すものではない．

7. $a(b\cdots c)$ のように二つの部分に分割すれば，Euclid の第 1 定理により，$p|a$ または $p|(b\cdots c)$．$p|a$ ならそれで終り．もし，$p|a$ でなければ $b\cdots c$ を更に二つの部分に

8. 素因数分解定理を証明せよ.

9. 正整数 $a = p_1^{\alpha_1} p_2^{\alpha_2} \cdots p_r^{\alpha_r}$ （素因数分解）の正の約数の個数は,

$$(\alpha_1 + 1)(\alpha_2 + 1) \cdots (\alpha_r + 1) 個$$

である. このことを証明せよ.

10. 33660 を素因数分解せよ.

11. 504 の正の約数は何個あるか. そのうち, 3 の倍数でないものは何個あるか.

　　注. この種の問題においては約数の符号を考察する必要はないので, "正の約数" のことを単に "約数" と称する慣習もある. しかし, 理論上は, 例えば 6 の約数は, あくまで, ± 1, ± 2, ± 3, ± 6 の 8 個である.

12. 1 から10までのすべての整数で割り切れるような最小の正整数を求めよ.

13. ちょうど 6 個の正の約数を持つような最小の正整数を求めよ.

解答のページ ——————————————————————————

分割する．以下，この操作を繰返せばよい．

8. まず，分解の可能性を示す．a が素数ならそのままでよい．そこで，a を合成数とすれば，$a=bc$ と置ける．b または c が合成数なら再び分解される．この操作はすべての因数が素因数に分解されるまで続けられるから，a は素因数の積になる．

　次に，分解の一意性を示す．いま，a が 2 通りの素因数分解を持つとし，それを，

$$a=p_1 p_2 \cdots p_r = q_1 q_2 \cdots q_s$$

とすれば，左辺は p_1 で整除されるから，右辺も p_1 で整除される．しからば，前問により，$q_1, q_2, \cdots, q_s$ の少なくとも一つは p_1 で整除される．それを q_1 とする．ところが q_1 も素数であるから，$p_1 = q_1$.

$$\therefore p_1 p_2 \cdots p_r = p_1 q_2 \cdots q_s.$$

両辺を p_1 で簡約して，$p_2 \cdots p_r = q_2 \cdots q_s$. 同じ推論によって，$p_2 = q_2$ を得る．これを繰返せば，順序は適当に変更して，

$$p_1 = q_1, \quad q_2 = q_2, \quad \cdots p_r = q_s \quad (r=s)$$

となる．

9. a の正の約数は，

$$p_1^{\beta_1} p_2^{\beta_2} \cdots p_r^{\beta_r} \quad (0 \leq \beta_t \leq \alpha_t)$$

と表わされるから，各指数 β_t には (α_t+1) 通りの可能性がある．従って，その総数は，$(\alpha_1+1)(\alpha_2+1)\cdots(\alpha_r+1)$ 個である．

10. $2^2 \times 3^2 \times 5 \times 11 \times 17$

11. $504 = 2^3 \cdot 3^2 \cdot 7$ であるから，正の約数の個数は全部で，

$$(3+1)(2+1)(1+1) = 24 (個).$$

そのうち，3 の倍数でないものは，$(3+1)(1+1) = 8 (個)$.

12. 最小公倍数を求めて，2520 とすればよい．

13. $6 = 3 \times 2$ であるから，問 9 により，求める正整数は，p^5 または $p^2 q$ の形をしている．p, q としてなるべく小さい素数を選べば，

$$2^5 = 32, \quad 2^2 \times 3 = 12. \quad \therefore 求める最小数は 12 である.$$

14. $(a, b)=1$ であるための必要十分条件は，a, b が共通の素因数を持たないことである．このことを証明せよ．

15. 素因数分解によって (a, b)，$[a, b]$ を求める方法を，次例にもとづいて説明せよ．

$$3 \underline{)\,2\,3\,1 \quad 5\,2\,5} \qquad \therefore (231,\ 525)=3\times7=21,$$
$$7 \underline{)\quad 7\,7 \quad 1\,7\,5} \qquad [231,\ 525]=3\times7\times11\times25=5775.$$
$$\qquad\quad 1\,1 \qquad 2\,5$$

　注. 前節の問14を参照せよ．なお，前節の問10により，
　　(231, 525)＝3(77, 175)＝3·7(11, 25)＝3·7,
　　[231, 525]＝3[77, 175]＝3·7[11, 25]＝3·7·11·25.

16. 前問の方法により，180 と 504 の G.C.M. および L.C.M. を求めよ．

問題 B（☞解答は右ページ）

17. 自然数列の中に素数がどのように分布しているかを調べる分野を**素数分布論**という．自然数列において，素数の分布状態は極めて不規則であり，それがこの種の問題を著しく難しくしている．　素数は，古代ギリシア以来，興味をもって研究されてきたが，その中には一見簡単なようで，まだ未解決の問題が沢山ある．

　以下，有名な "未解決問題" をいくつか紹介する．

　(1) **双子素数**（差が 2 の素数の対）は無数にあるか．3 と 5，5 と 7，11 と 13…など，差が 2 の素数の対は無限に続くだろうか．現在では，

　　　1,000,000,009,649　と　1,000,000,009,651；

　　140,737,488,353,699　と　140,737,488,353,701

などが双子素数になるとわかっている．

　(2) **Mersenne** 素数は無数にあるか．

　　　$M_n=2^n-1$　　（n は正整数）

で表わされる "メルセンヌ素数" は無数にあるだろうか．

例えば，$2^{11}-1=23\times89$ は素数ではないが，

　　　$2^{127}-1$（39桁）

14. a, b はちょうど $(a, b)=g$ の素因数を共有する.

15. 共通因数（左端の数）で可能な限り整除を繰返せば，

(1) G.C.M. は共通因数すべての積に等しい；

(2) L.C.M. は共通因数と剰余（下端の数）すべての積に正しい.

16. $180=2^2 \cdot 3^2 \cdot 5$, $504=2^3 \cdot 3^2 \cdot 7$, G.C.M.$=36$, L.C.M.$=2520$.

17. 未解決問題．問題に例示された双子素数やメルセンヌ素数は，今日ではもっと大きなものに更新されているが，やはり依然として未解決である．たとえば，1998年には37番目のメルセンヌ素数

$$2^{3021377}-1 \quad (909,526桁)$$

が発見されて話題を呼んだが，もっと大きなメルセンヌ素数が限りなく存在するだろうか.

は素数である．現在では，　$n=19,937$；$n=44,497$ などに対しても M_n が素数になるとわかっている．

(3) **Fermat 素数** は F_0, F_1, F_2, F_3, F_4 に限るか．

Fermat は，公式

$$F_n = 2^{2^n} + 1 \quad (n=0,\ 1,\ 2,\ \cdots)$$

で表わされる数は一般に素数であろうと予想した．実際，

$$F_0 = 3,\ F_1 = 5,\ F_2 = 17,\ F_3 = 257,\ F_4 = 65,537$$

は素数になる．しかし，

$$F_5 = 4,294,967,297 = 641 \times 6,700,417$$

は素数ではない (Euler)．"フェルマ素数"は上記の 5 個に限るだろうか．

(4) 奇数の**完全数**は存在するか．

正整数 a のそれ自身を除くすべての正の約数の和がちょうど a に等しいとき，a を"完全数"という．

$$6 = 2 \times 3 = 1 + 2 + 3,$$
$$28 = 2^2 \times 7 = 1 + 2 + 4 + 7 + 14$$

など，現在知られている完全数はすべて偶数である．それでは，奇数の完全数は存在するのだろうか．なお，メルセンヌ素数に関連して，

$$\text{"}2^n - 1 \text{ が素数} \implies 2^{n-1}(2^n - 1) \text{ が完全数"}$$

であり，逆に偶数の完全数はこの形のものに限る (Euler)．

解答のページ ━━━━━━━━━━━━━━━━

[補足]　Gauss は，19才のとき，それまで未解決であった正17角形の作図方法を発見した．さらに彼は研究を進め，正 n 角形が定規とコンパスだけで作図できるための必要十分条件が 5 個の"フェルマ素数"と密接な関連を持つことを発見した．それは次の通りである：

　「正 n 角形（n は奇数）が定規とコンパスで作図できるための必要十分条件は，n がフェルマ素数であるか，または，相異なるフェルマ素数の積となることである．」

　n が偶数のときは，上記のもの，または正方形の各辺に 2 等分を繰り返したものになる．

　こうして，3，5，15＝3×5，17，…は作図可能であるが，7，9＝3×3，11，13，…は作図不可能となるのである．

§3. 剰余類と合同式

SUMMARY

1　正整数mが与えられたとき，任意の整数は，

$$mk,\ mk+1,\ mk+2,\ \cdots,\ mk+(m-1)$$

のいずれか一つ，しかも，唯一つの形に表わされる．

2　$R_r=\{mk+r \mid k \text{ は整数}\}$ $(0 \leqq r < m)$

と置けば，前項によって，整数全体の集合 Z は m 個の類

$$R_0,\ R_1,\ \cdots,\ R_{m-1}$$

に類別される．各類 $R_r = mZ + r$ は法m（mod. m）に関する**剰余類**と呼ばれる．

3　各剰余類から一つずつ**代表**を選んで出来る一組の代表の集合を法mに関する**完全剰余系**という．通常は，代表として**普通剰余**（負でない最小剰余）が選ばれる：

$$Z_m = \{0,\ 1,\ 2,\ \cdots,\ m-1\}\ (\text{mod.}\,m).$$

4　二つの整数 $a,\ b$ が法mに関する同じ剰余類に属しているとき，

問題A（☞解答は右ページ）

1.　正整数mが与えられたとき，任意の整数は

$$mk,\ mk+1,\ mk+2,\ \cdots,\ mk+(m-1)$$

のいずれか一つ，しかも，唯一つの形に表わされることを証明せよ．

2.　与えられた正整数 m に対し，

$$R_r=\{mk+r \mid k=0,\ \pm1,\ \pm2,\ \cdots\}\quad (0 \leqq r < m)$$

と置くとき，次のことがらを証明せよ．

(1)　$Z = R_0 \cup R_1 \cup \cdots \cup R_{m-1}$

(2)　$R_i \cap R_j = \phi\ (i \neq j)$

　注．一般に，何らかの観点により，集合Sを共通部分のないような幾つかの部分集合に分割することをSの**類別**といい，各部分集合を**類**という．このとき，Sの2元a，bが同じ類に属していることを$a \sim b$で表わせば，関係$\sim$はSにおける**同値関係**になる．すなわち，次の**同値律**が成立つ：

　（1）**反射律**　任意の元aに対し，$a \sim a$；

a, b は法 m に関して**合同**であるといい，合同式

$$a \equiv b \pmod{m}$$

で表わす．これは $\mathbf{Z}$ における同値関係である．

⑤　　　　　　　　$a \equiv b \pmod{m} \Leftrightarrow a - b \equiv 0 \pmod{m}$

⑥　**合同式の計算**

$$a \equiv b \pmod{m}, \quad c \equiv d \pmod{m}$$

ならば，両式の辺々を加・減・乗した合同式も成立つ：

$$a + c \equiv b + d \pmod{m},$$
$$a - c \equiv b - d \pmod{m},$$
$$ac \equiv bd \pmod{m}.$$

⑦　前項によって，完全剰余系 $\mathbf{Z}_m$ は法 m の三則（加・減・乗）に関して閉じている．そこで，$\mathbf{Z}_m$ を法 m に関する $\mathbf{Z}$ の**剰余環**と呼ぶ．剰余環 $\mathbf{Z}_m$ では，m の倍数は 0 と見做してよい．

⑧　法(modulo)は，ラテン語の modulus (small measure) から来た言葉で，"測定の基準寸法" という意味である．

──問題Aの解答──

1.　除法定理（整除の一意性）から明らかである．

2.　前問から明らかである．なお，modの後の省略を示す点（ピリオド）は省かれることも多い．

（2）**対称律**　$a \sim b$ ならば，$b \sim a$;

（3）**推移律**　$a \sim b$, $b \sim c$ ならば，$a \sim c$.

逆に，集合 S が同値関係 $\sim$ を持てば，S は同値類によって類別される．合同式は Z における同値関係である（合同⇔同類⇔等余）.

3.　法 m に関する完全剰余系として，通常は，普通剰余

$$0, 1, 2, \cdots, m-1$$

が選ばれるが，場合に応じて都合のよいものに変更してもよい．

法 7 に関する完全剰余系として，次の条件をみたすものを求めよ．

(1)　絶対値のなるべく小さいもの（**絶対最小剰余**）.

(2)　すべて負の整数で絶対値のなるべく小さいもの.

(3)　すべて奇数で絶対値のなるべく小さいもの.

(4)　すべて 4 の倍数で絶対値のなるべく小さいもの.

4.　法15に関する完全剰余系ですべて奇数のものを求めよ．

5.　次の各数を法15に関して合同なものに類別せよ：

$$-28, \ -13, \ -7, \ 1, \ 2, \ 8, \ 16, \ 77, \ 91, \ 98.$$

6.　次の各数の，与えられた法に関する普通剰余（負でない最小剰余）と絶対最小剰余（絶対値のなるべく小さい剰余）を求めよ．

(1) $25(\mathrm{mod}.7)$　　(2) $30(\mathrm{mod}.8)$　　(3) $100(\mathrm{mod}.11)$

7.　任意の二つの整数 a, b に対し，次のことがらを証明せよ：

$$a \equiv b(\mathrm{mod}.\, m) \Leftrightarrow a-b \equiv 0(\mathrm{mod}.\, m).$$

注．従って，a, b の差が m で整除されるとき，$a \equiv b(\mathrm{mod}.\, m)$ であると定義してもよい．なお，合同式は法 m を指定して始めて意味を持つ概念であるから，合同式の最後には必ず $(\mathrm{mod}.\, m)$ を記入しておく必要がある．

8.　　　　$a \equiv b(\mathrm{mod}.\, m)$, $c \equiv d(\mathrm{mod}.\, m)$

のとき，次の各式が成立つことを証明せよ．

(1)　$a+c \equiv b+d(\mathrm{mod}.\, m)$

(2)　$a-c \equiv b-d(\mathrm{mod}.\, m)$

(3)　$ac \equiv bd(\mathrm{mod}.\, m)$

注．特に，$c=d$ の場合がしばしば用いられる．なお，除法は必ずしも成立しないの

解答のページ

3. (1) 0, 1, 2, 3, -3, -2, -1.

(2) -7, -6, -5, -4, -3, -2, -1.

(3) 7, 1, -5, 3, -3, 5, -1.

(4) 0, 8, -12, -4, 4, 12, -8.

4. 15, 1, 17, 3, 19, 5, 21, 7, 23, 9, 25, 11, 27, 13, 29.

5. $1 \equiv 16 \equiv 91$, $-28 \equiv -13 \equiv 2 \equiv 77$, $-7 \equiv 8 \equiv 98 \pmod{15}$

6. (1) 4, -3　　(2) 6, -2　　(3) 1, 1

7. "合同⇔等余" ということから明らかである.

8. 前問によって,

$$a - b \equiv 0 \pmod{m}, \quad c - d \equiv 0 \pmod{m}.$$

$$\therefore a - b = mk, \quad c - d = ml.$$

(1) 辺々を加えて, $(a-b) + (c-d) = mk + ml = m(k+l)$ とすれば,

$$(a+c) - (b+d) \equiv 0 \pmod{m}.$$

$$\therefore a + c \equiv b + d \pmod{m}.$$

で注意を要する.

9.　任意の正整数 n に対して，次のことがらを証明せよ：

$$a \equiv b(\text{mod.} m) \text{ ならば，} a^n \equiv b^n (\text{mod.} m).$$

10.　次のことがらは正しいか：

$$ab \equiv 0 \ (\text{mod.} m) \text{ ならば，} a \equiv 0(\text{mod.} m) \text{ または } b \equiv 0(\text{mod.} m).$$

　注.　一般に，環 R の元 $a \neq 0$ に対し，$ab=0$ または $ba=0$ となるような元 $b \neq 0$ が存在するとき，a を R の**零因子**という．従って，条件

$$ab=0 \text{ ならば，} a=0 \text{ または } b=0$$

は，R が零因子を持たないための条件である（§21参照）．

11.　$[m, n]=l$ のとき，次のことがらを証明せよ：

$$a \equiv b(\text{mod.} m) \text{ かつ } a \equiv b(\text{mod.} n) \Leftrightarrow a \equiv b(\text{mod.} l).$$

12.　p が 5 以上の素数ならば，

$$p^2 \equiv 1 \ (\text{mod.} 24)$$

であることを証明せよ．

13.　**十二支**

　　子　丑　寅　卯　辰　巳　午　未　申　酉　戌　亥

　　（鼠　牛　虎　兎　竜　蛇　馬　羊　猿　鶏　犬　猪）

は，法12に関する $\boldsymbol{Z}$ の剰余類の別名に他ならない．このことを説明せよ．

　注.　**十干** (mod. 10)：甲　乙　丙　丁　戊　己　庚　辛　壬　癸

　　　　七曜 (mod. 7)：日　月　火　水　木　金　土

　　　　五行 (mod. 5)：木　火　土　金　水

　　　　陰陽 (mod. 2)：陰　陽

(2)　(1)と同様である.

(3)　第1式の両辺に c を, また第2式の両辺に b を掛けて, 辺々を加えれば,

$$ac-bc+bc-bd=mkc+mlb.$$

$$\therefore ac-bd\equiv 0 \ (\mathrm{mod}.m).$$

$$\therefore ac\equiv bd(\mathrm{mod}.m).$$

9.　$a\equiv b(\mathrm{mod}.\ m)$ の辺々を n 回掛ければよい.

10.　正しくない. 例えば, $2\not\equiv 0 \ (\mathrm{mod}.\ 6)$, $3\not\equiv 0 \ (\mathrm{mod}.\ 6)$ ではあるが,

$$2\cdot 3=6\equiv 0(\mathrm{mod}.\ 6).$$

11.　$a\equiv b(\mathrm{mod}.\ m)$かつ $a\equiv b(\mathrm{mod}.\ n)$ であるならば, $a-b$ は m, n の公倍数になるから, §1, 問6(1)により, $a-b$ は l の倍数になる. $\therefore a\equiv b(\mathrm{mod}.l)$. 逆に, $a\equiv b(\mathrm{mod}.l)$ とすれば, m, n は l の約数であるから, §1, 問2(3)により, $a\equiv b \ (\mathrm{mod}.m)$, $a\equiv b \ (\mathrm{mod}.n)$ を得る.

12.　仮定により, $p\not\equiv 0 \ (\mathrm{mod}.\ 3)$であるから, $p\equiv \pm 1 \ (\mathrm{mod}.\ 3)$.

$$\therefore p^2\equiv 1 \ (\mathrm{mod}.\ 3).$$

他方, p は奇数であるから, $p=4k\pm 1$と置ける.

$$\therefore p^2=16k^2\pm 8k+1\equiv 1(\mathrm{mod}.\ 8).$$

従って, 前問により, $p^2\equiv 1 \ (\mathrm{mod}.\ 24)$.

13.　十二支は, 西暦元年を酉どしとして, 12個の剰余類に, それぞれ,

$$R_0(申), \ R_1(酉), \ R_2(戌), \ \cdots, \ R_{11}(未)$$

と付けられた名称である. 従って, たとえば1981年は, $1981\equiv 1 \ (\mathrm{mod}.\ 12)$ であるから, 酉どしである.

問題B （☞解答は右ページ）

14. 正整数 a の各位の数字の和を a の**数字根** (digital root)という．但し，それが2桁以上になったならば，再びその各位の数字の和を求め，数字根は1桁とする．

任意の数は法9に関してその数字根に合同である（**九去法**）．このことを証明せよ．

　注．数字根を求めるとき，数字の和に9が現われたならば，その都度それを取り去ってもよい．これが"九去法"という名称の由来である．九去法は古くから四則演算の検算やいろいろな数学遊戯に利用されてきた．このように法9が特別の役割を演ずるのは，**整数が10進法**
$$a = a_0 10^n + a_1 10^{n-1} + \cdots + a_n$$
で書かれているためである．

15. 正整数 a に対して，次のことがらを証明せよ．

　(1) 2の倍数 ⟺ 末位が2の倍数

　(2) 3の倍数 ⟺ 数字根が3の倍数

　(3) 5の倍数 ⟺ 末位が5の倍数

16. 4桁の整数 $463\square$ が6の倍数であるためには，□の中にどのような数字を入れればよいか．

17. 正整数 a を末位から3桁ごとに区切り，各区切りを3桁の数と見做して末位から交互に＋－の符号を付けて加えた数を a' とする．このとき，
$$a \equiv a' \pmod{7}$$
$$a \equiv a' \pmod{11}$$
$$a \equiv a' \pmod{13}$$
であることを証明せよ（**3桁区切り法**）．

　注．例えば，$a = 12,345,678$ とすれば，
$$a' = 12 - 345 + 678 = 345$$
であるから，a の代りに a' を調べることにより，剰余は
$$2 (\mathrm{mod}.\ 7), \qquad 4 (\mathrm{mod}.\ 11), \qquad 7 (\mathrm{mod}.\ 13)$$
と判定できる．従って，ＡＢＣＡＢＣの形の6桁の数は7，11，13のいずれでも整除されることがわかる．

解答のページ

——問題Bの解答——

14. a を10進法で表わして，

$$a = a_0 10^n + a_1 10^{n-1} + \cdots + a_n$$

とすれば，

$$10^n \equiv 10^{n-1} \equiv \cdots \equiv 10 \equiv 1 \,(\text{mod. } 9)$$

であるから，

$$a \equiv a_0 + a_1 + \cdots + a_n \,(\text{mod. } 9).$$

15. (1), (3)　$10 = 2 \times 5$ であるから，十位以上の部分は法2または5に関して0に合同である．従って，末位だけが残る．

(2)　前問から，a の法9に関する剰余は数字根である．従って，それが3の倍数なら a もそうである．

16. 末位の数字を x とすれば，$6 = 2 \times 3$ であるから，x は偶数で，かつ，

$$4 + 6 + 3 + x \equiv 0 \,(\text{mod.3}). \quad \therefore x \equiv 2 \,(\text{mod.3}).$$

従って，求める x は2または8である．

17. $7 \times 11 \times 13 = 1001$ であるから，7，11，13のいずれか一つを m とすれば，

$$1000 \equiv -1 \,(\text{mod. } m).$$

従って，法 m に関して，1000を -1 に置き換えてもよいからである．

注．　なお，法11に関しては，$10 \equiv -1 \,(\text{mod. 11})$ に注意すれば，3桁区切り法に寄らなくても，正整数 a の末位から交互に十一の符号を付けて，たとえば

$$12345678 \equiv -1 + 2 - 3 + 4 - 5 + 6 - 7 + 8$$
$$\equiv 4 \,(\text{mod.11})$$

としてもよい．

§4. 1次合同式

SUMMARY

1 　未知の整数 x, y に関する整数係数の方程式

$$ax + by = c$$

　の一般解を求めることを，1次不定方程式を解くという．

2 　特に，$ax + by = 1$ に整数解が存在するための必要十分条件は，

$(a, b) = 1$ となることである（**Bachet** の定理）．

3 　未知の整数 x に関する合同式

$$ax \equiv c \pmod{m}$$

　の一般解を求めることを，1次合同式を解くという．

4 　前項の1次合同式が**特殊解** $r (0 \leqq r < m)$ を持つならば，

$$x \equiv r \pmod{m}$$

　も解である．従って，解は $\boldsymbol{Z}_m$ の中から求めればよい．

5 　$\boldsymbol{Z}_m$ の元 a が法 m に関する逆元，すなわち，

$$aa' \equiv 1 \pmod{m}$$

問題A（☞解答は右ページ）

1. 　**Bachet** の定理を証明せよ．

　注．この種の不定方程式を解くことを Diophantus の問題といい，上記の定理を "Diophantus の定理" ということもある．Diophantus はアレクサンドリアで活動したギリシアの数学者であり，Bachet は彼の『数論』をラテン語に翻訳（1621刊）して，近代整数論研究の発端を開いた．特に，Fermat はこの書物を愛読し，その欄外に，有名な**大定理**

　　　　　"$x^n + y^n = z^n$ （$n \geqq 3$）は整数解 x, y, z （$xyz \neq 0$）を持たない"

を始めとして，多くの発見を書き込んだ．この大定理を証明することは長く未解決問題として有名であったが，1994年にプリンストン大学の A. Wiles によって最終的に解決された．

をみたすような元 a' を持つとき，a は**正則**であるという．
$$a \text{ が正則} \Leftrightarrow (a, m) = 1.$$

6　1次合同式 $ax \equiv c \pmod{m}$ が，法 m に関して **一意的な解** を持つための必要十分条件は，a が正則なることである．

7　1次合同式
$$ax \equiv ac \pmod{m}$$
に対して，次の**簡約公式**が成立つ．

(1)　$(a, m) = 1$ ならば，$x \equiv c \pmod{m}$.

(2)　$(a, m) = g$ ならば，$x \equiv c \pmod{m/g}$.

(3)　$m = am'$ ならば，$x \equiv c \pmod{m'}$.

8　1次不定方程式 $ax + by = c$ を解くには，1次合同式
$$ax \equiv c \pmod{b}$$
を解いて，解 $x \equiv x_0 \pmod{b}$，すなわち，$x = x_0 + bt$（t は整数）を求め，これを与式に代入して，y も求めればよい．

----問題Aの解答----

1. $ax + by = 1$ に整数解が存在するとき，$(a, b) = g$ とすれば，左辺は g の倍数になるから，$g \mid 1$. $\therefore g = 1$.

逆に，$(a, b) = 1$ とする．$a < b$ と仮定しても一般性は失わない．更に，もし a が 0 ならば，$(0, b) = b = 1$ となり，方程式は
$$x = \text{任意の整数,}\quad y = 1$$
なる解を持つから，$a \neq 0$ と仮定できる．同様にして，$b \neq 0$ と仮定できる．また，もし必要があれば，x，y の符号を変更することにより，a，b は共に正と仮定してよい．以上によって，$0 < a < b$ と仮定できる．

そこで，$a + b$ $(0 < a < b)$ に関する数学的帰納法によって証明する．
$$b = qa + r, \quad 0 \leq r < a$$
と置けば，Euclid の互除法により，
$$(a, b) = (a, r) = 1, \quad a + r < a + b$$
であるから，帰納法の仮定により，1次不定方程式 $ax + ry = 1$ には整数解 $x = x_0,$

2. 1次不定方程式 $ax+by=c$ に整数解 x, y が存在するための必要十分条件は，係数 c が (a, b) の倍数になることである．このことを証明せよ．

　注．従って，与えられた方程式を解くには，両辺を $g=(a, b)$ で簡約し，
$$a'x+b'y=c', \quad (a', b')=1$$
の形にしてから考えればよい．

3. 次の1次不定方程式は整数解を持つか．もし持つならば，特殊解（一つの解）を試行錯誤によって求めよ．

(1) $2x+3y=1$ 　　 (2) $4x+6y=3$

(3) $3x-7y=2$ 　　 (4) $3x-12y=4$

4. 1次不定方程式 $ax+by=c$ の特殊解を x_0, y_0 とすれば，一般解は，
$$x=x_0+bt,\ y=y_0-at\ (t\ は任意の整数)$$
で与えられる．このことを証明せよ．

5. 1次不定方程式 $2x+3y=1$ の一般解を求めよ．

6. m' を m の正の約数とするとき，
$$ax\equiv c\ (\mathrm{mod}.\,m)\ ならば,\ ax\equiv c(\mathrm{mod}.\,m')$$
が成立つ．このことを証明せよ．逆は成立つか．

解答のページ

$y=y_0$ が存在する. $\therefore ax_0+ry_0=1$. これに, $r=b-qa$ を代入すれば,

$ax_0+(b-qa)y_0=1$.

$$\therefore a(x_0-qy_0)+by_0=1.$$

従って, もとの方程式 $ax+by=1$ には, 整数解 $x=x_0-qy_0$, $y=y_0$ が存在する. 以上によって, 一般の場合にも定理は正しい.

2. $(a,\ b)=g$ とし,

$$a=ga',\ b=gb',\ (a',\ b')=1$$

と置けば, $ax+by=c$ は

$$g(a'x+b'y)=c$$

となる. そこで, この形について証明すればよい.

　もし整数解 x, y が存在するならば, 左辺は g の倍数になるから, $g|c$. 逆に, $g|c$ ならば, $c=gc'$ と置き, 方程式の両辺を g で簡約すれば,

$$a'x+b'y=c',\ (a',\ b')=1.$$

前問より, 1次不定方程式

$$a'x+b'y=1,\ (a',\ b')=1$$

には整数解 $x=x_0$, $y=y_0$ が存在する. 従って, もとの方程式は

$$x=c'x_0,\ y=c'y_0$$

なる解を持つ.

3. (1) $x=-1,\ y=1$ 　　(3) $x=3,\ y=1$ 　　(2), (4) 解なし

4. $ax+by=a(x_0+bt)+b(y_0-at)=ax_0+by_0=c$.

5. $x=-1+3t,\ y=1-2t$ （t は任意の整数）

6. §1, 問2(3)によって明らかである. 逆は成立しない.

7.　簡約公式(1)，(2)，(3)を証明せよ．

注.　一般に，環 R において，任意の元 $a \neq 0$ に対して，

$ax=ac$ ならば，$x=c$（**左簡約律**）

$xa=ca$ ならば，$x=c$（**右簡約律**）

が共に成立するとき，R において**簡約律**が成立つという（§21参照）．　なお，§6，問2を参照のこと．

8.　合同式 $36 \equiv 6 \pmod{10}$ に簡約公式(1)，(2)，(3)を適用すれば，それぞれ，どのような合同式が得られるか．

9.　完全剰余系（剰余環）Z_m において，正則な元全体のなす集合を，法 m に関する**既約剰余系**といい，$Z_m{}^*$ で表わす．

$$Z_m{}^* = \{a \in Z_m \mid (a, m) = 1\}$$

なることを証明せよ．

注.　一般に，単位元 $e \neq 0$ を持つ環 R において，元 a に対して，

$aa' = a'a = e$

をみたすような元 a' が存在するとき，a は**正則（可逆）**であるといい，a' を a の**逆元**という．R の正則な元全体の集合 R^* は乗法に関して"群"をなす（§21参照）．

　1次合同式 $ax \equiv c \pmod{m}$ において a が正則，すなわち，a が逆元 a' を持つならば，法 m に関して**一意的な解** $x \equiv a'c \pmod{m}$ を持つ．　なお，特に，$m=p$（素数）ならば，$Z_p{}^* = Z_p - \{0\}$ である（§6，問1参照）．

10.　次の法 m に関する既約剰余系を求めよ．

(1)　$m=6$　　　(2)　$m=10$　　　(3)　$m=12$

7. (1) $(a, m)=1$ ならば，Bachet の定理により，

$$aa'+my=1, \quad \text{すなわち,} \quad aa'\equiv1(\text{mod}.m)$$

なる整数 a' が存在する（問9参照）．この a' を

$$ax\equiv ac(\text{mod. } m)$$

の両辺に掛けて，aa' を1で置き換えれば，$x\equiv c(\text{mod. } m)$ を得る．

(2) $(a, m)=g$ のとき，$m=gm'$ と置けば，$(a, m')=1$ である．

$$ax\equiv ac \ (\text{mod}.m)$$

に前問を適用すれば，

$$ax\equiv ac(\text{mod}.m'), \quad (a, m')=1$$

を得る．従って，(1)により，$x\equiv c(\text{mod. } m')$ となる．

(3) 仮定より，

$$ax-ac=a(x-c)\equiv0(\text{mod. } am).$$

$$\therefore am|a(x-c), \quad \text{すなわち,} \quad m|(x-c).$$

$$\therefore x-c\equiv0(\text{mod. } m), \quad \text{すなわち,} \quad x\equiv c(\text{mod}.m).$$

8. (1) $(3, 10)=1$ だから，両辺を3で簡約して，$12\equiv2(\text{mod. } 10)$.

(2) $(10, 6)=2$ だから，$6\equiv1 \ (\text{mod. } 5)$.

(3) 法も含めて2で簡約し，$18\equiv3 \ (\text{mod. } 5)$.

9. $(a, m)=1$ とすれば，Bachet の定理により，

$$aa'+my=1, \quad \text{すなわち,} \quad aa'\equiv1 \ (\text{mod. } m)$$

なる元 a' が存在する．従って，a は正則である．逆は，上の推論を逆に辿ればよい．

10. (1)　1, 5　(2)　1, 3, 7, 9　(3)　1, 5, 7, 11

11.　$Z_7{}^*$ の各元の逆元を求めよ.

12.　1次合同式 $ax \equiv c (\mathrm{mod.}\ m)$ において, $(a, m) = g$ とするとき, 次のことがらを証明せよ.

　(1)　この1次合同式が解を持つための必要十分条件は, 係数 c が g の倍数になることである.

　(2)　この1次合同式が解を持つとき, 法 m に関して**異なる解**（合同でない解）の個数は g 個である.

13.　次の1次合同式を解け.

　(1)　$2x \equiv 1 (\mathrm{mod.}\ 3)$　　　(2)　$2x \equiv 1 (\mathrm{mod.}\ 5)$

　(3)　$4x \equiv 3 (\mathrm{mod.}\ 7)$　　　(4)　$5x \equiv 2 (\mathrm{mod.}\ 7)$

　(5)　$4x \equiv x + 29 (\mathrm{mod.}\ 7)$　　　(6)　$26x \equiv 1 (\mathrm{mod.}\ 57)$

解答のページ

11.　1と1, 2と4, 3と5, 6と6.

12.　(1)　1次合同式 $ax \equiv c (\mathrm{mod}.\ m)$ に解が存在するならば，1次不定方程式 $ax + my = c$ は整数解 x, y を持つ．従って，問2により，$g|c$. 逆は，上の推論を逆に辿ればよい．

　　　(2)　$ax \equiv c (\mathrm{mod}.\ m)$ が解を持つならば，(1)により，

$$a = ga', \quad m = gm', \quad c = gc', \quad (a',\ m') = 1$$

と置ける．従って，簡約公式(3)により，

$$a'x \equiv c' (\mathrm{mod}.\ m').$$

$(a',\ m') = 1$ であるから，この1次合同式は一意的な解

$$x \equiv x_0 (\mathrm{mod}.m'), \quad \text{すなわち,} \quad x \equiv x_0 + m't$$

を持つ．これらの中で，法 m に関して異なる解は，

$$t = 0,\ 1,\ \cdots,\ g-1$$

の g 個である．

13.　(1)　両辺を2倍して，$3x \equiv 0 (\mathrm{mod}.3)$ に注意すれば，

$$4x \equiv 2 (\mathrm{mod}.3). \quad \therefore x \equiv 2 (\mathrm{mod}.3).$$

　　別解．右辺に3を加えて，$2x \equiv 4 (\mathrm{mod}.3)$. 両辺を2で簡約して，

$$x \equiv 2 (\mathrm{mod}.3).$$

　　注．簡約公式を用いるときは，$(a,\ m) = 1$ の条件がみたされているか否かを必ず確かめること．

　　　(2)　両辺を3倍して，

$$6x \equiv 3 (\mathrm{mod}.\ 5). \quad \therefore x \equiv 3\ (\mathrm{mod}.\ 5).$$

　　別解．右辺に5を加えて，

$$2x \equiv 6 (\mathrm{mod}.\ 5). \quad \therefore x \equiv 3 (\mathrm{mod}.\ 5).$$

　　　(3)　両辺を2倍して，

$$8x \equiv 6 (\mathrm{mod}.\ 7). \quad \therefore x \equiv 6 (\mathrm{mod}.\ 7).$$

　　　(4)　両辺を3倍して，

$$15x \equiv 6 (\mathrm{mod}.\ 7). \quad \therefore x \equiv 6 (\mathrm{mod}.\ 7).$$

　　　(5)　整頓して，$3x \equiv 1 (\mathrm{mod}.\ 7)$. 右辺に14を加えて，

$$3x \equiv 15 (\mathrm{mod}.\ 7). \quad \therefore x \equiv 5 (\mathrm{mod}.\ 7).$$

　　　(6)　右辺に $57 \times 5 = 285$ を加えて，

$$26x \equiv 286 (\mathrm{mod}.57). \quad \therefore x \equiv 11 (\mathrm{mod}.57).$$

14. 次の 1 次不定方程式を解け.

    (1) $4x + 7y = 3$ (2) $11x - 7y = 1$

    (3) $5x + 3y = 104$ (4) $3x + 7y = 29$

    (5) $41x + 17y = 1$ (6) $119x - 105y = 217$

15.   62□□427 が 99 の倍数であるためには, □の中にどのような数字を入れればよいか.

16.   3 桁の整数の前後に 7 を書き加えて, 7□□□7 としたら, もとの数の

14. (1) 問13(3) により，$4x \equiv 3 (\mathrm{mod.}\ 7)$ の解は，

$$x \equiv 6 (\mathrm{mod.}7), \quad \text{すなわち，} \quad x = 6 + 7t$$

であるから，これを与えられた方程式に代入して，

$$4(6 + 7t) + 7y = 3. \quad \therefore y = -3 - 4t.$$

$$\therefore x = 6 + 7t, \quad y = -3 - 4t \quad (t \text{ は任意の整数}).$$

(2) まず，

$$11x \equiv 1 (\mathrm{mod.}\ 7), \quad \text{すなわち，} \quad 4x \equiv 1 (\mathrm{mod.}\ 7)$$

を解く．両辺を2倍して，

$$x \equiv 2 (\mathrm{mod.}\ 7), \quad \text{すなわち，} \quad x = 2 + 7t.$$

これを与えられた方程式に代入して，

$$11(2 + 7t) - 7y = 1. \quad \therefore y = 3 + 11t.$$

$$\therefore x = 2 + 7t, \quad y = 3 + 11t \quad (t \text{ は任意の整数}).$$

(3) $x = 1 + 3t$, $y = 33 - 5t$ (t は任意の整数)．

(4) $x = 5 + 7t$, $y = 2 - 3t$ (t は任意の整数)．

(5) $x = 5 + 17t$, $y = -12 - 41t$ (t は任意の整数)．

(6) 両辺を7で簡約して，$17x - 15y = 31$ を解く．まず，

$$17x \equiv 31 (\mathrm{mod.}\ 15), \quad \text{すなわち，} \quad 2x \equiv 1 (\mathrm{mod.}\ 15)$$

を解く．右辺に15を加えて，$2x \equiv 16 (\mathrm{mod.}\ 15)$.

$$\therefore x \equiv 8 (\mathrm{mod.}\ 15), \quad \text{すなわち，} \quad x = 8 + 15t.$$

これを与えられた方程式に代入して，

$$17(8 + 15t) - 15y = 31. \quad \therefore y = 7 + 17t.$$

$$\therefore x = 8 + 15t, \quad y = 7 + 17t \quad (t \text{ は任意の整数}).$$

15. 求める2数を x，y とすれば，$99 = 9 \times 11$ であるから，九去法により，

$$6 + 2 + x + y + 4 + 2 + 7 \equiv 0 (\mathrm{mod.}\ 9).$$

$$\therefore x + y \equiv 6 (\mathrm{mod.}\ 9).$$

また，§3，問17より，

$$6 - (200 + 10x + y) + 427 \equiv 0 (\mathrm{mod.}\ 11).$$

$$\therefore 10x + y \equiv 2 (\mathrm{mod.}\ 11).$$

x，y が1桁の数であることに注意すれば，容易に，$x = 2$, $y = 4$ が得られる．

16. 137, 511 または957.

倍数になった. もとの数を求めよ.

問題B (☞解答は右ページ)

17. 次のことがらを証明せよ.

(1) $4k+3$ という形の素数は無数個ある.

(2) $6k+5$ という形の素数は無数個ある.

注. 一般に, $(m, r)=1$ ならば,

$$mk+r$$

という形の素数は無数個ある (**Dirichlet の定理**).

18. Z_m の元 $a \neq 0$ が零因子ではないための必要十分条件は, a が正則なる

ことである. このことを証明せよ.

注. 整数環 Z ではこのことは成立しない.

19. 整数係数の方程式

$$a_1 x_1 + a_2 x_2 + \cdots + a_n x_n = c$$

の一般解を求めることを (**n 元**) 1次不定方程式を解くという. 2元の場合

———問題Bの解答———

17. Euclid の第2定理と同様の証明法を用いる.

(1) $4k+3$ という形の任意の素数 p が与えられたとき，p 以下のすべての素数の積を作り，それを2倍して1を引いた数を a とする：

$$a=2^2 \cdot 3 \cdot 5 \cdots p-1=4(3 \cdot 5 \cdots p-1)+3.$$

a は素数か合成数かのいずれかであるが，もし素数であれば $a>p$ であるから証明は終る. そこで，a は合成数とする. しからば，a は素因数 q を持つが，q は $4k+3$ という形の素数と仮定してもよい. 何故なら，もし a の素因数がすべて $4k+1$ という形であれば，その積 a もその形になっしまうからである. しかるに，a は p 以下のどの素数でも整除されないから，$q>p$ でなければならない. 従って，p は $4k+3$ という形の最大の素数ではありえない.

(2) $6k+5$ という形の任意の素数 p が与えられたとき，p 以下のすべての素数の積を作り，それから1を引いた数を a とする：

$$a=2 \cdot 3 \cdot 5 \cdots p-1=6(5 \cdots p-1)+5.$$

任意の素数は，$6k+5$ の形でなければ，2と3以外は $6k+1$ の形になるから，以下の議論は(1)と同様である.

18. 元 $a \neq 0$ が零因子ではないとき，仮に a が非正則であるとすれば，問9により，$(a, m)=g \neq 1$ となる. そこで，

$$a=ga', \quad m=gm', \quad (a', m')=1$$

と置けば，$a \not\equiv 0 \pmod{m}$，$m' \not\equiv 0 \pmod{m}$ ではあるが，

$$am'=ga'm'=a'm \equiv 0 \pmod{m}.$$

これは，a が零因子ではないという仮定に矛盾する. 従って，a は正則でなければならない.

逆に，元 a が正則であるとき，$ab \equiv 0 \pmod{m}$ ならば，両辺に a の逆元を乗じて，$b \equiv 0 \pmod{m}$ を得る. 従って，a は零因子ではない.

19. (1) $(7, 4, 8)=1$ であるから解は存在する. まず，$(7, 4)=1$ であるから，$7x+4y=u$ と置き，これを解けば，

$$x=3u+4t, \quad y=-5u-7t \quad (t \text{ は任意の整数})$$

と同様に，この１次不定方程式に整数解が存在するための必要十分条件は，

$$(a_1, a_2, \cdots, a_n) \mid c$$

となることである．解は $n-1$ 個の任意整数を含む．

次の３元１次不定方程式を解け．

(1)　$7x+4y-8z=1$

(2)　$5x-7y+18z=10$

20.　２人はある年の10月の水曜日に２回デートをした．そのとき，最初に会った日付の４倍に３を加えたら，再会した日付に等しくなった．最初に会ったのは10月何日か．

21.　１石（100升）の穀物を100個の容器に分配した．容器には大，中，小の３種類があり，それぞれ，１容器当り，３升，２升，0.5升ずつ分配した．大，中，小の容器はそれぞれ何個あったか．

22.　４桁の数ＡＢＣＤがある．その首位の数Ａを末位に置き換えて，ＢＣＤＡとしたら，

$$\mathrm{BCDA} = \frac{3}{4}(\mathrm{ABCD}) + 1$$

となった．もとの数を求めよ．

を得る．与式は，$u-8z=1$ であるから，これを解けば，

$$u=1+8s, \quad z=s \quad (s は任意の整数)$$

を得る．従って，この u を x，y に代入して，

$$x=3+24s+4t, \quad y=-5-40s-7t, \quad z=s.$$

(2) $x=-24+54s+7t, \quad y=-16+36s+5t, \quad z=1-s.$

20. 最初に会った日を x とすれば，再会した日は $4x+3$ である．

$$4x+3\equiv x(\text{mod. } 7)$$

$$3x\equiv -3(\text{mod. } 7)$$

$$\therefore x\equiv -1(\text{mod. } 7), \quad \text{すなわち，} \quad x\equiv 6(\text{mod. } 7).$$

題意より，$4x+3\leqq 31$，すなわち，$x\leqq 7$ であるから，$x=6$.

21. 大，中，小の容器の個数を，それぞれ，x，y，z とする．

$$x+y+z=100(個)$$

$$3x+2y+0.5z=100 \ (升)$$

第2式の両辺を2倍して，第1式を引けば，$5x+3y=100$．これを解けば，

$$x=2+3t, \quad y=30-5t, \quad z=68+2t \quad (t は整数).$$

$x\geqq 1$ より $t\geqq 0$，$y\geqq 1$ より $t\leqq 5$．$\therefore 0\leqq t\leqq 5$．従って，求める解は，

$$\begin{cases} x=2 \\ y=30 \\ z=68 \end{cases} \begin{cases} 5 \\ 25 \\ 70 \end{cases} \begin{cases} 8 \\ 20 \\ 72 \end{cases} \begin{cases} 11 \\ 15 \\ 74 \end{cases} \begin{cases} 14 \\ 10 \\ 76 \end{cases} \begin{cases} 17 \\ 5 \\ 78 \end{cases}$$

22. 数Aを x，ＢＣＤを y と置けば，

$$ＡＢＣＤ=1000x+y, \quad ＢＣＤＡ=10y+x$$

であるから，題意より，

$$40y+4x=3000x+3y+4.$$

$$\therefore 2996x-37y=-4.$$

この1次不定方程式を $1\leqq x\leqq 9$ の範囲で解けば，$x=4$，$y=324$ を得る．従って，求める数は4324である．

§5. 連 分 数

SUMMARY

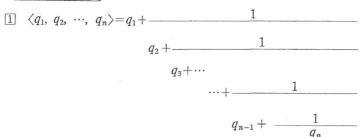

1 $\langle q_1, q_2, \cdots, q_n \rangle = q_1 + \cfrac{1}{q_2 + \cfrac{1}{q_3 + \cdots \atop \cdots + \cfrac{1}{q_{n-1} + \cfrac{1}{q_n}}}}$

なる形の分数を（**正則**）**連分数**といい，この数列が有限で終るものを**有限連分数**，無限に続くものを**無限連分数**という．

2 有理数 b/a を連分数に展開するには，Euclid の互除法により商の数列 $q_1, q_2, \cdots, q_n$ を求め，そのまま，

$$b/a = \langle q_1, q_2, \cdots, q_n \rangle$$

とすればよい．q_1 は b/a の整数部分である．

3 有理数 b/a は有限連分数に展開できる．逆に，有限連分数の値

問題A （☞解答は右ページ）

1. 有理数 b/a を（正則）連分数に展開するには，Euclid の互除法により商の系列 $q_1, q_2, \cdots, q_n$ を求め，そのまま，

$$b/a = \langle q_1, q_2, \cdots, q_n \rangle$$

とすればよい．このことを証明せよ．

注. この場合，b/a は既約分数になおしてから計算する方が簡便である．例えば，§1，問14の例において，

$$\frac{525}{231} = \frac{25}{11} = \langle 2, 3, 1, 2 \rangle = 2 + \cfrac{1}{3 + \cfrac{1}{1 + \cfrac{1}{2}}}$$

である．連分数はしばしば，加法記号を下行に書いて，

は有理数である.

連分数 $\begin{cases} \text{有限連分数}\Leftrightarrow\text{有理数} \\ \text{無限連分数}\Leftrightarrow\text{無理数} \end{cases}$

4 連分数 $\langle q_1, q_2, \cdots \rangle$ が与えられたとき,

$$\langle q_1, q_2, \cdots, q_n \rangle \quad (n\text{項までの部分列})$$

を,もとの連分数の**近似分数**という.

5 前項において,近似分数の**値** Q_n/P_n は,

$$\frac{Q_1}{P_1}=\frac{q_1}{1}, \quad \frac{Q_2}{P_2}=\frac{1+q_1 q_2}{q_2}, \quad \frac{Q_n}{P_n}=\frac{Q_{n-2}+Q_{n-1}q_n}{P_{n-2}+P_{n-1}q_n} \quad (n\geqq 3)$$

で与えられる.これは,真の値に収束する次のような**近似分数表**を作れば,計算しやすい.

	q_1	q_2	$\cdots$	q_n	$\cdots$
分子 Q_n	q_1	$1+q_1 q_2$	$\cdots$	$Q_{n-2}+Q_{n-1}q_n$	$\cdots$
分母 P_n	1	q_2	$\cdots$	$P_{n-2}+P_{n-1}q_n$	$\cdots$

————問題Aの解答————

1. $b=q_1 a+r_1,\ 0\leqq r_1<a,$ において,もし $r_1\neq 0$ ならば,

$$\frac{b}{a}=q_1+\frac{r_1}{a}=q_1+\cfrac{1}{\cfrac{a}{r_1}} \qquad (q_1 \text{ は } \frac{b}{a} \text{ の整数部分}).$$

同じ操作を a/r_1 について繰返し,以下,同じ操作を剰余 $r_n=0$ となるまで繰返せばよい.

$$q_1 + \cfrac{1}{q_2} + \cfrac{1}{q_3} + \cdots + \cfrac{1}{q_n}$$

とも略記されるが，本書では括弧〈 〉を用いた．なお，"正則"とは，連分数の分子に当る個所がことごとく1であることを意味する．以下，この場合だけを扱う．

2.　次の各数を連分数で表わせ．

(1) $\dfrac{100}{18}$　　(2) $\dfrac{50}{9}$　　(3) $\dfrac{9}{50}$

3.　次の各数を連分数で表わせ．

(1) $\dfrac{43}{30}$　　(2) $\dfrac{41}{17}$　　(3) $\dfrac{105}{38}$

4.　無理数は無限連分数に展開できる．逆に，無限連分数の値は無理数である．

次の各数を連分数に展開せよ．

(1) $\sqrt{2}$　　(2) $\sqrt{3}$　　(3) $\sqrt{5}$　　(4) $\sqrt{7}$

5.　連分数〈$q_1,\ q_2,\ \cdots,\ q_n$〉の値 Q_n/P_n は，

$$\frac{Q_1}{P_1} = \frac{q_1}{1},\ \frac{Q_2}{P_2} = \frac{1 + q_1 q_2}{q_2},\ \frac{Q_n}{P_n} = \frac{Q_{n-2} + Q_{n-1} q_n}{P_{n-2} + P_{n-1} q_n}\quad (n \geqq 3)$$

で与えられる．このことを証明せよ．

6.　次の連分数の近似分数表を作れ．

(1)　〈2，1，3，4，2〉　　(2)　〈2，3，4，5，1〉

注．　(2)の連分数は〈2，3，4，6〉と同値である．一般に，もし連分数の最後の項に1が現われたならば，その直前の項に1を加えることにして，連分数表示の最後に1を置かないようにすれば，有限連分数は一意的に表わすことができる．

2. (1) 約分すれば(2)と同じになる. $<5, 1, 1, 4>$.

  (2) $<5, 1, 1, 4>$ (3) $<0, 5, 1, 1, 4>$

3. (1) $<1, 2, 3, 4>$ (2) $<2, 2, 2, 3>$

  (3) $<2, 1, 3, 4, 2>$

4. (1) $\sqrt{2}$ を整数部分 1 と小数部分 $\sqrt{2}-1$ に分け，小数部分の逆数

$$\frac{1}{\sqrt{2}-1}=\sqrt{2}+1$$

について同じ操作を繰返す.

$$\sqrt{2}=1+(\sqrt{2}-1)=1+\cfrac{1}{\cfrac{1}{\sqrt{2}-1}}=1+\frac{1}{\sqrt{2}+1}=1+\frac{1}{2+(\sqrt{2}-1)}.$$

$$\therefore \sqrt{2}=<1, 2, 2, \cdots>=<1, \dot{2}>.$$

  (2) $<1, \dot{1}, \dot{2}>$ (3) $<2, \dot{4}>$ (4) $<2, \dot{1}, 1, 1, \dot{4}>$

5. n に関する数学的帰納法で証明する．$n=1, 2, 3$ に対しては確かに公式は正しい．公式があある n まで正しいものとすれば，

$$\frac{Q_{n+1}}{P_{n+1}}=<q_1, q_2, \cdots, q_n, q_{n+1}>=<q_1, q_2, \cdots, q_n+\frac{1}{q_{n+1}}>$$

$$=\frac{Q_{n-2}+Q_{n-1}(q_n+1/q_{n+1})}{P_{n-2}+P_{n-1}(q_n+1/q_{n+1})}=\frac{Q_{n-1}+(Q_{n-2}+Q_{n-1}q_n)q_{n+1}}{P_{n-1}+(P_{n-2}+P_{n-1}q_n)q_{n+1}}=\frac{Q_{n-1}+Q_n q_{n+1}}{P_{n-1}+P_n q_{n+1}}.$$

これは公式が $n+1$ のときにも正しいことを示している.

6. (1)

	2	1	3	4	2
分子	2	3	11	47	105
分母	1	1	4	17	38

(2)

	2	3	4	5	1
分子	2	7	30	157	187
分母	1	3	13	68	81

7. 次の連分数の値を求めよ.

(1) 〈5, 4, 3, 2〉 (2) 〈2, 3, 4, 5〉

(3) 〈0, 1, 3, 5〉 (4) 〈1, 1, 1, 3〉

8. 2次方程式 $x^2 - x - 1 = 0$ の正根

$$g = \frac{1 + \sqrt{5}}{2} = 1.6180339\cdots$$

を**黄金比**という. 黄金比 g について, 次のことがらを証明せよ.

(1) g は 〈1, 1, 1, …〉 と無限連分数に展開される.

(2) $g = $ 〈1, 1, 1, …〉 の近似分数表を作れば, 分子の数列, 分母の数列は, それぞれ, Fibonacci の数列になる.

	1	1	1	1	1	1	1	1	…
分子	1	2	3	5	8	13	21	34	…
分母	1	1	2	3	5	8	13	21	…

注. 黄金比 g は正5角形の一つの対角線と一辺との比である. この比による分割を**黄金分割**といい, 審美的な調和感を与えるものとして, 古代ギリシアやルネッサンス時代に尊重された. 無限連分数

$$g = \langle 1, 1, 1, \cdots \rangle$$

は, すべての文字が1から出来ているものとして, また, 無限連分数の中では最もゆるやかに収束するものとして特徴的である.

問題B (☞解答は右ページ)

9. 近似分数表において, 任意の隣接2列が作る行列を

$$A_n = \begin{bmatrix} Q_{n-1} & Q_n \\ P_{n-1} & P_n \end{bmatrix} \quad (n \geq 2)$$

と置くとき, 次のことがらを証明せよ.

(1) $\begin{bmatrix} Q_{n+1} \\ P_{n+1} \end{bmatrix} = A_n \begin{bmatrix} 1 \\ q_{n+1} \end{bmatrix}$ (2) $\det A_n = (-1)^{n-1}$

解答のページ

7. (1) $\dfrac{157}{30}$ (2) $\dfrac{157}{68}$ (3) $\dfrac{16}{21}$ (4) $\dfrac{11}{7}$

8. (1) g は2次方程式 $x^2-x-1=0$ の正根であるから，$g^2=g+1$. 両辺を g で割って，

$$g=1+\frac{1}{g}=1+\cfrac{1}{1+\cfrac{1}{g}}=1+\cfrac{1}{1+\cfrac{1}{1+\cdots}}=<\dot{1}>.$$

(2) 問5により，$P_1=1,\ P_2=1,\ P_n=P_{n-2}+P_{n-1}(n\geqq3)$. 同様に，$Q_1=1,\ Q_2=1,$ $Q_n=Q_{n-2}+Q_{n-1}(n\geqq3)$ となるからである．

——問題Bの解答——

9. (1) 問5で証明済みである．

(2) n に関する数学的帰納法で証明する．

$$A_2=\begin{vmatrix}Q_1&Q_2\\P_1&P_2\end{vmatrix}=\begin{vmatrix}q_1&q_1q_2+1\\1&q_2\end{vmatrix}=-1.\ \therefore n=2\ のとき公式は正しい．$$

n のとき正しいものとすれば，

$$A_{n+1}=\begin{vmatrix}Q_n&Q_{n+1}\\P_n&P_{n+1}\end{vmatrix}=\begin{vmatrix}Q_n&Q_{n-1}+Q_nq_{n+1}\\P_n&P_{n-1}+P_nq_{n+1}\end{vmatrix}=\begin{vmatrix}Q_n&Q_{n-1}\\P_n&P_{n-1}\end{vmatrix}=-\begin{vmatrix}Q_{n-1}&Q_n\\P_{n-1}&P_n\end{vmatrix}$$

$$=-A_n=-(-1)^{n-1}=(-1)^n.\ これは公式が\ n+1\ のときにも正しいことを$$

示している．

10. Fibonacci の数列の隣接3項を a_{n-1}, a_n, a_{n+1} とするとき，次の公式を証明せよ：

$$a_n^2 - a_{n-1}a_{n+1} = (-1)^{n-1} \qquad (n \geqq 2).$$

注. 問8より，$\lim_{n \to \infty} a_{n+1}/a_n = g$（黄金比）である.

11. 近似分数表を利用して，1次不定方程式

$$ax + by = c, \quad (a, b)|c$$

の特殊解を求めることが出来る．いま，有理数 b/a を連分数に展開し，その近似分数表を作れば，末項において

$$\begin{vmatrix} Q_{n-1} & b \\ P_{n-1} & a \end{vmatrix} = \pm 1, \quad \text{すなわち，} \quad aQ_{n-1} - bP_{n-1} = \pm 1$$

が成立つから，右辺の符号に応じて，

$$x = \pm cQ_{n-1}, \quad y = \mp cP_{n-1} \text{（復号同順）}$$

とすればよい.

次の1次不定方程式の特殊解を求めよ.

(1) $11x - 7y = 1$ (2) $3x + 7y = 29$

(3) $48x + 285y = 6$ (4) $162x - 47y = 1$

注. 特殊解さえ求められれば，§4，問4によって，一般解を求めることは容易である.

12. 次の1次不定方程式の正整数の解を求めよ.

(1) $3x + 7y = 29$ (2) $119x - 105y = 217$

13. 無限連分数のうちで，

$$\langle q_1, \dot{q_2}, \dot{q_3} \rangle = \langle q_1, q_2, q_3, q_2, q_3, \cdots \rangle$$

のように循環節が繰り返すものを**循環連分数**という．更に，循環節が最初から始まるものを**純循環連分数**，そうでないものを**混循環連分数**という.

$\sqrt{19}$ は循環連分数で表わされるか.

注. 整数係数の2次方程式の解になりうる無理数 ω を**2次無理数**という．特に，一対の解 ω, ω' が，条件

10. 前問と問8から直ちに導かれる.

11. (1) $x=2$, $y=3$ (2) $x=-58$, $y=29$

(3) 両辺を3で割って, $16x+95y=2$ としてから解くとよい. $x=12$, $y=-2$.

(4) $x=9$, $y=31$

12. (1) 一般解 $x=-58+7t>0$, $y=29-3t>0$ より, $t=9$.

$\therefore x=5$, $y=2$.

(2) $x=-217+15t$, $y=-248+17t$ $(t\geqq15)$.

13. $\sqrt{19}=<4, \dot{2}, 1, 3, 1, 2, \dot{8}>$ の形で循環する.

注. 2次無理数 $\sqrt{m}$ の連分数展開は

$$\sqrt{m}=<a_0, \dot{a_1}, \cdots, a_{n-1}, \dot{a_n}>$$

の形で循環する. ここで, $a_n=2a_0$ であり, しかも数列 $a_1, a_2, \cdots, a_{n-1}$ の部分は左右対称である (Legendre).

$$\omega > 1, \qquad 0 > \omega' > -1$$

をみたすならば，ω は**既約**であるという．このとき，次の定理がある：

循環連分数⇔2次無理数（**Lagrange**），

純循環連分数⇔既約2次無理数（**Galois**）．

例えば，黄金比 g は既約2次無理数である：

$$g = \frac{1+\sqrt{5}}{2} = 1.61\cdots, \qquad g' = \frac{1-\sqrt{5}}{2} = -0.61\cdots.$$

［補足］ 無理数 α の無限連分数表示

$$\alpha = <q_1, \ q_2, \ \cdots>$$

は，近似分数の極限が α になること，すなわち，

$$\alpha = \lim_{n\to\infty} <q_1, \ q_2, \ \cdots, \ q_n>$$

であることを意味する．このとき，近似分数の値は下と上から交互に真の値 α に収束する．

たとえば，円周率 $\pi = 3.1415926\cdots$ の連分数表示

$$\pi = <3, \ 7, \ 15, \ 1, \ 292, \ \cdots>$$

に対する近似分数の表は

	3	7	15	1	292	⋯
分子	3	22	333	355	103393	⋯
分母	1	7	106	113	33102	⋯

であり，B. C. 250年頃，Archimedes はすでに

$$\frac{223}{71} < \pi < \frac{22}{7}$$

の評価を知っていた．

解答のページ

注. 円周率 π に対して，自然対数の底 $e = 2.7182818\cdots$ には

$$e = <2, \ 1, \ 2, \ 1, \ 1, \ 4, \ 1, \ 1, \ 6, \ \cdots>$$

という規則正しい連分数表示があるが，成分に 1 が多いために，収束は緩慢である．なお，"正則"（問 1 の注）ではないが，Euler は e と π に対して次の興味ある連分数表示を見つけた：

$$e = 2 + \cfrac{1}{1 + \cfrac{1}{2 + \cfrac{2}{3 + \cfrac{3}{4 + \cfrac{4}{5 + \cdots}}}}}$$

$$\pi = \cfrac{4}{1 + \cfrac{1^2}{2 + \cfrac{3^2}{2 + \cfrac{5^2}{2 + \cfrac{7^2}{2 + \cdots}}}}}$$

§6.　Fermat-Euler の定理

SUMMARY

1　p が素数ならば，　$(a, p)=1 \Leftrightarrow a \not\equiv 0 (\mathrm{mod}. p)$.

2　p が素数ならば，Z_p の各元 $a \neq 0$ は正則である：

$$Z_p{}^* = Z_p - \{0\} = \{1, 2, \cdots, p-1\} \ (\mathrm{mod}. p).$$

従って，Z_p において，　0 で割ることを除外すれば，法 p の四則（加・減・乗・除）が可能になる．そこで，p が素数のとき，Z_p は法 p に関する Z の **剰余体** と呼ばれる．

3　p が素数ならば，任意の整数 a, b に対して，

$$(a+b)^p \equiv a^p + b^p (\mathrm{mod}. p).$$

4　**Fermat の定理**

p が素数，$a \not\equiv 0 (\mathrm{mod}. p)$ ならば，$a^{p-1} \equiv 1 \ (\mathrm{mod}. p)$.

5　p が素数，$a \not\equiv 0 (\mathrm{mod}. p)$ のとき，正整数 n を $p-1$ で整除したときの剰余を r とすれば，

$$a^n \equiv a^r \ (\mathrm{mod}. p).$$

問題A（☞解答は右ページ）

1. Z_p（p は素数）の各元 $a \neq 0$ は正則であることを証明せよ．

2. 次のことがらは同値であることを証明せよ．

(1)　p は素数である．

(2)　Z_p は零因子を持たない．

(3)　Z_p において簡約律が成立つ．

注．　Z_p が零因子を持たないこと

　　　"$ab \equiv 0 \ (\mathrm{mod}. p)$ ならば，$a \equiv 0 \ (\mathrm{mod}. p)$ または $b = 0 \ (\mathrm{mod}. p)$"

は Euclid の第1定理そのものである．

6 Z_m の正則な元（m と互いに素な元）の個数を $\varphi(m)$ で表わし、関数 φ を **Euler** の関数という。特に、$\varphi(1)=1$ とする。

7 $(m,\,n)=1$ ならば、$\varphi(mn)=\varphi(m)\varphi(n)$.

8 p が素数ならば、

(1) $\varphi(p)=p-1$ (2) $\varphi(p^\alpha)=p^\alpha-p^{\alpha-1}$

9 $\varphi(m)$ の表。$m\geqq 3$ のとき、$\varphi(m)$ は偶数である。

m	1	2	3	4	5	6	7	8	9	10	11	12
$\varphi(m)$	1	1	2	2	4	2	6	4	6	4	10	4

10 **Euler** の定理

$(a,\,m)=1$ ならば、$a^{\varphi(m)}\equiv 1$ (mod. m).

11 前項により、$(a,\,m)=1$ ならば、法 m に関する a の逆元は $a^{\varphi(m)-1}$ である。なお、Fermat の定理は、Euler の定理において $m=p$（素数）とした特別の場合に他ならない。

——問題 A の解答——

1. p は素数であるから、$1,\,2,\,\cdots,\,p-1$ はすべて p と互いに素である。しからば、§4、問9によって、それらは正則である。

2. (1)⇒(2)：p は素数とし、$ab\equiv 0(\text{mod}.p)$, $a\not\equiv 0(\text{mod}.p)$ とする。前問により、a は逆元 a' を持つから、それを両辺に掛ければ、$b\equiv 0(\text{mod}.p)$. ∴ Z_p は零因子を持たない。

(2)⇒(3)：$ax\equiv ac(\text{mod}.p)$, $a\not\equiv 0(\text{mod}.p)$ とする。移項して、$a(x-c)\equiv 0(\text{mod}.p)$. Z_p が零因子を持たないならば、これより、$x-c\equiv 0(\text{mod}.p)$ を得る。∴ Z_p において簡約律が成立つ。

(3)⇒(1)：p は合成数とし、$p=ab(1<a<p,\,1<b<p)$ とする。しからば、$ab\equiv 0\equiv a0$ (mod.p), $a\not\equiv 0(\text{mod}.p)$ であるが、$b\not\equiv 0(\text{mod}.p)$ であるから、両辺を a で簡約することは出来ない。∴ Z_p で簡約律が成立つならば、p は素数である。

3. p が素数のとき，次のことがらを証明せよ．

(1) $(a+b)^p \equiv a^p + b^p \pmod{p}$

(2) $(a_1 + a_2 + \cdots + a_n)^p \equiv a_1^p + a_2^p + \cdots + a_n^p \pmod{p}$

4. p が素数のとき，任意の整数 a に対して，

$$a^p \equiv a \pmod{p}$$

が成立つ．このことを証明せよ．

5. Fermat の定理を証明せよ．

注．Fermat の定理は，通常，前問の系として証明されるが，Euler の定理において $m = p$（素数）としてもよい．なお，本節の Fermat の定理は，近年証明された"大定理"（§4，問1の注を見よ）と区別して"小定理"と呼ばれることもある．しかし，これはよく応用される重要な定理である．

6. $p = 5, 7$ について，Fermat の定理を確かめよ．

解答のページ

3. (1) 2項定理により,

$$(a+b)^p = \sum_{r=0}^{p} {}_pC_r a^{p-r} b^r = a^p + \frac{p}{1} a^{p-1}b + \frac{p(p-1)}{1 \cdot 2} a^{p-2}b^2 + \cdots + b^p.$$

ここで, 右辺の初項と末項以外の項の係数

$$_pC_r = \frac{p!}{(p-r)!r!} = \frac{p(p-1)\cdots(p-r+1)}{r!}$$

はすべて整数であり, かつ, p が素数ならば, p は $r!$ ($0<r<p$) と互いに素であるから, 分子の p が分母によって簡約されてしまうことはない. 従って, これらの係数は法 p に関して 0 と合同である.

$$\therefore (a+b)^p \equiv a^p + b^p \pmod{p}.$$

(2) 左辺 $= \{a_1 + (a_2 + \cdots + a_n)\}^p \equiv a_1{}^p + (a_2 + \cdots + a_n)^p \pmod{p}$. この操作を繰返せばよい.

4. 前問(2)において, $a_1 = a_2 = \cdots = a_n = 1$ と置けば,

$$(1+1+\cdots+1)^p \equiv 1^p + 1^p + \cdots + 1^p = n \pmod{p}.$$

$$\therefore n^p \equiv n \pmod{p}.$$ ここで, 文字 n を a と置き換えればよい.

5. 前問において, $a \not\equiv 0 \pmod{p}$ ならば, 簡約公式1によって両辺を a で簡約することが出来る. $\therefore a^{p-1} \equiv 1 \pmod{p}$.

6. $p=5$ のとき, $\varphi(5) = 5-1 = 4$ であり,

$$1^4 \equiv 1 \pmod{5}$$
$$2^4 = 16 \equiv 1 \pmod{5}$$
$$3^4 = 81 \equiv 1 \pmod{5}$$
$$4^4 = 256 \equiv 1 \pmod{5}$$

$p=7$ のとき $\varphi(7) = 7-1 = 6$ であり,

$$1^6 \equiv 1 \pmod{7}$$
$$2^6 = 64 = 7 \times 9 + 1 \equiv 1 \pmod{7}$$
$$3^6 = 729 = 7 \times 104 + 1 \equiv 1 \pmod{7}$$
$$4^6 = 4096 = 7 \times 585 + 1 \equiv 1 \pmod{7}$$
$$5^6 = 15625 = 7 \times 2232 + 1 \equiv 1 \pmod{7}$$
$$6^6 = 46656 = 7 \times 6665 + 1 \equiv 1 \pmod{7}$$

7.　p が素数，$a \not\equiv 0 \,(\text{mod.}\, p)$ のとき，正整数 n を $p-1$ で整除したときの剰余を r とすれば，$a^n \equiv a^r (\text{mod.}\, p)$ が成立つ．このことを証明せよ．

　注．本問によって，累乗の計算が著しく簡便になる．なお，問26参照．

8.　次の各数の法7に関する剰余を求めよ．

(1)　3^{100}　　　(2)　4^{100}　　　(3)　10^{10}

(4)　10!　　　(5)　999999　　　(6)　$2^{10}-1$

9.　$3^{89}+2$ は7の倍数であることを証明せよ．

10.　$p,\ q$ が相異なる素数のとき，次の合同式を証明せよ：

$$p^{q-1}+q^{p-1} \equiv 1 \ (\text{mod.}\, pq).$$

11.　p が素数のとき，次のことがらを証明せよ：

$$a^p \equiv b^p \ (\text{mod.}\, p) \ \text{ならば，} \ a^p \equiv b^p (\text{mod.}\, p^2).$$

12.　p を13以下の素数（但し，$p \neq 11$）とするとき，次の合同式を証明せよ：

$$a^{13} \equiv a \ (\text{mod.}\, p).$$

13.　p が7以上の素数ならば，

$$11 \cdots 1 \ (p-1 \,桁)$$

は p の倍数である．このことを証明せよ．

解答のページ ━━━━━━━━━━━━━━

7. 仮定によって，$n=q(p-1)+r$ と置けるから，Fermat の定理により，

$$a^n=a^{q(p-1)+r}\equiv(a^{p-1})^q a^r\equiv a^r \ (\mathrm{mod}.p).$$

8. (1) $100=6\times16+4$ であるから，前問により，$3^{100}\equiv3^4\equiv4(\mathrm{mod}.\ 7)$.

(2) 同様にして，$4^{100}\equiv4^4\equiv4(\mathrm{mod}.\ 7)$.

(3) $10^{10}\equiv3^{10}\equiv3^6\cdot3^4\equiv3^4\equiv4(\mathrm{mod}.\ 7)$.

(4) $10!$ は因数 7 を持つから，$10!\equiv0(\mathrm{mod}.\ 7)$.

(5) $999999=10^6-1\equiv1-1=0\ (\mathrm{mod}.\ 7)$.

(6) $2^{10}-1=2^6\cdot2^4-1\equiv2^4-1\equiv2-1=1\ (\mathrm{mod}.\ 7)$.

9. $89=6\times14+5$ であるから，$3^{89}\equiv3^5\equiv5\ (\mathrm{mod}.\ 7)$.

$$\therefore 3^{89}+2\equiv7\equiv0(\mathrm{mod}.\ 7).$$

10.
$$p^{q-1}+q^{p-1}\equiv p^{q-1}\equiv1(\mathrm{mod}.\ q).$$

$$p^{q-1}+q^{p-1}\equiv q^{p-1}\equiv1(\mathrm{mod}.\ p)$$

であるが，$[p,\ q]=pq$ であるから，

$$p^{q-1}+q^{p-1}\equiv1\ (\mathrm{mod}.\ pq).$$

11. 問 4 によって，

$$a^p\equiv a(\mathrm{mod}.\ p),\ b^p\equiv b\ (\mathrm{mod}.p).\ \therefore a\equiv b(\mathrm{mod}.\ p).$$

しかるに，

$$a^p-b^p=(a-b)(a^{p-1}+a^{p-2}b+\cdots+b^{p-1})$$

であるから，右辺の第 2 の因数が p で整除されることを示せば証明は終了する．実際，

$$a^{p-1}+a^{p-2}b+\cdots+b^{p-1}\equiv a^{p-1}+a^{p-2}a+\cdots+a^{p-1}$$

$$\equiv a^{p-1}+a^{p-1}+\cdots+a^{p-1}\equiv1+1+\cdots+1\equiv p\equiv0\ (\mathrm{mod}.\ p).$$

12. a が p の倍数ならば，両辺共に $0\ (\mathrm{mod}.\ p)$ となるから，合同式は成立つ．従って，$a\not\equiv0\ (\mathrm{mod}.\ p)$ とする．

$$13\equiv1\ (\mathrm{mod}.\ p-1)\ ;\ p=2,\ 3,\ 5,\ 7,\ 13$$

であるから，問 7 によって，

$$a^{13}\equiv a(\mathrm{mod}.p).$$

13. $p\neq2,\ 5$ であるから，$10\not\equiv0(\mathrm{mod}.p)$. Fermat の定理により，

$$10^{p-1}\equiv1(\mathrm{mod}.p).$$

しかるに，

14. p が素数のとき，次のことがらを証明せよ：

$$a^2 \equiv 1 \ (\text{mod.} \ p) \Leftrightarrow a \equiv \pm 1 \ (\text{mod.} \ p).$$

15. 剰余体 $\mathbf{Z}_p$ において，元 a とその逆元 a' が等しいための必要十分条件は，$a=1$ または $a=p-1$ となることである．このことを証明せよ．

16. p が素数のとき，次のことがらを証明せよ．

   (1) $(p-1)! \equiv -1 \ (\text{mod.} \ p)$ (**Wilson の定理**)

   (2) $(p-2)! \equiv 1 \ (\text{mod.} \ p)$ (**Leibniz の定理**)

17. 正整数 $m \neq 1$ に対して，条件

$$(m-1)! \equiv -1 \ (\text{mod.} \ m)$$

が成立つならば，m は素数である（Wilson の定理の逆）．このことを証明せよ．

18. p が素数のとき，$(p-1)!-(p-1)$ は

$$1 + 2 + \cdots + (p-1)$$

で整除されることを証明せよ．

19. 次の各数の法11に関する剰余を求めよ．

   (1) $10!$ (2) 10^{30} (3) $1^{30}+2^{30}+\cdots+10^{30}$

$$10^{p-1}-1=99\cdots9=9\times11\cdots1(p-1桁). \quad \therefore 9\times11\cdots1\equiv0 \pmod{p}.$$

$p\neq3$ であるから，両辺を 9 で簡約すれば，$11\cdots1\equiv0 \pmod{p}$ を得る.

14. $a^2\equiv1\pmod{p}$ とすれば，

$$a^2-1=(a-1)(a+1)\equiv0 \pmod{p}. \quad \therefore a\equiv\pm1 \pmod{p}.$$

逆は明らかである.

15. $a\equiv a'\pmod{p}$ とすれば，両辺に a を乗じて，$a^2\equiv1\pmod{p}$. 前問より，$a\equiv\pm1$ $\pmod{p}$. 逆も明らか.

16. (1) $p=2$ ならば公式は成立つから，$p\neq2$ として証明を進める. 既約剰余系 $Z_p{}^*=Z_p-\{0\}$ の各元 1, 2, $\cdots$, $p-1$ は逆元を持ち，しかも，前問によって，1 と $p-1$ 以外の元 ($p-3$個)は互いに逆な2元が対になっているから，その積は1に合同となり，

$$(p-1)!\equiv1\cdot(p-1)\equiv-1 \pmod{p}.$$

(2) $p=2$ ならば公式は成立つから，$p\neq2$ とする. しからば，$(p-1, p)=1$ であるから，(1)の両辺を $p-1$ で簡約すればよい.

17. $$(m-1)!\equiv-1\pmod{m}$$

なるとき，仮に m が自明でない約数 n $(1<n<m)$ を持つとすれば，

$$(m-1)!\equiv-1\pmod{n}.$$

しかるに，

$$(m-1)!=n!(n+1)\cdots(m-1)\equiv0\pmod{n}$$

であるから，これは不合理である. 従って，m は素数でなければならない.

18. $p=2$ のときは成立つから，$p\neq2$ として証明を進める.

$$1+2+\cdots+(p-1)=p(p-1)/2 \quad (整数)$$

であり，Wilson の定理により，

$$(p-1)!-(p-1)\equiv(-1)-(-1)\equiv0\pmod{p}.$$

また，$p-1>(p-1)/2$ であるから，

$$(p-1)!-(p-1)\equiv0-0\equiv0 \pmod{(p-1)/2}.$$

$(p, (p-1)/2)=1$ であるから，

$$(p-1)!-(p-1)\equiv0\pmod{p(p-1)/2}.$$

19. (1) Wilson の定理により，$10!\equiv-1\equiv10\pmod{11}$.

(2) Fermat の定理により，$10^{30}=(10^{10})^3\equiv1^3\equiv1\pmod{11}$.

問題 B （☞解答は右ページ）

20. Euler の関数について，次のことがらを証明せよ：

$$(m,\ n)=1 \text{ ならば，} \varphi(mn)=\varphi(m)\varphi(n).$$

注．一般に，正整数 m に対して定義された関数を**整数論的関数**という．整数論的関数 f が，条件

$$f(1)=1\ ;\qquad (m,\ n)=1 \text{ならば，} f(mn)=f(m)f(n)$$

をみたすとき，f は**乗法的**であるという．Euler の関数 φ は乗法的な整数論的関数の典型的な例である．

注．Euler の関数 $\varphi(m)$ は，与えられた正整数 m より小さく，m と互いに素な正整数の個数として定義され，この個数はしばしば"トーション"（totient）と呼ばれる．$\varphi(m)$ は単調には増加せず，かなり激しく変動する（p.72のグラフを見よ）．

21. 素数 p について，次の公式を証明せよ．

(1) $\varphi(p)=p-1$ (2) $\varphi(p^{\alpha})=p^{\alpha}-p^{\alpha-1}$

注．一般に，任意の正整数 m に対して，次式が成り立つ： $\varphi(m^{\alpha})=m^{\alpha-1}\varphi(m)$．

22. 正整数 m の素因数分解を

$$m=p_1{}^{\alpha_1}p_2{}^{\alpha_2}\cdots p_r{}^{\alpha_r}$$

とするとき，次の公式を証明せよ：

(3) (2)と同様にして, $a=1, 2, \cdots, 10$ に対して, $a^{30}\equiv 1(\mathrm{mod.}\ 11)$.

$$\therefore 1^{30}+2^{30}+\cdots+10^{30}\equiv 1+1+\cdots+1\equiv 10(\mathrm{mod.}\ 11).$$

——問題 B の解答——

20. 完全剰余系

$$Z_{mn}=\{0, 1, 2, \cdots, mn-1\}(\mathrm{mod.}\ mn)$$

において, $m\,n$ と互いに素な元の個数は定義により $\varphi(mn)$ である. この個数は次のようにしても算出される.

$$(x, mn)=1 \Leftrightarrow (x, m)=1 \text{かつ} (x, n)=1$$

であるから, まず Z_{mn} の中から m と互いに素な元を集め, 更に, その中から n と互いに素な元を集めて, その個数を数えればよい.

まず, Z_{mn} の中の m と互いに素な元の集合は,

$$A(a)=\{a, a+m, a+2m, \cdots, a+(n-1)m\}\ (a\in Z_m{}^*)$$

なる $\varphi(m)$ 個の類に分割される. 各 $A(a)$ はそれぞれ n 個の元を持ち, また, $A(a)$ のどの 2 元も法 n に関して合同ではない. 何故なら, もし,

$$a+km\equiv a+hm(\mathrm{mod.}n), \quad 0\leq h<k<n$$

とすれば,

$$(k-h)m\equiv 0(\mathrm{mod.}n)$$

となり, $(m, n)=1$ であるから, 両辺を m で簡約すれば, $k\equiv h(\mathrm{mod.}n)$ を得るが, これは不合理である. $\therefore A(a)=Z_n$. 従って, 各 $A(a)$ には n と互いに素な元が $\varphi(n)$ 個ずつ含まれている. このような $A(a)$ の個数は $\varphi(m)$ であったから, 求める個数は $\varphi(m)\varphi(n)$ に等しい.

21. (1) $0, 1, 2, \cdots, p-1$ のうち, 0 以外はすべて p と互いに素である. $\therefore \varphi(p)=p-1$.

(2) $0, 1, 2, \cdots, p^\alpha-1$ のうち, p^α と素でない元は, p の倍数

$$0, p, 2p, \cdots, (p^{\alpha-1}-1)p$$

の $p^{\alpha-1}$ 個だけある. $\therefore \varphi(p^\alpha)=p^\alpha-p^{\alpha-1}$.

22. 問 20, 21 から容易に証明できる. なお, 補足 (p.73) 参照.

$$\varphi(m) = m\left(1 - \frac{1}{p_1}\right)\left(1 - \frac{1}{p_2}\right)\cdots\left(1 - \frac{1}{p_r}\right).$$

23. 1から12までの整数mについて，$\varphi(m)$ の値を求めよ．

24. $m \geqq 3$ ならば，$\varphi(m)$ は偶数であることを証明せよ．

25. Euler の定理を証明せよ．

26. $(a, m) = 1$ のとき，正整数nを $\varphi(m)$ で整除したときの剰余が r ならば，$a^n \equiv a^r (\mathrm{mod}.\, m)$ が成立つ．このことを証明せよ．

23. 基本事項 9 の通りである.

24. m の素因数分解を

$$m = 2^\alpha p_1{}^{\alpha_1} p_2{}^{\alpha_2} \cdots p_r{}^{\alpha_r} \quad (p_1,\ p_2,\ \cdots,\ p_r \ は奇素数)$$

とすれば, 問20, 21によって,

$$\varphi(m) = (2^\alpha - 2^{\alpha-1})(p_1{}^{\alpha_1} - p_1{}^{\alpha_1-1})(p_2{}^{\alpha_2} - p_2{}^{\alpha_2-1}) \cdots (p_r{}^{\alpha_r} - p_r{}^{\alpha_r-1}).$$

ここで, 右辺の最初の括弧は偶数か 1, またそれ以降の各括弧は二つの奇数の差である
から偶数である. 従って, $\varphi(m)$ も偶数である.

25. p を素数とし, $a \not\equiv 0 (\mathrm{mod}.p)$ とすれば, Fermat の定理によって,

$$a^{p-1} = 1 + p n_1, \quad (n_1 \ は整数)$$

と置ける. 両辺を次々に p 乗すれば,

$$a^{p(p-1)} = 1 + p^2 n_2, \quad a^{p2(p-1)} = 1 + p^3 n_3, \cdots \qquad (n_2,\ n_3,\ \cdots は整数)$$

となる. 従って,

$$a^{\varphi(p^\alpha)} = a^{p^\alpha - p^{\alpha-1}} = a^{p^{\alpha-1}(p-1)} = 1 + p^\alpha n_\alpha \equiv 1 \ (\mathrm{mod}.p^\alpha).$$

関数 φ は乗法的であるから, これで Euler の定理は証明された.

　注. Euler の定理は, 次の様に, Fermat の定理を使わずに証明することも出来る. この場合に
は, Fermat の定理は Euler の定理の "系" になる.

　(別証) $\varphi(m) = k$ として,

$$Z_m{}^* = \{x_1,\ x_2,\ \cdots,\ x_k\} (\mathrm{mod}.m)$$

とする. $(a,\ m) = 1$ なら $a \in Z_m{}^*$ であり, $Z_m{}^*$ は乗法に関して閉じているから,

$$A = \{a x_1,\ a x_2,\ \cdots,\ a x_k\} \subseteq Z_m{}^*.$$

ここで, A の元は重複していない. 何故なら,

$$a x_i \equiv a x_j \ (\mathrm{mod}.\ m)$$

とすれば, 両辺を a で簡約して, $x_i \equiv x_j \ (\mathrm{mod}.\ m)$ とすることが出来るからである.

$\therefore |A| = k.$ $\therefore A = Z_m{}^*.$ 従って, A の元全部の積を作れば,

$$a^k x_1 x_2 \cdots x_k \equiv x_1 x_2 \cdots x_k (\mathrm{mod}.m).$$

両辺を $x_1 x_2 \cdots x_k$ で簡約すれば, $a^k \equiv 1 (\mathrm{mod}.m).$ $\therefore a^{\varphi(m)} \equiv 1 (\mathrm{mod}.\ m).$

26. 仮定によって, $n = \varphi(m) q + r$ と置けるから, Euler の定理によって,

$$a^n = a^{\varphi(m) q + r} = (a^{\varphi(m)})^q a^r \equiv a^r (\mathrm{mod}.m).$$

27. 次の各数の剰余を求めよ.

(1) 4^{100} (mod. 15)　　　(2) 7^{67} (mod. 12)

28. 既約剰余系 $Z_m{}^*$ のすべての元の和を M とすれば,

$$M=\frac{1}{2}m \cdot \varphi(m)$$

が成立つ. このことを証明せよ.

29. 次の公式を証明せよ:

$$\sum_{d|m}\varphi(d)=m \quad (d \text{ は } m \text{ の正の約数すべてを動く}).$$

注.　たとえば $m=15$ とすれば, その正の約数は 1, 3, 5, 15 であるから,

$$\varphi(1)+\varphi(3)+\varphi(5)+\varphi(15)=1+2+4+8=15.$$

30. 正 m 角形 ($m\geqq 3$) を, 凸多角形だけではなく星形もゆるすとすれば, その種類は $\varphi(m)/2$ である. このことを証明せよ.

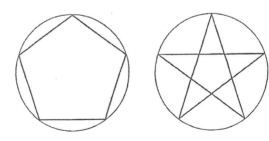

31. 正整数 m に対して, 関数 μ を, m が r 個の相異なる素因数の積に分解されるとき $\mu(m)=(-1)^r$, そうでないとき $\mu(m)=0$, 但し, $\mu(1)=1$, と定義すれば, μ は乗法的な整数論的関数になる. このことを証明せよ.

注. この関数 μ を **Möbius** の関数という.

解答のページ

27. (1) $\varphi(15)=8$, $100=8\cdot12+4\equiv4(\text{mod. }8)$, $4^{100}\equiv4^4\equiv1(\text{mod. }15)$.

(2) $\varphi(12)=4$, $67=4\cdot16+3\equiv3(\text{mod. }4)$, $7^{67}\equiv7^3\equiv7(\text{mod. }12)$.

28. $\varphi(m)=k$ として,

$$Z_m{}^*=\{x_1,\ x_2,\ \cdots,\ x_k\}(\text{mod. }m)$$

とする. $m=2$ ならば,

$$Z_2{}^*=\{1\},\qquad \frac{1}{2}\cdot2\cdot\varphi(2)=\varphi(2)=1$$

であるから, 公式は正しい. そこで, $m\geqq3$ として証明を進める. このとき, 問24によって $\varphi(m)$ は偶数である. x_t が m と互いに素ならば, $m-x_t$ もそうであり, その和は $x_t+m-x_t=m$ である. このような対は $\varphi(m)/2$ 通り出来るから, 結局,

$$M=x_1+x_2+\cdots+x_k=\frac{1}{2}\,m\cdot\varphi(m).$$

29. $0,\ 1,\ 2,\ \cdots,\ m-1$ の中で, m の約数 d に対して,

$$(x,\ m)=g=m/d$$

となるような x の個数を求める.

$$m=gd,\ x=gx',\ (d,\ x')=1$$

と置けば, このような x' の個数 (従って x の個数) は $\varphi(d)$ である. この数え方には洩れも重複もないから, 公式は証明された.

30. 円周を m 等分した各点に $0,\ 1,\ 2,\ \cdots,\ m-1$ と番号を付ける. いま, $(d,\ m)=1$ とし, 頂点 0 から出発して d 番目ごとに弦で結べば, m 個の頂点

$$0,\ d,\ 2d,\ \cdots,\ (m-1)\ d$$

は正 m 角形 (星形もゆるす) を作る. このような d の選び方は $\varphi(m)$ 通りある. d の代りに $m-d$ を選んでも同じ図形が生じるから, 結局, 図形の種類は $\varphi(m)/2$ である.

31. $$mn=(p_1p_2\cdots p_r)(q_1q_2\cdots q_s),\ m=p_1p_2\cdots p_r,\ n=q_1q_2\cdots q_s$$

と置く. $(m,\ n)=1$ とすれば, m の素因数と n の素因数は互いに相異なる. 従って, mn が $r+s$ 個の相異なる素因数の積に分解されるための必要十分条件は, $m,\ n$ がそれぞれ $r,\ s$ 個の相異なる素因数の積に分解されることである. このとき,

32. 次の公式を証明せよ：

$$\varphi(m) = m \sum_{d \mid m} \frac{\mu(d)}{d}$$

［補足］ Euler の関数 $\varphi(m)$ $(1 \leqq m \leqq 100)$ のグラフ．

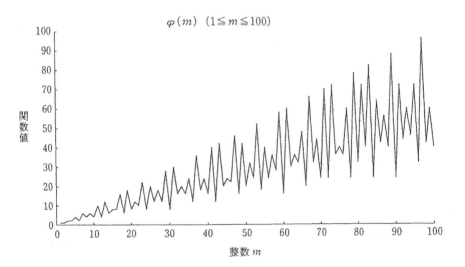

$\varphi(m)$ $(1 \leqq m \leqq 100)$

整数 m

注． 100以下の25個の素数に対して，$\varphi(p) = p - 1$ となっていることが，折れ線の頂点から確かめられるだろう．

$$\mu(mn)=(-1)^{r+s}=(-1)^r(-1)^s=\mu(m)\mu(n)$$

が成立つ. また, mn が素数ベキを因数として持つための必要十分条件は, m, n の少なくとも一方が素数ベキを因数として持つことである. このとき,

$$\mu(mn)=0=\mu(m)\mu(n)$$

が成立つ. 以上によって, いずれの場合でも, $\mu(mn)=\mu(m)\mu(n)$ となる.

32. 問22 により,

$$\varphi(m)=m\left(1-\frac{1}{p_1}-\frac{1}{p_2}-\cdots-\frac{1}{p_r}+\frac{1}{p_1p_2}+\cdots+\frac{1}{p_{r-1}p_r}-+\cdots+(-1)^r\frac{1}{p_1p_2\cdots p_r}\right)$$

$$=m\sum_{d|m}\frac{\mu(d)}{d}.$$

[補足] 正整数 m の素因数を p_1, p_2, $\cdots$, p_r とする. m 個の数 $\{1, 2, \cdots, m\}$ の中から無作為に一つの数を選ぶとき, それが m と互いに素である確率は

$$\frac{\varphi(m)}{m}=\left(1-\frac{1}{p_1}\right)\left(1-\frac{1}{p_2}\right)\cdots\left(1-\frac{1}{p_r}\right)$$

である. したがって,

$$\varphi(m)=m\left(1-\frac{1}{p_1}\right)\left(1-\frac{1}{p_2}\right)\cdots\left(1-\frac{1}{p_r}\right)$$

が成り立つ (問22参照).

なお, 無作為に選んだ二つの正整数が互いに素である確率は $\varphi(m)/m$ の平均値

$$\lim_{n\to\infty}\frac{1}{n}\sum_{m=1}^{n}\frac{\varphi(m)}{m}=\frac{6}{\pi^2}\quad(約0.61)$$

であることが知られている.

§7.　連立合同式, n 次合同式

SUMMARY

① 連立合同式

$$f(x) \equiv 0 \ (\mathrm{mod.}\ m), \quad f(x) \equiv 0 \ (\mathrm{mod.}\ n)$$

は, $[m,\ n] = l$ ならば, 合同式

$$f(x) \equiv 0 \ (\mathrm{mod.}\ l)$$

と同値である. これは二つ以上の合同式の場合でも成立つ.

② 連立1次合同式

$$x \equiv a_1 \ (\mathrm{mod.}\ m_1), \quad \cdots, \quad x \equiv a_k (\mathrm{mod.}\ m_k)$$

の解は, $m_1, m_2, \cdots, m_k$ が二つずつ互いに素ならば一意的に定まる. その解は, 1次不定方程式

$$\frac{l}{m_1} u_1 + \frac{l}{m_2} u_2 + \cdots + \frac{l}{m_k} u_k = 1, \quad l = m_1 m_2 \cdots m_k$$

の特殊解 $u_1, u_2, \cdots, u_k$ を求め,

$$x \equiv a_1 \frac{l}{m_1} u_1 + a_2 \frac{l}{m_2} u_2 + \cdots + a_k \frac{l}{m_k} u_k \qquad (\mathrm{mod.}\ l)$$

問題A（☞解答は右ページ）

1.　連立1次合同式

$$x \equiv c \ (\mathrm{mod.}\ m), \quad x \equiv c \ (\mathrm{mod.}\ n)$$

は, $[m,\ n] = l$ ならば, 一意的な解

$$x \equiv c \ (\mathrm{mod.}\ l)$$

を持つ. このことを証明せよ.

2.　連立1次合同式

$$x \equiv a \ (\mathrm{mod.}\ m), \quad x \equiv b \ (\mathrm{mod.}\ n)$$

の解は, $(m,\ n) = 1$ ならば一意的に定まる. その解は, 1次不定方程式

$$nu + mv = 1$$

の特殊解 $u,\ v$ を求め,

$$x \equiv anu + bmv (\mathrm{mod.}\ mn)$$

とすればよい. このことを証明せよ.

とすればよい（**中国の剰余定理**）.

3 整数係数の n 次の多項式
$$f(x) = a_0 x^n + a_1 x^{n-1} + \cdots + a_n$$
に対して，$a_0 \not\equiv 0 (\mathrm{mod}.\, m)$ なるとき，合同式
$$f(x) \equiv 0 \quad (\mathrm{mod}.\, m)$$
をみたす整数 x の一般解を求めることを，**n 次合同式を解く**とい
う．各係数は Z_m の中から選べば十分である．

4 前項の n 次合同式が特殊解 $r (0 \leqq r < m)$ を持つならば，
$$x \equiv r \quad (\mathrm{mod}.\, m)$$
も解である．従って，解は Z_m の中から求めればよい．

5 特に，素数 p を法とする場合には，$x^p \equiv x (\mathrm{mod}.\, p)$ であるから，
高々 $p-1$ 次の合同式を考えれば十分である．

6 素数 p を法とする n 次合同式 $(n \leqq p-1)$ の異なる解の個数
は高々 n 個である（**Lagrange の定理**）.

――問題Aの解答――

1. §3，問11により，$[m, n] = l$ のとき，
$$x \equiv c (\mathrm{mod}.m) \text{ かつ } x \equiv c (\mathrm{mod}.n) \Leftrightarrow x \equiv c (\mathrm{mod}.l).$$
なお，基本事項1の証明も同様である．

2. $(m, n) = 1$ だから，$nu + mv = 1$ の解 u, v が存在する．そこで，
$$x \equiv anu + bmv (\mathrm{mod}.mn)$$
とすれば，前問により，
$$x \equiv anu + bmv \equiv a(1 - mv) + bmv \equiv a (\mathrm{mod}.m),$$
$$x \equiv anu + bmv \equiv anu + b(1 - nu) \equiv b (\mathrm{mod}.n).$$
従って，この x は確かに連立1次合同式の解である．逆は前問と同様である．

注. これは，"中国の剰余定理"の $k=2$ なる特別の場合に過ぎないが，一般の場合も全く同様にして証明することが出来る．なお，この定理は，その原形が古い中国の書物に見られる処からこの名称がある．

3. 連立 1 次合同式

$$x \equiv a \;(\mathrm{mod}.\; m), \quad x \equiv b \;(\mathrm{mod}.\; n)$$

に解が存在するための必要十分条件は，

$$a \equiv b \;(\mathrm{mod}.\; g), \quad g = (m,\; n)$$

となることである．このことを証明せよ．

注. 一般に，法 $m_1,\; m_2,\; \cdots,\; m_k$ が二つずつ互いに素でないとき，連立 1 次合同式に解が存在するための必要十分条件は，

$$a_i \equiv a_j \;(\mathrm{mod}.(m_i,\; m_j)), \quad (i \neq j)$$

となることである．

4. 次の連立 1 次合同式を解け．

(1) $\begin{cases} x \equiv 3 \;(\mathrm{mod}.\, 4) \\ x \equiv 4 \;(\mathrm{mod}.\, 5) \end{cases}$ (2) $\begin{cases} 5x \equiv 7 \;(\mathrm{mod}.\, 11) \\ 6x \equiv 10 \;(\mathrm{mod}.\, 19) \end{cases}$

5. 次の連立 1 次合同式を解け．

(1) $\begin{cases} x \equiv 1 \;(\mathrm{mod}.\, 2) \\ x \equiv 2 \;(\mathrm{mod}.\, 3) \\ x \equiv 3 \;(\mathrm{mod}.\, 5) \end{cases}$ (2) $\begin{cases} x \equiv 2 \;(\mathrm{mod}.\, 3) \\ x \equiv 1 \;(\mathrm{mod}.\, 5) \\ x \equiv 2 \;(\mathrm{mod}.\, 7) \end{cases}$

6. 整数係数の任意の多項式 $f(x)$ に対して，次のことがらを証明せよ：

$$a \equiv b \;(\mathrm{mod}.\, m) \text{ ならば，} f(a) \equiv f(b) \;(\mathrm{mod}.\, m) \text{ である．}$$

7. n 次合同式 $f(x) \equiv 0 \;(\mathrm{mod}.\, m)$ が特殊解 $r(0 \leqq r < m)$ を持つならば，

$$x \equiv r \;(\mathrm{mod}.\, m)$$

も解である．このことを証明せよ．

注. 従って，解は，Z_m の元 $0,\; 1,\; \cdots,\; m-1$ を直接 $f(x)$ に代入して，$f(x) \equiv 0$ $(\mathrm{mod}.m)$ となるものを求めればよい（代入法）．

3. 必要性は明らかである．逆に，$a \equiv b \pmod{g}$ ならば，§4，問2によって，$my - nz = b - a$ なる整数 y，z が存在する．従って，

$$x = my + a = nz + b$$

と置けば，これは確かに与えられた連立1次合同式の解である．

4. 中国の剰余定理，特に，問2を用いる．

    (1) $x \equiv 19 \pmod{20}$ (2) $x \equiv 8 \pmod{209}$

5. 中国の剰余定理を用いる．

    (1) $15u + 10v + 6w = 1$ の特殊解は $u = -1$，$v = 1$，$w = 1$ である．

        $\therefore x = 1 \cdot 15(-1) + 2 \cdot 10 \cdot 1 + 3 \cdot 6 \cdot 1 = 23 \pmod{30}$.

    (2) $35u + 21v + 15w = 1$ の特殊解は $u = -1$，$v = 1$，$w = 1$ である．

        $\therefore x = 2 \cdot 35(-1) + 1 \cdot 21 \cdot 1 + 2 \cdot 15 \cdot 1 = -19 \equiv 86 \pmod{105}$.

6. $f(x) = c_0 x^n + c_1 x^{n-1} + \cdots + c_n$ とする．$a \equiv b \pmod{m}$ とすれば，§3の問8，問9によって，

$$c_0 a^n \equiv c_0 b^n, \quad c_1 a^{n-1} \equiv c_1 b^{n-1}, \quad \cdots, \quad c_n \equiv c_n \pmod{m}.$$

    $\therefore c_0 a^n + c_1 a^{n-1} + \cdots + c_n \equiv c_0 b^n + c_1 b^{n-1} + \cdots + c_n \pmod{m}$.

    $\therefore f(a) \equiv f(b) \pmod{m}$.

7. 前問から，$x \equiv r \pmod{m}$ ならば，$f(x) \equiv f(r) \equiv 0 \pmod{m}$.

8. 次の合同式を解け.

   (1) $x^2 + x + 3 \equiv 0 \pmod{5}$

   (2) $x^3 - 3x + 2 \equiv 0 \pmod{5}$

   (3) $x^4 + 6x^3 - 8x^2 + 13x + 5 \equiv 0 \pmod{7}$

9. n 次合同式に関する Lagrange の定理を証明せよ.

  注. Lagrange の定理において,p が素数であるという条件は必要である. 例えば,合成数 8 を法とすれば,2 次合同式

$$x^2 \equiv 1 \pmod{8}$$

には解が 1, 3, 5, 7 (mod. 8) の 4 個も存在して,定理は成立しない. なお,n 次合同式は,普通の n 次方程式とは異なり,解を全く持たないこともありうる. 例えば,$x^2 \equiv 2 \pmod{3}$ は解を持たない.

10. 正整数 m の素因数分解を

$$m = p_1^{a_1} p_2^{a_2} \cdots p_r^{a_r}$$

とするとき,次のことがらを証明せよ.

   (1) n 次合同式 $f(x) \equiv 0 \pmod{m}$ は,連立合同式

$$f(x) \equiv 0 \pmod{p_1^{a_1}}, \cdots, f(x) \equiv 0 \pmod{p_r^{a_r}}$$

と同値である.

   (2) (1)において,最初の n 次合同式の**異なる解**(合同でない解)の個数を k,また,各合同式の異なる解の個数を $k_i (1 \leqq i \leqq r)$ とすれば,

8. (1) 代入法により，$x \equiv 1 \pmod{5}$ または $x \equiv 3 \pmod{5}$．

別解，$x^2 + x + 3 \equiv x^3 - 4x + 3 \equiv (x-1)(x-3) \equiv 0 \pmod{5}$．

5 は素数であるから，各括弧は零因子ではない．従って，上記の解を得る．

(2) 1, 3 (mod. 5)　　　(3) 2, 6 (mod. 7)

9. n に関する数学的帰納法で証明する．

$n=1$ のとき，合同式は 1 次合同式

$$ax \equiv c \pmod{p}, \quad a \not\equiv 0 \pmod{p}$$

となるが，この場合，a は逆元 a' を持ち，一意的な解

$$x \equiv a'c \pmod{p}$$

を得る．従って，$n=1$ のとき定理は正しい．

次に，$n=k$ のとき定理は正しいと仮定し，$n=k+1$ のとき与えられた合同式 $f(x)$ $\equiv 0 \pmod{p}$ の任意の一つの解を α とすれば，

$$f(x) = (x-\alpha)q(x) + r, \quad r = f(\alpha) \equiv 0 \pmod{p}$$

と表わされる．ここで，$q(x)$ は k 次の多項式である．さて，もし α と異なる解が存在しなければ，解の個数 $=1$ となり定理は成立つ．そこで，α と異なる解 β，$\alpha \not\equiv \beta$ $\pmod{p}$，が存在すると仮定して証明を進める．このとき，

$$f(\beta) = (\beta-\alpha)q(\beta) + r \equiv (\beta-\alpha)q(\beta) \equiv 0 \pmod{p}$$

であるが，p は素数，$\beta-\alpha \not\equiv 0 \pmod{p}$ であるから，$q(\beta) \equiv 0 \pmod{p}$．従って，$\beta$ は k 次合同式 $q(x) \equiv 0 \pmod{p}$ の解になる．帰納法の仮定により，このような β の取り方は高々 k 通りである．従って，$f(x) \equiv 0 \pmod{p}$ の異なる解の個数は高々 $k+1$ 個である．以上によって，任意の n に対して定理は正しい．

10. (1) 基本定理 1 から直ちに証明できる．

(2) 各合同式から一つずつ解を選出して組合せたものが最初の n 次合同式の解であるから，$k = k_1 k_2 \cdots k_r$．解は完全剰余系 Z_m の元の個数を越えないから，$k \leq m$．

$$k = k_1 k_2 \cdots k_r \leqq m$$

が成立つ.

注. 従って，法 m が合成数なるときの合同式の解法は，法が**素数ベキ**（素数の累乗）p^a なるときの解法に帰着する.

11. 次の合同式を解け.

(1) $x^2 - 9x - 2 \equiv 0 \pmod{20}$ (2) $x^2 + 7x + 1 \equiv 0 \pmod{15}$

問題 B （☞解答は右ページ）

12. 3 で割れば 1 余り，5 で割れば 2 余り，7 で割れば 3 余るような整数を求めよ.

注. この問題は，江戸時代の数学者として名高い**吉田光由**が『塵劫記』（初版1627）の中で出題したものである. 彼は，3・5・7＝105 である処から，この種の問題を**百五減算**と名付けた.

13. 次の連立不定方程式を解け：

$$\begin{cases} x + 2y + 3z = 10 \\ x - 2y + 5z = 4 \end{cases}$$

14. 次の連立 1 次合同式を解け.

(1) $\begin{cases} x \equiv 2 \pmod{3} \\ x \equiv 3 \pmod{4} \\ x \equiv 4 \pmod{5} \\ x \equiv 5 \pmod{6} \end{cases}$ (2) $\begin{cases} 2x \equiv 4 \pmod{5} \\ 3x \equiv 0 \pmod{6} \end{cases}$

解答のページ

11. (1) 問題は，連立合同式

$$x^2-9x-2\equiv0(\mathrm{mod}.\,4),\quad x^2-9x-2\equiv0(\mathrm{mod}.\,5)$$

と同値である．代入法により，両式から，それぞれ，解

$$2\ \text{または}\ 3\ (\mathrm{mod}.\,4),\quad 1\ \text{または}\ 3\ (\mathrm{mod}.\,5)$$

を得る．これらを組合せれば，4組の連立1次合同式

$$\begin{cases}x\equiv2(\mathrm{mod}.\,4)\\x\equiv1(\mathrm{mod}.\,5)\end{cases}\begin{cases}3(\mathrm{mod}.\,4)\\1(\mathrm{mod}.\,5)\end{cases}\begin{cases}2(\mathrm{mod}.\,4)\\3(\mathrm{mod}.\,5)\end{cases}\begin{cases}3(\mathrm{mod}.\,4)\\3(\mathrm{mod}.\,5)\end{cases}$$

を得る．中国の剰余定理によってこれを解けば，もとの合同式の解

$$3,\ 6,\ 11,\ 18(\mathrm{mod}.\,20)$$

を得る．別解．最初から，直接，代入法で解を求めてもよい．

(2) $4(\mathrm{mod}.\,15)$

——問題Bの解答——

12. 連立1次合同式

$$x\equiv1(\mathrm{mod}.\,3),\quad x\equiv2(\mathrm{mod}.\,5),\quad x\equiv3(\mathrm{mod}.\,7)$$

を，中国の剰余定理を用いて解けばよい．

$$35u+21v+15w=1$$

の特殊解は，$u=-1,\ v=1,\ w=1$ であるから，

$$x=1\cdot35(-1)+2\cdot21\cdot1+3\cdot15\cdot1\equiv52(\mathrm{mod}.105).$$

13. 第1式から第2式を引いて，両辺を2で簡約すれば，$2y-z=3$.

$$\therefore y=2+t,\ z=1+2t\ (t\ \text{は任意の整数}).$$

これを第1式に代入して，$x=3-8t$.

$$\therefore x=3-8t,\ y=2+t,\ z=1+2t\ (t\ \text{は任意の整数}).$$

14. (1) 第4式があると，法は二つずつ素にはならない．そこで，第4式を度外視して，連立1次合同式

$$x\equiv2(\mathrm{mod}.\,3),\quad x\equiv3(\mathrm{mod}.\,4),\quad x\equiv4(\mathrm{mod}.\,5)$$

15. 次の連立 1 次合同式を解け :

$$\begin{cases} x + y \equiv 6 \ (\mathrm{mod.}\ 7) \\ 2x + 3y \equiv 8 \ (\mathrm{mod.}\ 9) \end{cases}$$

16. 次の連立 1 次合同式を解け.

$$(1) \begin{cases} x + y + 2z \equiv 22 (\mathrm{mod.}\ 31) \\ 3x - y - z \equiv 3 (\mathrm{mod.}\ 31) \\ 2x + 3y - z \equiv 18 (\mathrm{mod.}\ 31) \end{cases}$$

$$(2) \begin{cases} 2x + 5y + 3z \equiv 1 (\mathrm{mod.}\ 17) \\ 4x + 6y + 8z \equiv 9 (\mathrm{mod.}\ 17) \\ 2x - 8y + z \equiv 11 (\mathrm{mod.}\ 17) \end{cases}$$

注. 連立 1 次合同式の法 p (素数) が各式に共通の場合には, Z_p は体になるから, 線形代数学における **Cramer** の公式や**掃出し法** などが成立つ.

17. 次の合同式を解け.

(1) $x^3 + x - 2 \equiv 0 \ (\mathrm{mod.}\ 12)$

(2) $x^3 + 3x + 1 \equiv 0 (\mathrm{mod.}\ 75)$

(3) $(x^3 - 5)(11x - 5) \equiv 0 (\mathrm{mod.}\ 13)$

を解けば，$x \equiv 59(\mathrm{mod}.\ 60)$ を得る．この解は一意的であり，しかも第4式もみたすから，確かに第4式も含めた連立1次合同式の解になっている．

(2) 両式より，それぞれ，

$$x \equiv 2(\mathrm{mod}.\ 5),\ x \equiv 0(\mathrm{mod}.\ 2)$$

を得る．従って，中国の剰余定理を用いて，$x \equiv 2(\mathrm{mod}.\ 10)$．

15. 連立1次不定方程式

$$x+y=6+7t,\ 2x+3y=8+9s$$

を解けばよい．

$$\therefore x=10+21t-9s,\ y=-4-14t+9s\quad(t,\ s\ \text{は任意の整数}).$$

16. (1) $x \equiv 7,\ y \equiv 21,\ z \equiv 28(\mathrm{mod}.\ 31)$

(2) $x \equiv 7-7t,\ y \equiv -6-8t,\ z \equiv t(\mathrm{mod}.\ 17)$

17. (1) $1,\ 7(\mathrm{mod}.\ 12)$　　(2) $71(\mathrm{mod}.\ 75)$

(3) $x^3 \equiv 5(\mathrm{mod}.\ 13),\ 11x \equiv 5(\mathrm{mod}.\ 13)$ より，それぞれ，

$$x \equiv 9\ \text{または}\ 11(\mathrm{mod}.\ 13),\ x \equiv 4(\mathrm{mod}.\ 13)\ \text{を得る}.$$

§8. 原始根と指数

SUMMARY

1　素数 p を法とする既約剰余系 $Z_p{}^*$ は，元 g を適当に選べば，

$$Z_p{}^*=\{1,\ g,\ g^2,\ \cdots,\ g^{p-2}\},\quad g^{p-1}\equiv1\ (\mathrm{mod}.\,p)$$

の形に表わされる．この元 g を法 p に関する**原始根**という．

2　$Z_p{}^*$ の各元 a の原始根 g によるベキ表示

$$a\equiv g^\alpha(\mathrm{mod}.\,p),\ 0\leqq\alpha\leqq p-2$$

において，a に応じて決まる整数 α を，原始根 g を底とする a の**指数**(index) といい，

$$\alpha=\mathrm{ind}_g a$$

で表わす．これは $Z_p{}^*$ 上の一種の "対数関数" である．

3　$a,\ b\not\equiv0(\mathrm{mod}.\,p)$ のとき，

$$a\equiv b(\mathrm{mod}.\,p)\Leftrightarrow\mathrm{ind}_g a\equiv\mathrm{ind}_g b(\mathrm{mod}.\,p-1).$$

4　(1)　$\mathrm{ind}_g1=0,\ \mathrm{ind}_g g=1.$

(2)　$a\not\equiv0(\mathrm{mod}.\,p),\ b\not\equiv0(\mathrm{mod}.\,p)$ ならば，

問題A（☞解答は右ページ）

1.　p が素数，$a\not\equiv0(\mathrm{mod}.\,p)$ のとき，

$$a^m\equiv1(\mathrm{mod}.\,p)$$

をみたす正整数 m の最小値を，法 p に関する a の**位数**(order) といい，$o(a)$ で表わす．Fermat の定理により，$1\leqq o(a)\leqq p-1$ が成立つ．

次のことがらを証明せよ：

$$g\ \text{が法}\ p\ \text{に関する原始根である}\ \Leftrightarrow o(g)=p-1.$$

2.　次のことがらを証明せよ：

$$a\equiv b(\mathrm{mod}.\,p)\ \text{ならば，}\ o(a)=o(b).$$

3.　次のことがらを証明せよ．但し，p は素数とする．

(1)　$a^k\equiv1\ (\mathrm{mod}.\,p)$ ならば，$k\equiv0\ (\mathrm{mod}.\,o(a)).$

$$\mathrm{ind}_g ab \equiv \mathrm{ind}_g a + \mathrm{ind}_g b \pmod{p-1}.$$

(3)　任意の正整数 n に対して，

$$\mathrm{ind}_g a^n \equiv n \cdot \mathrm{ind}_g a \pmod{p-1}.$$

⑤　法 p に関する原始根は $Z_p{}^*$ の中に $\varphi(p-1)$ 個だけある．g が一つの原始根であるとき，g^α が別の原始根であるための必要十分条件は，$(\alpha, p-1)=1$ なることである．

⑥　原始根の表

p	3	5	7	11	13	17	19	23	29	31	37	41
g	2	2	3	2	2	3	2	5	2	3	2	6

⑦　群論の言葉を用いれば，$Z_p{}^*$ は位数 $\varphi(p)=p-1$ の"巡回群"として原始根 g によって生成される．そして，写像

$$\mathrm{ind}_g: \quad a(\mathrm{mod}.\ p) \mapsto \mathrm{ind}_g a(\mathrm{mod}.\ p-1)$$

により，乗法群 $Z_p{}^*$ と加法群 Z_{p-1} は同型になる（§12 参照）．

――問題Aの解答――

1.　g の累乗全体の集合が $p-1$ 個の元を持つための必要十分条件は，$o(g)=p-1$ なることである．

2.　$a \equiv b(\mathrm{mod}.\ p)$ ならば，$a^m \equiv b^m(\mathrm{mod}.\ p)$ であるから，a，b の位数も一致する．

3.　(1)　$k=q \cdot o(a)+r,\ 0 \leqq r < o(a)$ とすれば，

$$a^k \equiv a^{q \cdot o(a)+r} \equiv (a^{o(a)})^q a^r \equiv a^r \equiv 1(\mathrm{mod}.\ p).$$

(2) $a \not\equiv 0 \pmod{p}$ ならば，$p \equiv 1 (\mathrm{mod}.\, o(a))$.

4. $Z_p{}^*$ の任意の元 a の位数は，$\varphi(p)=p-1$ の約数である．このことを証明せよ．

5. $Z_5{}^*$ の各元の法 5 に関する位数を求めよ．原始根はどの元か．

6. $Z_7{}^*$ の各元の法 7 に関する位数を求めよ．原始根はどの元か．

7. 原始根 $g=2$ を底とする $Z_5{}^*$ の**指数表**は次の通りである：

a	1	2	3	4
$\mathrm{ind}_2 a$	0	1	3	2

これに倣（なら）って，原始根 $g=3$ を底とする $Z_5{}^*$ の指数表を作れ．

　　注. 一つの原始根 g を底とする指数表において，$p-1$ と互いに素な指数 $\mathrm{ind}_g a$ を持つ元 a を表から求めれば，それは残りの原始根である．法 p に関する原始根は $Z_p{}^*$ の中に $\varphi(p-1)$ 個だけある．

8. 原始根 $g=3$ を底とする $Z_7{}^*$ の指数表は次の通りである：

a	1	2	3	4	5	6
$\mathrm{ind}_3 a$	0	2	1	4	5	3

$Z_7{}^*$ に他の原始根があればそれを求め，その原始根を底とする $Z_7{}^*$ の指数表を作れ．

9. p が素数，$a \not\equiv 0 (\mathrm{mod}.\, p)$ のとき，n 次合同式

$$x^n \equiv a (\mathrm{mod}.\, p)$$

が解を持つための必要十分条件は，ある原始根 g を底として，

$$\mathrm{ind}_g a \equiv 0 (\mathrm{mod}.\, d), \quad d=(n,\, p-1)$$

となることである．このとき，異なる解の個数は d 個である．このことを

$o(a)$ の最小性によって，$r=0$. $\therefore k=q\cdot o(a)$. $\therefore k\equiv 0(\mathrm{mod}.o(a))$.

(2)　Fermat の定理によって，$a^{p-1}\equiv 1(\mathrm{mod}.\ p)$. 従って，(1)より，$p\equiv 1(\mathrm{mod}.\ o(a))$.

4.　前問(2)より明らかである.

5.　$o(1)=1,\ o(2)=4,\ o(3)=4,\ o(4)=2$.　$\therefore$ 原始根は 2 または 3.

6.　$o(1)=1,\ o(2)=3,\ o(3)=6,\ o(4)=3,\ o(5)=6,\ o(6)=2$.　$\therefore$ 原始根は 3 または 5.

7.

a	1	2	3	4
$\mathrm{ind}_3 a$	0	3	1	2

8.

a	1	2	3	4	5	6
$\mathrm{ind}_5 a$	0	4	5	2	1	3

9.　もとの合同式，従って $\mathrm{ind}_g x$ を未知数とする 1 次合同式

$$n\cdot \mathrm{ind}_g x\equiv \mathrm{ind}_g a\ (\mathrm{mod}.p-1)$$

が解を持つための必要十分条件は，§4，問12によって，

$$\mathrm{ind}_g a\equiv 0(\mathrm{mod}.\ d),\ \ d=(n,\ p-1)$$

となることである．この合同式は法 $p-1$ に関して d 個の解を持つから，もとの合同式

証明せよ.

10. p が素数，$a \not\equiv 0 (\mathrm{mod}.\, p)$ のとき，$p-1$ の任意の正の約数 d に対して，
$$x^d \equiv a (\mathrm{mod}.\, p)$$
が解を持つための必要十分条件は，
$$a^{(p-1)/d} \equiv 1 (\mathrm{mod}.\, p)$$
となることである．このことを証明せよ.

11. 指数 $\mathrm{ind}_g a$ に関して，次の公式を証明せよ.
  (1) $\mathrm{ind}_g 1 = 0$, $\mathrm{ind}_g g = 1$.
  (2) $a \not\equiv 0 (\mathrm{mod}.\, p)$，$b \not\equiv 0 (\mathrm{mod}.\, p)$ ならば，
$$\mathrm{ind}_g ab \equiv \mathrm{ind}_g a + \mathrm{ind}_g b (\mathrm{mod}.\, p-1).$$
  (3) 任意の正整数 n に対して，
$$\mathrm{ind}_g a^n \equiv n \cdot \mathrm{ind}_g a \ (\mathrm{mod}.\, p-1).$$

12. $g,\, h$ が共に法 p に関する原始根ならば，
$$\mathrm{ind}_g a \equiv \mathrm{ind}_g h \cdot \mathrm{ind}_h a \ (\mathrm{mod}.\, p-1)$$
が成立つ．このことを証明せよ.

13. 原始根 g を底とする $\boldsymbol{Z}_p{}^*$ の指数表は，数値計算における常用対数表と同様の用い方によって，法 p に関する乗法計算や合同式の解法などに利用される．例えば，1次合同式 $ax \equiv c (\mathrm{mod}.\, p)$ を解くには，両辺の指数をとり，
$$\mathrm{ind}_g a + \mathrm{ind}_g x \equiv \mathrm{ind}_g c \ (\mathrm{mod}.\, p-1).$$
$$\therefore \mathrm{ind}_g x \equiv \mathrm{ind}_g c - \mathrm{ind}_g a \ (\mathrm{mod}.\, p-1).$$
これより，指数表を用いて，x を求めればよい.

原始根 $g=2$ を底とする $\boldsymbol{Z}_{13}{}^*$ の指数表を用いて，次の合同式を解け.

の法 p に関する解の個数も d 個である.

10.　$x^d \equiv a (\mathrm{mod}.\ p)$ とすれば Fermat の定理により,

$$a^{(p-1)/d} \equiv x^{p-1} \equiv 1 (\mathrm{mod}.\ p).$$

逆に, $a^{(p-1)/d} \equiv 1 (\mathrm{mod}.\ p)$ とすれば,

$$\frac{p-1}{d} \cdot \mathrm{ind}_g a \equiv 0 \ (\mathrm{mod}.\ p-1).$$

従って, $\mathrm{ind}_g a$ は d の倍数 md になる筈である.

$$\therefore a \equiv g^{md} \equiv (g^m)^d (\mathrm{mod}.\ p).$$

従って, もとの合同式は解 $x \equiv g^m (\mathrm{mod}.\ p)$ を持つ.

11.　(1) $\mathrm{ind}_g 1 = x$, $0 \leq x < p-1$, と置けば, $g^x = 1$ より, $x = 0$. 同様に, $\mathrm{ind}_g g = y$, $0 \leq y < p-1$, と置けば, $g^y = g$ より, $y = 1$.

(2) $a \equiv g^\alpha$, $b \equiv g^\beta (\mathrm{mod}.\ p)$ と置けば, $ab \equiv g^\alpha g^\beta \equiv g^{\alpha+\beta} (\mathrm{mod}.\ p)$.

$$\therefore \mathrm{ind}_g ab \equiv \alpha + \beta \equiv \mathrm{ind}_g a + \mathrm{ind}_g b \ (\mathrm{mod}.\ p-1).$$

(3) n に関する数学的帰納法によって証明する. $n=1$ のとき公式は明らかに正しい. $n=k$ のとき公式が正しいものと仮定すれば, (2)により,

$$\mathrm{ind}_g a^{k+1} \equiv \mathrm{ind}_g a^k a \equiv \mathrm{ind}_g a^k + \mathrm{ind}_g a \equiv k \cdot \mathrm{ind}_g a + \mathrm{ind}_g a$$
$$\equiv (k+1)\mathrm{ind}_g a \ (\mathrm{mod}.\ p-1).$$

これは, 公式が $n=k+1$ のときにも正しいことを示している.

12.　$a \equiv h^{\mathrm{ind}_h a} \equiv (g^{\mathrm{ind}_g h})^{\mathrm{ind}_h a} \equiv g^{\mathrm{ind}_g h \cdot \mathrm{ind}_h a} (\mathrm{mod}.\ p).$

$$\therefore \mathrm{ind}_g a \equiv \mathrm{ind}_g h \cdot \mathrm{ind}_h a \ (\mathrm{mod}.\ p-1).$$

13.　(1) 両辺の指数をとれば, $\mathrm{ind}_2 11 + \mathrm{ind}_2 x \equiv \mathrm{ind}_2 5 (\mathrm{mod}.\ 12)$.

$$\therefore \mathrm{ind}_2 x \equiv 9 - 7 \equiv 2 \equiv \mathrm{ind}_2 4 (\mathrm{mod}.\ 12).$$

$$\therefore x \equiv 4 (\mathrm{mod}.\ 13).$$

(2) 両辺の指数をとれば, $3 \cdot \mathrm{ind}_2 x \equiv 9 (\mathrm{mod}.\ 12)$. $\therefore \mathrm{ind}_2 x \equiv 3 (\mathrm{mod}.\ 4)$.

$$\therefore \mathrm{ind}_2 x \equiv 3,\ 7,\ 11 (\mathrm{mod}.\ 12).$$

$$\therefore x \equiv 8,\ 11,\ 7 (\mathrm{mod}.\ 13).$$

(3) $(x-1)^2 \equiv 3 (\mathrm{mod}.\ 13)$ と変形して, 両辺の指数をとれば,

$$2 \cdot \mathrm{ind}_2 (x-1) \equiv 4 (\mathrm{mod}.\ 12).$$

a	1	2	3	4	5	6	7	8	9	10	11	12
$\text{ind}_2 a$	0	1	4	2	9	5	11	3	8	10	7	6

(1)　$11x \equiv 5 \pmod{13}$　　　　(2)　$x^3 \equiv 5 \pmod{13}$

(3)　$x^2 - 2x - 2 \equiv 0 \pmod{13}$　　(4)　$8^x \equiv 5 \pmod{13}$

問題 B（☞解答は右ページ）

14.　素数 p を法とする既約剰余系 $\boldsymbol{Z}_p{}^*$ において，$\varphi(p) = p-1$ の任意の正の約数を d とするとき，$o(a) = d$ となるような $\boldsymbol{Z}_p{}^*$ の元 a の個数は $\varphi(d)$ である．このことを証明せよ．

　注．これは問 4 の逆で，次問の原始根の"存在定理"を含んでいる．しかし，これはあくまでも非構成的な証明であって，実際に与えられた法 p から原始根 g を求める簡単な方法は，試行錯誤以外には知られていない．

15.　任意の素数 p に対して，法 p に関する原始根は，$\boldsymbol{Z}_p{}^*$ の中に $\varphi(p-1)$ 個だけ存在する．このことを証明せよ．

16.　$\boldsymbol{Z}_p{}^*$ において，g が一つの原始根であるとき，g^α が別の原始根であるための必要十分条件は，

$$(\alpha,\ p-1) = 1$$

なることである．このことを証明せよ．

解答のページ

$$\mathrm{ind}_2(x-1) \equiv 2 \ (\mathrm{mod.}\ 6).$$
$$\mathrm{ind}_2(x-1) \equiv 2,\ 8 \ (\mathrm{mod.}\ 12).$$
$$\therefore x-1 \equiv 4,\ 9 \ (\mathrm{mod.}\ 13).$$
$$\therefore x \equiv 5,\ 10 \,(\mathrm{mod.}\ 13).$$

(4) 両辺の指数をとれば，$3x \equiv 9 (\mathrm{mod.}\ 12)$ と変形できる．
$$\therefore x \equiv 3 (\mathrm{mod.}\ 4), \text{ すなわち, } x \equiv 3,\ 7,\ 11 \ (\mathrm{mod.}\ 12).$$

──問題Bの解答──

14. $o(a)=d$ となるような $Z_p{}^*$ の元 a の個数を $f(d)$ とする．位数 d を持つ元が少なくとも一つ存在すると仮定して，その一つを a とする．しからば，集合
$$A = \{1,\ a,\ a^2,\ \cdots,\ a^{d-1}\},\quad a^d \equiv 1 (\mathrm{mod.}\ p)$$
の各元は，いずれも，合同式 $x^d \equiv 1 (\mathrm{mod.}\ p)$ をみたす．問9によって，この合同式の相異なる解の個数は d 個であるから，解は A の元で尽される．A の元 a^k が位数 d を持つための必要十分条件は，容易にわかるように，$(k,\ d)=1$ であるから，そのような元の個数は $\varphi(d)$ である．従って，$p-1$ の任意の正の約数 d について，$f(d)=\varphi(d)$ または 0．

さて，問4によって，$Z_p{}^*$ の各元の位数はいずれかの約数 d に等しいから，
$$\sum_{d \mid p-1} f(d) = p-1.$$
しかるに，§6，問29によって，
$$\sum_{d \mid p-1} \varphi(d) = p-1$$
であるから，左辺を比較して，$f(d)=\varphi(d)$ でなければならない．

15. 前問において，$d=p-1$ とすればよい．

16. 元 g^α がもう一つの原始根であるならば，g も g^α の累乗として表わされる．従って，
$$g \equiv (g^\alpha)^x \equiv g^{\alpha x} (\mathrm{mod.}\ p), \text{ すなわち, } g^{\alpha x-1} \equiv 1 (\mathrm{mod.}\ p)$$
は，整数解 x を持つ．問3(1)により，
$$\alpha x \equiv 1 \ (\mathrm{mod.}\ p-1).$$
この1次合同式が解を持つための条件は，§4，問12によって，$(\alpha,\ p-1)=1$ であ

17. p が5以上の素数ならば，$Z_p{}^*$ には偶数個の原始根が存在することを証明せよ．

18. p が5以上の素数のとき，$Z_p{}^*$ のすべての原始根の積は，法 p に関して1と合同である．このことを証明せよ．

19. p が素数，g が法 p に関する原始根ならば，
$$g^{(p-1)/2} \equiv -1 \pmod{p}$$
が成立つ．このことを証明せよ．

20. 次の合同式には整数解は存在しないことを証明せよ：
$$3^x \equiv 5 \pmod{13}.$$

21. 分数 $1/p$ について，次のことがらを証明せよ．

(1) p が2または5以外の素数ならば，$1/p$ は循環小数として表わされる．

(2) (1)において，**循環節の長さ**（周期）は，法 p に関する 10 の位数 $o(10)$ に等しい．

注．例えば，$p=7$ のとき，
$$\frac{1}{7} = 0.\dot{1}4285\dot{7}, \quad o(10) = o(3) = 6.$$

このとき，循環節の長さが丁度 $p-1$ になるような素数には
$$7, \ 17, \ 19, \ 23, \ 29, \ 47, \ 59, \ 61, \ 97, \ \cdots$$
があるが，このような素数が無限個あるかどうかは分っていない．

解答のページ

る．逆は，上の推論を逆に辿ればよい．なお，§12，問15参照．

17.　問15によって $Z_p{}^*$ の原始根の個数は $\varphi(p-1)$ であり，$p \geqq 5$ ならば，§6，問24によって，これは偶数になる．

18.　法 p に関する一つの原始根を g とすれば，$Z_p{}^*$ のすべての原始根の積は，問16によって，

$$g^M \quad (M \text{は } Z_{p-1}{}^* \text{ の元の総和})$$

に等しい．しかるに，§6，問28によって，$M=(p-1)\varphi(p-1)/2$．前問によって，これは $p-1$ の倍数になるから，$g^M \equiv 1 \pmod{p}$．

19.　$g^{(p-1)/2} \equiv x \pmod{p}$ と置く．Fermat の定理により，

$$g^{p-1} \equiv x^2 \equiv 1 \pmod{p}.$$

$$\therefore x^2 - 1 \equiv (x-1)(x+1) \equiv 0 \pmod{p}.$$

$$\therefore x \equiv \pm 1 \pmod{p}.$$

g は原始根であり，その位数は $p-1$ であるから，$x \not\equiv 1 \pmod{p}$．

$$\therefore x \equiv -1 \pmod{p}.$$

20.　両辺の指数をとれば，

$$x \cdot \mathrm{ind}_2 3 \equiv \mathrm{ind}_2 5 \pmod{12}. \quad \therefore 4x \equiv 9 \pmod{12}.$$

9 は $(4, 12)=4$ の倍数ではないから，§4，問12によって，この解 x は存在しない．

21.　(1)　仮に $1/p$ が小数第 r 位までの有限小数として表わされるとすれば，$10^r/p$ は整数になり，$10^r \equiv 0 \pmod{p}$ を得る．従って，p が 2 または 5 以外の素数ならば，$1/p$ は有限小数にはなりえない．次に，$1/p$ を計算するとき，各位で生じる剰余は，1, 2, $\cdots$, $p-1$ のいずれかに限るから，高々 p 回目には同じ剰余が生じる．従って，$1/p$ は循環小数になる．

　　　(2)　$1/p$ が長さ r の循環節 R を持つとすれば，

$$\frac{1}{p} = R\left(\frac{1}{10^r} + \frac{1}{10^{2r}} + \cdots\right) = \frac{R}{10^r - 1}. \quad \therefore 10^r \equiv 1 \pmod{p}.$$

問3(1)によって，$r \equiv 0 \pmod{o(10)}$．$\therefore o(10) \leqq r$．

　　しかるに，$o(10) = s$ と置けば，$10^s \equiv 1 \pmod{p}$ であるから，$10^s - 1 = pq$ と置けば，

$$q \leqq 10^s - 1 = 99 \cdots 9 \, (s \text{ 桁}).$$

また，

[補足] 一般に，正整数 m を分母とする真分数

$$\frac{1}{m}, \frac{2}{m}, \cdots, \frac{m-1}{m}$$

のうち，既約なものは $\varphi(m)$ 個だけである．m が10と互いに素のとき，それらは純循環小数

$$\frac{a}{m}=0.\dot{a_1}a_2\cdots\dot{a_k}, \quad (a, m)=1$$

になるが，その循環節の長さ k は $\varphi(m)$ の約数である．

　このとき，これら $\varphi(m)$ 個の既約分数は，同じ数字が巡回するような，長さ k の循環節をもつ k 個ずつの組に類別される．

解答のページ

$$\frac{1}{p} = \frac{q}{10^s - 1} = q\left(\frac{1}{10^s} + \frac{1}{10^{2s}} + \cdots\right).$$

従って，$1/p$ の循環節の長さは高々 $s = o(10)$ である．∴$o(10) \geqq r$．以上によって，$o(10) = r$ が成立つ．

§9.　平 方 剰 余

SUMMARY

　　本節では，p は常に奇素数（2 以外の素数），a, b は法 p に関して正則と仮定する．

[1]　2 次合同式
$$x^2 \equiv a (\mathrm{mod}.\, p)$$

が解を持つか否かに応じて，それぞれ，a は法 p に関して**平方剰余**または**平方非剰余**であるといい，

$$\left(\frac{a}{p}\right) = \begin{cases} 1 \cdots\cdots 平方剰余のとき \\ -1 \cdots\cdots 平方非剰余のとき \end{cases}$$

で表わす（**Legendre** の記号）．

[2]　既約剰余系 $Z_p{}^*$ において，平方剰余な元全体の集合

$$Q_p = \left\{ 1^2,\ 2^2,\ \cdots,\ \left(\frac{p-1}{2}\right)^2 \right\} (\mathrm{mod}.\, p)$$

問題 A（☞解答は右ページ）

1.　p は奇素数，$a \not\equiv 0 (\mathrm{mod}.\, p)$ のとき，2 次合同式 $x^2 \equiv a\ (\mathrm{mod}.\, p)$ は，もし解を持つならば，ちょうど二つの異なる解を持つ．このことを証明せよ．

　　注． $p=2$ の場合は，解は一意的になる．この場合，$Z_2{}^* = \{1\}$ であるから，各元が法 2 に関して平方剰余になる．そこで，この場合はあらかじめ考察の対象から除外しておく．また，$0^2 \equiv 0 (\mathrm{mod}.\, p)$ であるから，この場合も除外しておく．従って，一般に，p は奇素数，$a \not\equiv 0 (\mathrm{mod}.\, p)$ と仮定してよい．

2.　p は奇素数，a, $b \not\equiv 0 (\mathrm{mod}.\, p)$ とするとき，次のことがらを証明せよ：

$$a \equiv b (\mathrm{mod}.\, p)\ ならば,\ \left(\frac{a}{p}\right) = \left(\frac{b}{p}\right).$$

　　注． 従って，平方剰余であるか否かは，既約剰余系 $Z_p{}^*$ で考察すれば十分である．平方剰余な各剰余類の一組の代表の集合が平方剰余系 Q_p である．

3.　p は奇素数，$a \not\equiv 0 (\mathrm{mod}.\, p)$，また，法 p に関する原始根を g とするとき，

を平方剰余系と呼ぶ. Q_p は法 p の乗法に関して閉じている.

③ $a \equiv b \pmod{p}$ ならば, $\left(\dfrac{a}{p}\right) = \left(\dfrac{b}{p}\right)$.

④ 法 p に関する原始根を g とすれば, $\left(\dfrac{a}{p}\right) = (-1)^{\operatorname{ind}_g a}$.

⑤ $$\left(\dfrac{ab}{p}\right) = \left(\dfrac{a}{p}\right)\left(\dfrac{b}{p}\right)$$

⑥ **Euler の規準** $\left(\dfrac{a}{p}\right) \equiv a^{(p-1)/2} \pmod{p}$

⑦ **第1補充法則** $\left(\dfrac{-1}{p}\right) = (-1)^{(p-1)/2}$

⑧ **第2補充法則** $\left(\dfrac{2}{p}\right) = (-1)^{(p^2-1)/8}$

⑨ **相互法則** p, q が相異なる奇素数のとき,

$$\left(\dfrac{p}{q}\right)\left(\dfrac{q}{p}\right) = (-1)^{(p-1)(q-1)/4}.$$

————問題Aの解答————

1.　§8, 問9から, もし存在するとすれば, 解の個数は2個である.

2.　$a \equiv b \pmod{p}$ とすれば, 合同式 $x^2 \equiv a \pmod{p}$ は $x^2 \equiv b \pmod{p}$ と同値になるからである.

3.　$\left(\dfrac{a}{p}\right) = 1$, すなわち, $x^2 \equiv a \pmod{p}$ が解を持つとすれば, 両辺の指数をとり,

$$2 \cdot \operatorname{ind}_g x \equiv \operatorname{ind}_g a \pmod{p-1}.$$

$$\left(\frac{a}{p}\right)=(-1)^{\text{ind}_g a}$$

が成立つ. このことを証明せよ.

4. 10 は法 13 に関して平方剰余か.

5. p は奇素数, $a, b \not\equiv 0 (\text{mod.} p)$ とするとき, 次の公式を証明せよ:

$$\left(\frac{ab}{p}\right)=\left(\frac{a}{p}\right)\left(\frac{b}{p}\right).$$

6. 奇素数 p を法とする平方剰余系 Q_p について, 次のことがらを証明せよ.

(1)　法 p に関する原始根を g とすれば,

$$Q_p=\{1, g^2, g^4, \cdots, g^{p-3}\} \quad (\text{mod.} p).$$

(2)　Q_p は法 p に関する乗法に関して閉じている.

注. 従って, Q_p は巡回群 $Z_p{}^*$ の "巡回部分群" になる (§12参照). 実際に Q_p の元を求めるには, 原始根を用いなくても,

$$Q_p=\left\{1^2, 2^2, \cdots, \left(\frac{p-1}{2}\right)^2\right\}(\text{mod.} p), \quad |Q_p|=\frac{p-1}{2}$$

とすればよい.

7. 法 3, 5, 7 に関する平方剰余系をそれぞれ求めよ.

8. 法 11, 13, 17 に関する平方剰余系をそれぞれ求めよ.

9. Euler の規準を証明せよ.

10. 第 1 補充法則は次の形式でも表わされることを証明せよ:

$$\left(\frac{-1}{p}\right)=\begin{cases} 1\cdots\cdots p\equiv 1 \ (\text{mod.} 4) \ \text{のとき}, \\ -1\cdots\cdots p\equiv -1 \ (\text{mod.} 4) \ \text{のとき}, \end{cases}$$

11. 第 2 補充法則は次の形式でも表わされることを証明せよ:

解答のページ

この合同式が解を持つための条件は，§4，問12により，

$$\mathrm{ind}_g x \equiv 0 \ (\mathrm{mod}.(2, \ p-1)).$$

$$\therefore \mathrm{ind}_g x \equiv 0 \ (\mathrm{mod}. \ 2).$$

$$\therefore (-1)^{\mathrm{ind}_g \alpha} = 1.$$

逆は，上の推論を逆に辿ればよい.

4. 指数表により，$\mathrm{ind}_2 10 = 10.$

$$\therefore \left(\frac{10}{13}\right) = (-1)^{10} = 1. \quad \therefore 10 は法13に関して平方剰余である.$$

5. $\left(\dfrac{ab}{p}\right) = (-1)^{\mathrm{ind}_g ab} = (-1)^{\mathrm{ind}_g a + \mathrm{ind}_g b} = (-1)^{\mathrm{ind}_g a}(-1)^{\mathrm{ind}_g b} = \left(\dfrac{a}{p}\right)\left(\dfrac{b}{p}\right).$

6. (1)問3により，

$$\left(\frac{a}{p}\right) = 1 \Leftrightarrow \mathrm{ind}_g a \equiv 0 \,(\mathrm{mod}. \ 2)$$

であるから，$\mathrm{ind}_g g^\alpha = \alpha$ であることに注意すれば，直ちに証明される.

(2) $g^{2\alpha} g^{2\beta} = g^{2(\alpha+\beta)}$ であるから，(1)によって明らかである.

7. $1(\mathrm{mod}. \ 3). \quad 1, \ 4(\mathrm{mod}. \ 5). \quad 1, \ 2, \ 4(\mathrm{mod}. \ 7).$

8. $1, \ 3, \ 4, \ 5, \ 9(\mathrm{mod}. \ 11). \quad 1, \ 3, \ 4, \ 9, \ 10, \ 12(\mathrm{mod}. \ 13).$

$1, \ 2, \ 4, \ 8, \ 9, \ 13, \ 15, \ 16(\mathrm{mod}. \ 17).$

9. 問6(1)により，§8，問19に注意すれば，

$$\left(\frac{a}{p}\right) = 1 \Leftrightarrow a \equiv g^{2\alpha}(\mathrm{mod}.p) \Leftrightarrow a^{(p-1)/2} \equiv 1(\mathrm{mod}. \ p).$$

10. $(p-1)/2 = 2n$ （偶数）と置けば，$p = 4n+1 \equiv 1(\mathrm{mod}. \ 4).$

$(p-1)/2 = 2n-1$ （奇数）と置けば，$p = 4n-1 \equiv -1(\mathrm{mod}. \ 4).$

$$\therefore (-1)^{(p-1)/2} = \begin{cases} 1 \cdots\cdots p \equiv 1(\mathrm{mod}. \ 4) \\ -1 \cdots\cdots p \equiv -1(\mathrm{mod}. \ 4) \end{cases}$$

11. 前問と同様にして出来る.

$$\left(\frac{2}{p}\right)=\left\{\begin{array}{l} 1 \cdots\cdots p\equiv\pm1 \ (\mathrm{mod}.8) \ \text{のとき}, \\ -1 \cdots\cdots p\equiv\pm3 \ (\mathrm{mod}.8) \ \text{のとき}. \end{array}\right.$$

12. 相互法則は次の形式でも表わされることを証明せよ:

$$\left(\frac{p}{q}\right)\left(\frac{q}{p}\right)=\left\{\begin{array}{l} 1 \cdots\cdots p \ \text{or} \ q\equiv1 \ (\mathrm{mod}.4) \ \text{のとき}, \\ -1 \cdots\cdots p \ \text{and} \ q\equiv-1 \ (\mathrm{mod}.4) \ \text{のとき}. \end{array}\right.$$

注. 整数 a が法 p に関して平方剰余か否かを判定する問題は，a の法 p に関する剰余を素因数分解して，基本事項 5 を用いれば，結局，

$$\left(\frac{-1}{p}\right), \ \left(\frac{2}{p}\right), \ \left(\frac{q}{p}\right) \ (p, \ q \ \text{は相異なる奇素数})$$

の符号を定める問題に帰着する．それに解決を与えるのが，第 1，第 2 補充法則および相互法則である．

13. 次の Legendre の記号の符号を判定せよ．

(1) $\left(\dfrac{24}{43}\right)$　　　(2) $\left(\dfrac{17}{23}\right)$　　　(3) $\left(\dfrac{-100}{11}\right)$

14. 次の 2 次合同式は整数解を持つか．

(1) $x^2\equiv-31 \ (\mathrm{mod}.103)$　　　(2) $x^2\equiv365 \ (\mathrm{mod}.997)$

問題B（☞解答は右ページ）

15. p は奇素数，$a\not\equiv0 \ (\mathrm{mod}.p)$ とするとき，負でない最小剰余

$$a, \ 2a, \ \cdots, \ \frac{p-1}{2}a \quad (\mathrm{mod}.p)$$

の中に，$p/2$ より大きい剰余が n 個あるとすれば，

解答のページ

12. 前問と同様にして出来る.

13. (1) $43 \equiv -1 \pmod{4}$ であることに注意して, 補充法則, 相互法則を用いる.

$$\left(\frac{24}{43}\right) = \left(\frac{2}{43}\right)^3 \left(\frac{3}{43}\right) = (-1)^3 \left\{ - \left(\frac{43}{3}\right) \right\} = \left(\frac{43}{3}\right) = \left(\frac{1}{3}\right) = 1.$$

注. q が p より小さい奇素数ならば, 相互法則によって,

$$\left(\frac{q}{p}\right) = (-1)^{(p-1)(q-1)/4} \left(\frac{p}{q}\right)$$

とし, p の法 q に関する剰余を調べればよい.

(2) $23 \equiv -1 \pmod{4}$, $17 \equiv 1 \pmod{4}$ であるから, 相互法則により,

$$\left(\frac{17}{23}\right) = \left(\frac{23}{17}\right) = \left(\frac{6}{17}\right) = \left(\frac{2}{17}\right)\left(\frac{3}{17}\right) = \left(\frac{3}{17}\right) = \left(\frac{17}{3}\right) = \left(\frac{2}{3}\right) = -1.$$

(3) $-100 \equiv -1 \pmod{11}$ であるから, 第1補充法則により,

$$\left(\frac{-100}{11}\right) = \left(\frac{-1}{11}\right) = -1.$$

14. (1) $\left(\frac{-31}{103}\right) = 1.$ ∴解あり.   (2) $\left(\frac{365}{997}\right) = -1.$ ∴解なし.

————問題Bの解答————

15. 既約剰余系 $Z_p{}^*$ を絶対最小剰余で表わし,

$$Z_p{}^* = \left\{ \pm 1, \ \pm 2, \ \cdots, \ \pm \frac{p-1}{2} \right\}$$

とする. この各元に与えられた元 a を乗じて出来る集合

$$\left(\frac{a}{p}\right)=(-1)^n$$

が成立つ（**Gauss** の補助定理）．このことを証明せよ．

16.　第 1 補充法則を証明せよ．

17.　第 2 補充法則を証明せよ．

18.　座標平面上で x 座標，y 座標が共に整数値であるような点を**格子点**とい
う．**高木貞治**は格子点を利用して相互法則を簡潔に証明した（1904）．

解答のページ

$$\left\{ \pm a, \ \pm 2a, \ \cdots, \ \pm \frac{p-1}{2}a \right\}$$

は，順序を度外視すれば，全体として Z_p^* と一致する．仮定によって，

$$a, \ 2a, \ \cdots, \ \frac{p-1}{2}a$$

の中に，$p/2$ より大きい剰余（最初の集合で負号-を持つ剰余）が n 個あるから，

$$a \cdot 2a \cdots \frac{p-1}{2}a \equiv (-1)^n 1 \cdot 2 \cdots \frac{p-1}{2} \ (\bmod. p).$$

$$\therefore a^{(p-1)/2} \equiv (-1)^n \ (\bmod. p).$$

Euler の規準により，

$$\left(\frac{a}{p} \right) \equiv (-1)^n (\bmod. p).$$

16. Gauss の補助定理において，$a=-1$ と置けば，

$$-1, \ -2, \ \cdots, \ -\frac{p-1}{2}; \ \text{すなわち,} \ p-1, \ p-2, \ \cdots, \ \frac{p+1}{2}$$

はすべて $p/2$ より大きい剰余であるから，$n=(p-1)/2$ となり，

$$\left(\frac{-1}{p} \right) = (-1)^{(p-1)/2}.$$

別証．Euler の規準において，$a=-1$ としてもよい．

17. Gauss の補助定理において，$a=2$ と置けば，

$$2, \ 4, \ 6, \ \cdots, \ p-5, \ p-3, \ p-1$$

の中で，$p/2$ より大きい剰余の個数 n は，奇数

$$1, \ 3, \ 5, \ \cdots, \ p-2$$

の中で $p/2$ より小さいものの個数と一致する．

$$\therefore n \equiv 1+3+\cdots+\frac{p-1}{2} \equiv 1+2+3+\cdots+\frac{p-1}{2} (\bmod. 2).$$

等差数列の公式により，右辺は $(p^2-1)/8$ に等しい．

$$\therefore \left(\frac{2}{p} \right) = (-1)^{(p^2-1)/8}.$$

18. 三角形 GG'B, HH'A は内部に同数個の格子点を持つから，その個数を k とすれば，長方形 OACB の内部にある格子点の総数は，

$$m+n+2k=(p-1)(q-1)/4$$

である．従って，

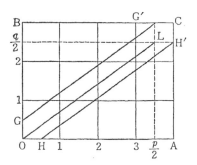

　　いま，p, qを相異なる奇素数とし，原点Oと点L（$p/2$, $q/2$）を結ぶ直線 $py=qx$ を考えれば，容易にわかるように，

$$qx;\quad x=1, 2, \cdots, (p-1)/2$$

の法pに関する剰余が $p/2$ より大きくなるのは，対応する y の小数部分が 1/2 より大きくなるときであり，従って，そのような剰余の個数nは，OL とそれを 1/2 だけ上に平行移動した GG′ とで囲まれる平行四辺形 OGG′L の内部（周上は含まない）にある格子点の個数に等しい．このとき，Gauss の補助定理により，

$$\left(\frac{q}{p}\right)=(-1)^n.$$

同様に，OL とそれを 1/2 だけ右に平行移動した HH′ とで囲まれる平行四辺形 OHH′L の内部にある格子点の個数をmとすれば，

$$\left(\frac{p}{q}\right)=(-1)^m.$$

更に，三角形 GG′B，HH′A の内部にある格子点の個数は等しく，長方形 OACB の内部にある格子点の総数は，

$$\frac{p-1}{2}\cdot\frac{q-1}{2}$$

である．以上を用いて，相互法則の証明を完成させよ．

解答のページ ━━━━━━━━━━━━━━━━━━━━━━━━

$$\left(\frac{p}{q}\right)\left(\frac{q}{p}\right)=(-1)^m(-1)^n=(-1)^{m+n}=(-1)^{m+n+2k}=(-1)^{(p-1)(q-1)/4}.$$

[補足] 平面上に周の長さ L，面積 S の単一閉曲線を描き，その周上および内部にある格子点の個数を A とすれば，

$$A=S+\mathrm{O}(L)$$

が成り立つ．ただし，$\mathrm{O}(L)$ は L と同位な無限大である．Minkowski は有名な次の"格子点定理"を発見して，『数の幾何学』(1910) を創立した：

「n 次元ユークリッド空間において，原点に関して対称な凸領域 M の体積が $v(M)>2^n$ ならば，M はその内部に原点以外の格子点を少なくとも一つ含む．」

たとえば，平面上で原点対称な凸領域 M を描いたとき，M の面積が 4 より大きいならば，M はその内部に原点以外の格子点を必ず含む．

§10. 複素整数

SUMMARY

1. 有理整数 a, b により，
$$\alpha = a + ib, \; i = \sqrt{-1}$$
と表わされる複素数を複素整数または Gauss 整数という．

2. 複素整数は複素平面上の格子点として図示される．

3. 複素整数全体の集合 $Z[i]$ は，複素数の三則（加・減・乗）に関して閉じており，Gauss 整数環と呼ばれる．

4. 複素整数 $\alpha = a + ib$ に対し，非負整数
$$N(\alpha) = |\alpha|^2 \; (= \alpha\bar{\alpha} = a^2 + b^2)$$
を α のノルム（norm）という．$N(\alpha) = 0 \Leftrightarrow \alpha = 0$．

5. 正則な複素整数 ± 1，$\pm i$ を単数という．これらは乗法に関して "群" をなす．

6. 単数因数の違いしかない二つの複素整数 α, β は同伴であるという．$\pm\alpha$, $\pm i\alpha$ は一組の同伴数である．

問題A （☞解答は右ページ）

1. 複素整数の全体 $Z[i]$ は複素数の三則（加・減・乗）に関して閉じている．このことを証明せよ．

　注．複素整数のように代数的に定義された整数に対し，通常の整数 0，± 1，± 2，…を "有理整数" と呼ぶ．複素整数は初等整数論の到達点であると共に，その枠を越えて "2次体の整数論" へ進む出発点である．

2. 複素整数 α, β, γ, δ が一組の同伴数であるための必要十分条件は，それらを複素平面上の格子点として表わしたとき，それらが原点を中心とする正方形の4頂点になっていることである．このことを証明せよ．

3. ノルム記号 N について，次の公式を証明せよ．

　(1) $N(\alpha\beta) = N(\alpha)N(\beta)$　　　(2) $\alpha|\beta$ ならば，$N(\alpha)|N(\beta)$

4. 複素整数に関する除法定理を証明せよ．なぜ整除の一意性は成立しないか．

[7] **除法定理** 二つの複素整数 $\alpha \neq 0$, β に対し,
$$\beta = \kappa\alpha + \rho, \quad N(\rho) < N(\alpha)$$
となるような複素整数 κ（商）と ρ （剰余）が存在する. 但し,
"整除の一意性" は成立しない.

[8] **単数**, 0 以外の複素整数 γ が自明な約数 （同伴数と単数）の他
には約数を持たないとき, γ を **Gauss 素数**という.
これと区別して, 有理整数としての素数を**有理素数**と呼ぶ.

[9] 単数, 0 以外の任意の複素整数 α は幾つかの素因数の積に, 素
因数の順序および単数因数の違いを度外視して, 一意的に分解さ
れる（素因数分解定理）.

[10] **Fermat-Euler の素数定理**

奇素数 p （有理素数）について,
$$p \equiv 1 \pmod{4} \Leftrightarrow p \text{ は Gauss 素数ではない.}$$
このとき, $p = \gamma\bar{\gamma}(\gamma, \bar{\gamma}$ は共役な Gauss 素数）である.

[11] $2 = (1-i)(1+i)$ は Gauss 素数ではない.

----問題 A の解答----

1. $\alpha = a + ib$, $\beta = c + id$ とすれば, 複素数の三則により,
$$\alpha \pm \beta = (a \pm c) + i(b \pm d), \quad \alpha\beta = (ac - bd) + i(ad + bc).$$
これらは再び複素整数である.

2. 一組の同伴数 $\pm\alpha$, $\pm i\alpha$ は, α を次々に原点の回りを $\pi/2$ ずつ回転して得られる
から, それらは原点を中心とする正方形の 4 頂点となっている. 逆も明らかに成立つ.

3. (1) $N(\alpha\beta) = (\alpha\beta)\overline{(\alpha\beta)} = \alpha\bar{\alpha}\beta\bar{\beta} = N(\alpha)N(\beta)$.

(2) $\beta = \alpha\gamma$ とすれば, $N(\beta) = N(\alpha\gamma) = N(\alpha)N(\gamma)$. $\therefore N(\alpha) | N(\beta)$.

4. $\xi = \beta/\alpha$ は複素平面上のある単位正方形 （4 個の格子点の作る 1 辺の長さが 1 の 正
方形）の内部またはその周上にある. 従って, その正方形の 4 頂点のうち少なくとも一

注．複素整数に対しても，有理整数の場合と同様に，**約数**，**倍数**，**公約数**，**公倍数**を定義し，公約数の中でノルムが最大なものを**最大公約数**，公倍数の中でノルムが正で最小なものを**最小公倍数**という．二つの複素整数 α，β は単数の他には公約数を持たないとき，**互いに素**であるという．整除の問題においては，単数因数の違いは本質的ではない．

5.　次のことがらを証明せよ：

二つの複素整数 $\alpha \neq 0$, β において，

$$\beta = \kappa\alpha + \rho, \ N(\rho) < N(\alpha)$$

とすれば，$(\alpha, \beta) = (\alpha, \rho)$ が成立つ（**Euclid の互除法**）．

注．一般に，**整域**（単位元 $e \neq 0$ を持つ可換環で零因子を持たないもの）R において，除法定理の成立つようなノルム N（非負整数）が定義されているとき，R を **Euclid 整域**という．Z, $Z[i]$ はこの典型的な例である．Euclid 整域では Euclid の互除法，素因数分解定理などが成立つ（§22，問17参照）．

6.　$1+3i$, $3+4i$ の G.C.M., L.C.M. を求めよ．

7.　$4+3i$ で $2+16i$ を整除したときの商と剰余を求めよ．

8.　$N(\alpha)$ が有理素数ならば，α は Gauss 素数である．このことを証明せよ．

注．この定理は，複素整数 α が Gauss 素数であるための十分条件を与える．逆は成立しない．例えば，3 は Gauss 素数ではあるが，$N(3)=9$ である．

9.　3 は Gauss 素数であることを証明せよ．5 はどうか．

10.　α が Gauss 素数ならば，$\overline{\alpha}$ も Gauss 素数である．このことを証明せよ．

11.　ノルムが 100 以下の Gauss 素数は次の通りである．但し，同伴数は度外視してある．

$$1\pm i, \ 2\pm i, \ 3, \ 3\pm 2i, \ 4\pm i, \ 5\pm 2i, \ 6\pm i, \ 5\pm 4i,$$
$$7, \ 7\pm 2i, \ 6\pm 5i, \ 8\pm 3i, \ 8\pm 5i, \ 9\pm 4i.$$

ノルムが 13 の Gauss 素数をすべて求め，複素平面上に図示せよ．

つ（それを κ とする）は，ξ との距離が 1 より小である．$\therefore |\beta/\alpha-\kappa|<1$．両辺に $|\alpha|$ を乗じて，$|\beta-\kappa\alpha|<|\alpha|$．$\beta-\kappa\alpha=\rho$ と置けば，問1によって ρ は複素整数で，$\beta=\kappa\alpha+\rho$，$|\rho|<|\alpha|$，が成立つ．

上記の証明で，κ の選び方は必らずしも一意的ではないから，整除の一意性は成立しない．

5. 有理整数の場合（§1，問13）と同様にして出来る．

6. G.C.M.$=2+i$，L.C.M.$=-1+7i$．

7. 商 $2+2i$，剰余 $2i$．または，商 $2+3i$，剰余 $3-2i$．

8. 仮に，$\alpha=\beta\gamma(\beta，\gamma$ は単数ではない）とすれば，両辺のノルムをとって，$N(\alpha)=N(\beta)N(\gamma)$．ここで，$\beta，\gamma$ は単数ではないから，$N(\beta)\neq1，N(\gamma)\neq1$．従って，$N(\alpha)$ は有理素数ではありえない．対偶をとれば，与えられた命題になる．

9. $3=\beta\gamma$（$\beta，\gamma$ は単数ではない）とすれば，$9=N(\beta)N(\gamma)$．$N(\beta)\neq1，N(\gamma)\neq1$ であるから，$N(\beta)=3$ となる．しかるに，$x^2+y^2=3$ の整数解は存在しないから，このような $\beta=x+iy$ は存在しない．$\therefore 3$ は Gauss 素数である．$5=(2+i)(2-i)$．

10. $\bar{\alpha}=\beta\gamma$（$\beta，\gamma$ は単数でない）とすれば，$\alpha=\bar{\beta}\,\bar{\gamma}$（$\bar{\beta}，\bar{\gamma}$ は単数でない）．従って，α が Gauss 素数ならば，$\bar{\alpha}$ も Gauss 素数でなければならない．

11. $\pm3\pm2i$，$\pm2\pm3i$（8個）．これらに同一円周上の8個の点が対応する．

12. 複素平面において，任意の格子点を中心とする任意の円周上にある格子点の個数は必ず4の倍数（0個も含む）であることを証明せよ。

13. 複素整数 μ の倍数全体の集合を，μ で生成される**イデアル** (ideal) と呼び，

$$(\mu)=\{\kappa\mu \mid \kappa \text{ は複素整数}\}$$

で表わす。イデアル (μ) を複素平面上に図示するためには，原点と μ を結ぶ線分を1辺とする **正方格子**を描けば，その格子点全体が (μ) である。次図は $(2+i)$ が描かれている。

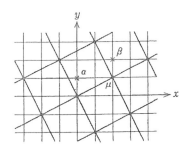

イデアル $(1+i)$，(2) を複素平面上に図示し，$(1+i)\supset(2)$ であることを確かめよ。

注．イデアルの一般論については §22 を参照のこと。

14. 二つの複素整数 α，β の差が複素整数 $\mu\neq0$ で整除されるとき，α，β は法 μ に関して **合同** であるといい，合同式

$$\alpha\equiv\beta(\text{mod. }\mu)$$

で表わす。これは $\boldsymbol{Z}[i]$ における同値関係であることを証明せよ。

注．複素整数の合同関係は，有理整数の直線的な"周期性"を平面的に拡張したものである。いま，前問における正方格子を格子線に沿って切断して重ね合せれば，それによって重なる位置にある複素整数は，法 μ に関して合同であり，同じ剰余類に属する。従って，0，および，一つの正方形の内部の格子点の集合が法 μ に関する**完全剰余系**となる。

解答のページ

12. 原点を中心とする円について証明すれば十分である. 問2によって, この円周上に同伴数4個が一組になって乗る(または乗らない)から, 円周上の格子点の総数は常に4の倍数になる.

13. イデアル $(1+i)$ は $y=\pm x$ を上下に2ずつ平行移動した直線族. また, (2)は両軸を上下, 左右に2ずつ平行移動した直線族. 従って, 前者の格子点は後者の格子点を完全に含む.

14. (1) $\alpha-\alpha=0,\ \mu|0.\ \therefore\alpha\equiv\alpha(\mathrm{mod}.\mu).$

(2) $\alpha\equiv\beta(\mathrm{mod}.\mu)$ とすれば, $\alpha-\beta=\mu\kappa.$ 従って, $\beta-\alpha=-\mu\kappa.$

$\therefore\ \beta\equiv\alpha(\mathrm{mod}.\mu).$

(3) $\alpha\equiv\beta(\mathrm{mod}.\mu),\ \beta\equiv\gamma(\mathrm{mod}.\mu)$ とすれば, $\alpha-\beta=\mu\kappa,\ \beta-\gamma=\mu\lambda.$ 従って,

$\alpha-\gamma=\alpha-\beta+\beta-\gamma=\mu\kappa+\mu\lambda=\mu(\kappa+\lambda).\ \therefore\alpha\equiv\gamma(\mathrm{mod}.\mu).$

問題 B（☞解答は右ページ）

15. Fermat-Euler の素数定理を証明せよ.

注. この定理，およびそれと同値な問16，17によって，次の幾何学的定理が得られる：

「奇素数 p について，$p \equiv 1 \pmod 4$ のときは円 $x^2 + y^2 = p$ 上に 8 個の格子点があり，また，$p \equiv 3 \pmod 4$ のときは円周上に格子点は無い.」（なお，問12を参照のこと）

16. 奇素数 p（有理素数）について，次のことがらを証明せよ：

$$p \equiv -1 \pmod 4 \Leftrightarrow p \text{ は Gauss 素数.}$$

17. 奇素数 p について，次のことがらを証明せよ.

(1) p が二つの平方数の和として表わされる 必要十分条件は，$p \equiv 1 \pmod 4$ なることである.

(2) (1)の表わし方 $p = a^2 + b^2$ は一意的である.

解答のページ

―――問題Bの解答―――

15. $p \equiv 1 \pmod{4}$ とすれば，第1補充法則により，-1 は法 p に関する平方剰余にな
る．従って，$x^2+1 \equiv 0 \pmod{p}$ が解を持つ．そこで，$Z[i]$ において，

$$(x-i)(x+i) \equiv 0 \pmod{p}$$

となる．しかるに，$Z[i]$ における p の倍数は，$pa = pa + ipb$ の形で，その虚部は $pb \neq \pm 1$ であるから，

$$x-i \not\equiv 0 \pmod{p}, \quad かつ，\quad x+i \not\equiv 0 \pmod{p}.$$

従って，p は Euclid の第1定理をみたさず，Gauss 素数ではありえない．

逆に，$p = \gamma\delta$（γ, δ は単数ではない）と分解されたとする．ここで，γ は Gauss 素数と仮定しておく．両辺のノルムをとれば，

$$N(p) = p^2 = N(\gamma)N(\delta).$$

p は有理素数であるから，$N(\gamma)=1$，p または p^2．しかるに，$N(\gamma) \neq 1$，$N(\delta) \neq 1$ であるから，$N(\gamma)=p$．$\therefore p = \gamma\bar{\gamma}$（$\gamma$, $\bar{\gamma}$ は共役な Gauss 素数）．

$$\therefore p = a^2+b^2 \quad (a，b は有理整数).$$

従って，$b^2 \equiv -a^2 \pmod{p}$ であるから，$-a^2$ は法 p に関する平方剰余になり，また，

$$\left(\frac{-a^2}{p}\right) = \left(\frac{-1}{p}\right)\left(\frac{a}{p}\right)^2 = \left(\frac{-1}{p}\right). \quad \therefore \left(\frac{-1}{p}\right) = 1.$$

従って，第1補充法則により，$p \equiv 1 \pmod{4}$.

16. 前問によって証明済みである．

17. (1) $p = \gamma\bar{\gamma}$ において，$\gamma = a+ib$ と置けば，$p = a^2+b^2$ を得る．

(2) $p = a^2+b^2$，$p = c^2+d^2$ と2通りに表わされたとする．辺々を乗じて，

$$p^2 = (a^2+b^2)(c^2+d^2) = (ac \pm bd)^2 + (ad \mp bc)^2 \quad (複号同順).$$

しかるに，

$$(ac+bd)(ac-bd) = a^2c^2 - b^2d^2 = (a^2+b^2)c^2 - b^2(c^2+d^2)$$
$$= pc^2 - b^2p \equiv 0 \pmod{p}.$$

$$\therefore ac+bd \equiv 0 \pmod{p}, \quad または，\quad ac-bd \equiv 0 \pmod{p}.$$

そこで $ac+bd \equiv 0 \pmod{p}$ のときは，複号の上部の符号により，

$$ac+bd = p, \quad ad-bc = 0$$

となる．これを c, d について解けば，$c=a$, $d=b$ を得る．また，$ac-bd \equiv 0 \pmod{p}$

18.　m が 3 以上の奇数のとき，不定方程式

$$x^2 + y^2 = m, \quad (x, y) = 1$$

が整数解を持つならば，m の各素因数 p は法 4 に関して 1 と合同であること
を証明せよ．

　　注.　m が素数でなければ，この解は一意的ではない．例えば，

$$65 = 5 \cdot 13 = 1^2 + 8^2 = 4^2 + 7^2.$$

19.　次の各数を二つの平方数の和として表わせ．

　　(1)　41　　　(2)　13^2　　　(3)　$2 \cdot 97$

20.　4 の倍数は互いに素な二つの平方数の和として表わすことは出来ない．
このことを証明せよ．

21.　**Pythagoras** の方程式

$$x^2 + y^2 = z^2, \quad (x, y) = 1$$

の正整数解を（既約な）**Pythagoras** 数，また，それらを 3 辺とする直角三
角形を **Pythagoras** 三角形という．

　　次のことがらを証明せよ．

　　(1)　正整数 x, y, z が一組の Pythagoras 数であるための必要十分条件
は，x, y の順序は度外視して，

$$m \not\equiv n \pmod{2}, \quad (m, n) = 1, \quad m > n$$

なる二つの正整数 m, n によって，

$$x = m^2 - n^2, \quad y = 2mn, \quad z = m^2 + n^2$$

と表わされることである（**Brahmagupta** の公式）．

のときは，複号の下部の符号により，

$$ac-bd=0, \quad ad+bc=p$$

となる．これを c，d について解けば，やはり，$c=a$，$d=b$ を得る．以上によって，$p=a^2+b^2$ なる表わし方は一意的でなければならない．

18. $x^2+y^2=m$，$(x, y)=1$ と表わされたとすれば，

$$(x-iy)(x+iy)=m$$

であるから，仮に m が法4に関して -1 と合同な素因数 p を持つとすれば，p は Gauss 素数であるから，$Z[i]$ において，Euclid の第1定理により，$x-iy$，$x+iy$ の少なくとも一方が p で整除される．そこで，例えば，

$$x-iy=p(a+ib)=pa+ipb$$

とすれば，$x=pa$，$y=-pb$ となり，$(x, y)=1$ に反する．$x+iy=p(a+ib)$ としても同様である．従って，m はこのような素因数 p は持ちえない．

19. (1) 4^2+5^2　　(2) 5^2+12^2　　(3) 5^2+13^2

20. $x^2+y^2\equiv0(\mathrm{mod}.\ 4)$ とすれば，x，y は共に偶数でなければならない．何故なら，

$$(2m+1)^2=4m^2+4m+1\equiv1(\mathrm{mod}.\ 4), \quad (2m)^2\equiv4m^2\equiv0(\mathrm{mod}.4)$$

であるから，x，y の少なくとも一方が奇数ならば，$x^2+y^2\not\equiv0\ (\mathrm{mod}.4)$ となるからである．しかし，x，y が共に偶数ならば，x^2，y^2 は互いに素ではない．

21. 正整数 x，y，z が一組の Pythagoras 数であるとすれば，$(x, y)=1$ であるから，x，y は共に偶数であることは出来ない．しかし，共に奇数であるとすれば，$z^2=x^2+y^2\equiv2(\mathrm{mod}.\ 4)$ となるが，このような整数 z は存在しない．従って，x，y の一方は奇数，他方は偶数であり，また，z は奇数でなければならない．そこで，問18によって，

$$z^2=(p_1p_2\cdots p_r)^2; \quad p_k\equiv1(\mathrm{mod}.\ 4), \quad k=1, 2, \cdots, r$$

と置ける．各素因数 p_k を共役な Gauss 素数の積で表わして，

$$z=p_1p_2\cdots p_r=(\gamma_1\bar{\gamma}_1)(\gamma_2\bar{\gamma}_2)\cdots(\gamma_r\bar{\gamma}_r)=(\gamma_1\gamma_2\cdots\gamma_r)\overline{(\gamma_1\gamma_2\cdots\gamma_r)}$$
$$=(m-in)(m+in)=m^2+n^2 \ (m>n>0).$$

また，

$$z^2=x^2+y^2=(x-iy)(x+iy)$$

　(2)　正整数　$z \neq 1$　が　Pythagoras　三角形の斜辺であるならば，　z の各素因数 p は法 4 に関して 1 と合同である．

　注．　斜辺 z から x, y は一意的に決まるとは限らない．たとえば，

$$33^2 + 56^2 = 63^2 + 16^2 = 65^2$$

である．

[補足]　ブラーマグプタ（Brahmagupta）というのは西暦600年頃のインドの数学者である．この公式によれば，斜辺が100を超えない既約なピタゴラスの三角形は次表の16個である．

m	n	x	y	z
2	1	3	4	5
3	2	5	12	13
4	1	15	8	17
4	3	7	24	25
5	2	21	20	29
5	4	9	40	41
6	1	35	12	37
6	5	11	60	61
7	2	45	28	53
7	4	33	56	65
7	6	13	84	85
8	1	63	16	65
8	3	55	48	73
8	5	39	80	89
9	2	77	36	85
9	4	65	72	97

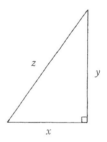

$$x^2 + y^2 = z^2$$
$$(x, y) = 1$$

解答のページ

であるから,

$$x-iy=(m-in)^2=(m^2-n^2)-2imn,$$

$$x+iy=(m+in)^2=(m^2-n^2)+2imn$$

としてよい. 従って,

$$x=m^2-n^2, \quad y=2mn, \quad z=m^2+n^2 \ (m>n>0).$$

ここで, $m\equiv n(\bmod.\ 2)$ とすれば, x, y が共に偶数となって $(x,\ y)=1$ に反する.

$\therefore m \not\equiv n(\bmod.\ 2)$. また, $(m,\ n)=g\neq1$ とすれば, やはり, $(x,\ y)=1$ に反する.

$\therefore (m,\ n)=1$. 逆は明らかに成立つ.

(2) 正整数 $z\neq1$ が Pythagoras 三角形の斜辺であるならば, (1)によって, $z=m^2+n^2$（奇数）と表わされる. しからば, 問18によって, z の各素因数 p は法4に関して1と合同になる.

注. $(x,\ y)=1$ という条件がないとき, $x^2+y^2=z^2$ の一般解は, 任意の整数 m, n に対して,

$$x=m^2-n^2, \quad y=2mn, \quad z=m^2+n^2$$

で与えられる. しかし, これは, $(x,\ y)=g$ とするとき, 既約な三角形を相似比 g で拡大したものに過ぎない. なお, 読者は, $x^2+y^2=z^2$ の整数解 x, y, z において, これらの少なくとも一つは3の倍数であり, 少なくとも一つは4の倍数であり, 更に, 少なくとも一つは5の倍数であることを証明されれば面白いだろう.

Évariste Galois
(1811~1832)

第 Ⅱ 部

群

**Après cela, il y aura, j' espère, des gens
qui trouveront leur profit à déchiffrer tout
ce gâchis.――Galois**

私はこの殴り書きのすべてを判読して自得する者が後に
来ることを期待している.　(決闘前夜の遺書，1832)

　　Galois は，その卓抜した数学的天才と彗星のように強烈で短い生涯によって，
数学史における"青春の墓標"となった．彼は七月革命（1830）に過激な共和主
義者として参加し，数ヵ月を監獄で過ごした後，まもなく20歳の若さで決闘に倒
れたのである．
　　彼が決闘前夜に一友人に託した遺稿こそ，群と代数方程式の間の関係を一般的
に解明し，永く懸案になっていた高次方程式の解法の問題に最終的解決を与える
と共に，現代代数学の先鞭をつけた画期的な研究――Galois 理論――の 概 要 で
あった．
　　Galois の群論は，彼の生前には全く理解されなかったが，約40年後の Jordan
の紹介，それに続く Klein や Lie の幾何学的研究，あるいは Cayley の抽象
群論などを経て，今日では数学の主要部門の一つに成長した．

§11. 群 の 公 理

SUMMARY

① 集合 G の元の順序づけられた対 (tsui) (a, b) 全体の集合
$$G \times G = \{(a, b) | a \in G, b \in G\}$$
を G の**直積集合**という. $|G| = n$ ならば, $|G \times G| = n^2$ である.

② 空でない集合 G に対して, 直積集合 $G \times G$ から G への写像
$$(a, b) \mapsto c = a * b$$
が定められているとき, 結合算法 $*$ を G の**2元演算**, c を a, b の積(結合)という. このとき, G は2元演算 $*$ に関して**閉鎖律**をみたす, **閉じている**, または, **亜群**をなすという.

③ 亜群 G の2元演算 $*$ が結合律
$$(a * b) * c = a * (b * c) \qquad (a, b, c \in G)$$
をみたすとき, G は2元演算 $*$ に関して**半群**をなすという.

④ 半群 G の任意の元 a に対して,
$$e * a = a * e = a$$

問題A (☞解答は右ページ)

1. 整数全体の集合 $\boldsymbol{Z}$ に次のように2元演算 $*$ が定められているとき, $\boldsymbol{Z}$ はこの演算に関してどのような代数系(亜群, 半群, モノイド, 群)をなすか.

   (1) $a * b = a + b + 1$ (2) $a * b = ab + 1$

   (3) $a * b = a + b + ab$ (4) $a * b = 2ab$

   注. 幾つかの結合算法の定義された集合を**代数系**という(巻頭の表参照).

2. 集合 $G = \{1, 2, 3, 4, 5\}$ に次のように2元演算 $*$ が定められているとき, G はこの演算に関してどのような代数系(亜群, 半群, モノイド, 群)をなすか.

   (1) $a * b = (a, b)$ (a と b の最大公約数)

   (2) $a * b = \min \{a, b\}$ (a と b の最小値)

をみたす元 e が（一意的に）存在するとき，G は 2 元演算 $*$ に関して**モノイド**（monoid）または**単位的半群**をなすといい，e を**単位元**という．巻頭「代数系の諸段階」の表を見よ．

⑤ モノイド G の任意の元 a に対して，
$$a' * a = a * a' = e \quad (e \text{ は } G \text{ の単位元})$$
をみたす元 a' が（a に応じて一意的に）存在するとき，G は 2 元演算 $*$ に関して**群**をなすといい，a' を a の**逆元**という．

⑥ 群 G の 2 元演算 $*$ が**可換律**
$$a * b = b * a \quad (a, b \in G)$$
をみたすとき，G を**可換群**または **Abel 群**という．

⑦ 2 元演算 $a * b$ が乗法 ab である群を**乗法群**，加法 $a + b$ である群を**加法群**（可換群に限る）という．

⑧ 群 G は，その元の個数が有限ならば**有限群**，無限ならば**無限群**と呼ばれる．G の元の個数 n を G の**位数**といい，$|G| = n$ で表わす．特に，$|G| = 1$ ならば，$G = \{e\}$（単位群）である．

——問題Aの解答——

1. (1) 群（単位元 -1，逆元 $-a-2$）　　(2) 亜群

(3) モノイド（単位元 0）　　(4) 半群

注．(3)では逆元 $\dfrac{-a}{a+1}$ が，また(4)では単位元 $\dfrac{1}{2}$ と逆元 $\dfrac{1}{4a}$ がそれぞれ整数ではない．

2. (1) 半群　(2) モノイド（単位元 5）　(3) 半群

(3)　$a * b = b$

3.　集合 $G = \{0, 1\}$ の2元演算 $*$ が，

$$0 * 0 = 1,\ 0 * 1 = 1,\ 1 * 0 = 1,\ 1 * 1 = 0$$

のように与えられている．この演算 $a * b (a,\ b \in G)$ の結果を，$a,\ b$ および普通の四則を用いて表わせ．この2元演算 $*$ は結合律をみたすか．

4.　自然数全体の集合 N において，2元演算 $a * b = a^b$ は結合律をみたすか．

5.　半群 G においては，結合律

$$(a * b) * c = a * (b * c)$$

が成立しているので，結合の順序を表わす括弧は省略して，$a * b * c$ と略記できる．数学的帰納法を用いて，4個以上の元の積についても，

$$\{(a * b) * c\} * (d * e) = a * b * c * d * e$$

のように括弧が省略できることを証明せよ．

6.　$A = \begin{bmatrix} a & b \\ -b & a \end{bmatrix}$,　$A^2 = \begin{bmatrix} a & -b \\ b & a \end{bmatrix}$ （$a,\ b$ は実数で，$b > 0$）

のとき，次の各問に答えよ．

(1)　a, b の値を求めよ．

(2)　集合 $\{E,\ A,\ A^2\}$ （E は2次の単位行列）は行列の乗法に関して群をなすことを証明せよ．

7.　集合 G が $\begin{bmatrix} a & b \\ -b & a \end{bmatrix}$ （$a^2 + b^2 \neq 0$）という形の行列の全体からなっているとき，G は行列の乗法に関して群をなすことを証明せよ．

解答のページ

---

3. この演算 $a*b$ と普通の乗法 ab とは 1 だけ違っている. 従って, $a*b=1-ab$. 結合律はみたさない.

4. 結合律はみたさない. $(2^1)^2=2^2=4,\ 2^{(1^2)}=2$.

5. 元の個数 n に関する数学的帰納法で証明する. $n=1,\ 2,\ 3$ のときは括弧は不要である. $n=k$ までの式において括弧が省略できるものと仮定する. $n=k+1$ のとき, 与えられた式の中の最も左にある括弧内の式を A と置けば, A は G の元であるから, もとの式は n が k 以下の場合に帰着される. 従って, A の内外の括弧はすべて省略できる. A の元の個数が任意（2以上, k 以下）であることに注意すれば, A 自身の括弧も省略できる. このことは, $n=k+1$ のときにも, 括弧が省略できることを示している. 以上によって, 半群 G においては, すべての n に対して, 括弧が省略できる.

6. (1) $a=-\dfrac{1}{2},\ b=\dfrac{\sqrt{3}}{2}$.

(2) $A^3=E$ なることは容易に計算できる. 従って, 集合 $\{E,\ A,\ A^2\}$ は行列の乗法（それは結合律をみたす）に関して閉じており, 単位元 E を持ち, かつ, A と A^2 は互いに逆元である. 従って, この集合は群をなす.

7.
$$A=\begin{bmatrix} a & b \\ -b & a \end{bmatrix},\quad B=\begin{bmatrix} a' & b' \\ -b' & a' \end{bmatrix}\quad (\det A\neq0,\ \det B\neq0)$$

とすれば, $\det AB=\det A\cdot\det B\neq0$ であり,

$$AB=\begin{bmatrix} aa'-bb' & ab'+ba' \\ -(ab'+ba') & aa'-bb' \end{bmatrix}\in G.$$

一般に, 行列の乗法は結合律をみたす. 更に, $E\in G$ は明らかであり, また, 上記の A の逆行列は, $\det A^{-1}=1/\det A\neq0$ であり,

8. 群の一般論を展開するとき，煩雑さを避けるために，2元演算 $a*b$ を乗法 ab で表わす．この場合，a の逆元は a^{-1} で表わされる．

乗法群 G の元 a と正整数 m に対して，

$$a^m = aa\cdots a \ (m個), \quad (a^m)^{-1} = (a^{-1})^m = a^{-m}, \qquad a^0 = e \ (単位元)$$

と規約すれば，任意の整数 m，n に対して，指数法則

(1) $a^m a^n = a^{m+n}$ (2) $(a^m)^n = a^{mn}$

が成立つ．このことを証明せよ．

注．加法群 G では，単位元 e は零元 0，逆元 x^{-1} は反元 $-x$ で表わされ，$a+(-b)$ は $a-b$ と略記される．乗法群に対して証明された命題は加法群に対しても正しい．従って，加法群 G の元 a と正整数 m に対して，

$$ma = a+a+\cdots+a \ (m個), \quad (-m)a = m(-a), \qquad 0a = 0$$

と規約すれば，本問の命題は次の形になる．以下，本問の記法に従う．

（1） $ma+na=(m+n)a$ （2） $n(ma)=(mn)a$

9. 群 G において，次のことがらを証明せよ．

(1) 単位元は唯一つだけ存在する（単位元の一意性）．

(2) 元 a の逆元は唯一つだけ存在する（逆元の一意性）．

注．数学においては，存在問題（Does it exist ?）と一意性問題（Is it unique ?）は常に重要である．

10. 群 G において，次の公式を証明せよ．

(1) $(ab)^{-1} = b^{-1}a^{-1}$ (2) $(a^{-1})^{-1} = a$

11. 群 G においては簡約律

$$ax = ac \ ならば，\ x = c \ （左簡約律）$$

$$xa = ca \ ならば，\ x = c \ （右簡約律）$$

が成立つ．このことを証明せよ．

解答のページ

$$A^{-1} = \begin{bmatrix} \dfrac{a}{a^2+b^2} & -\dfrac{b}{a^2+b^2} \\[3mm] \dfrac{b}{a^2+b^2} & \dfrac{a}{a^2+b^2} \end{bmatrix} \in G.$$

従って，G は群をなす．

8. $m,\ n$ が共に正の場合は両辺の a の個数が同じになることは容易にわかるから，$m>0,\ n<0$ の場合について証明する．他の場合も同様にして証明できる．このとき，$n=-n'\ (n'>0)$ と置く．

(1) $a^m a^n = a^m a^{-n'} = a^m (a^{-1})^{n'}$. これは，$a$ が m 個，a^{-1} が n' 個の積であるから，a と a^{-1} を相殺させれば，$a^{m-n'}=a^{m+n}$ が残る．

(2) $(a^m)^n = ((a^m)^{n'})^{-1} = (a^{mn'})^{-1} = a^{-mn'} = a^{mn}$.

9. (1) $e,\ e'$ が共に G の単位元であるとすれば，$e=ee'=e'$. $\therefore e=e'$.

(2) $a^{-1},\ a'$ が共に a の逆元であるとすれば，$aa^{-1}=aa'(=e)$. 両辺に a^{-1} を左乗すれば，$a^{-1}=a'$ を得る．

10. 逆元の一意性を用いる．

(1) $(ab)b^{-1}a^{-1} = a(bb^{-1})a^{-1} = aa^{-1} = e$. $\therefore (ab)^{-1}=b^{-1}a^{-1}$.

(2) $a^{-1}a=e$. $\therefore (a^{-1})^{-1}=a$.

11. 両辺に a^{-1} を左乗または右乗すればよい．

12. 群 G においては，未知の元 x, y, …に関する方程式を**群方程式**という.
$$ax=b, \qquad ya=b$$
を解くには，a の逆元 a^{-1} をそれぞれ両辺に**左乗**（左から乗ずること）または**右乗**（右から乗ずること）して，
$$x=a^{-1}b, \qquad y=ba^{-1}$$
とすればよい．すなわち，群 G においては，**逆演算**が可能である.

x を未知の元とするとき，次の群方程式を解け.

(1) $axb=c$ (2) $xax=bx$

(3) $a^3b^{-1}xc^{-2}b^2=a^4c^{-1}b^2$ (4) $c(a^2b^2c^{-2})^{-1}xca=a$

問題B （☞解答は右ページ）

13. 半群 G の任意の元 a に対して，
$$la=a$$
をみたす元 $l \in G$ が存在するとき，l を G の**左単位元**という．同様に，任意の元 a に対して，
$$ar=a$$
をみたす元 $r \in G$ が存在するとき，r を G の**右単位元**という.

半群 G が左単位元 l と右単位元 r を共に持てば，$l=r$ が成立つ．このことを証明せよ.

注. この場合，$l=r$ は（両側）単位元になり，G はモノイドになる．単位元は通常 e で表わす.

14. モノイド G において，単位元は唯一つだけ存在する．このことを証明せよ.

注. 従って，群の単位元も一意的である．問9参照.

15. モノイド G の一つの元 a に対して，
$$a'a=e \quad (e \text{ は } G \text{ の単位元})$$
をみたす元 $a' \in G$ が存在するとき，a' を a の**左逆元**という．同様に，a に対して，
$$aa''=e$$

12.　(1) $a^{-1}cb^{-1}$　　(2) ba^{-1}　　(3) bac　　(4) $a^2b^2c^{-4}$

——問題Bの解答——

13.　半群 G が左単位元 l と右単位元 r を共に持てば，$l=lr=r$．　∴ $l=r$．

注．問 2 の三つの例では，(1)は左右の単位元なし，(2)は 5 が単位元，(3)は 1，2，3，4，5 が
すべて左単位元であるが，右単位元は存在しない．

14.　e，e' が共に G の単位元であるとすれば，$e=ee'=e'$．　∴ $e=e'$．

15.　$a'=a'e=a'(aa'')=(a'a)a''=ea''=a''$．　∴ $a'=a''$．

をみたす元 $a'' \in G$ が存在するとき，a'' を a の**右逆元**という．

モノイド G において，元 a が左逆元 a' と右逆元 a'' を共に持てば，$a'=a''$ が成立つ．このことを証明せよ．

注．この場合，$a'=a''$ は（両側）逆元になる．元 a が逆元 a^{-1} を持つとき，a は**正則（可逆）**であるという．

16. 半群 G が2条件

(1) G は左単位元 e を持つ．

(2) G の各元 a は左逆元 a^{-1} を持つ．

をみたすならば，G は群であることを証明せよ．

注．これらの問題において，G の2元演算が可換律をみたすならば，左右の単位元，逆元の区別は不要になる．なお，本書では，乗法に関する単位元は e で表す．これはドイツ語 Einheit（単位）の頭文字に由来するもので，自然対数の底 $e=2.718\cdots$ には何の関係もない．

17. 群 G において，二つの元 a と b が可換（$ab=ba$）ならば，a は b^m（m は整数）とも可換であることを証明せよ．

16. 半群Gが条件(1), (2)をみたすとする.aの左逆元a^{-1}も(2)によって左逆元a'を持つから,

$$ae = e(ae) = (a'a^{-1})(ae) = a'(a^{-1}a)e = a'ee = a'(ee)$$

$$= a'e = a'(a^{-1}a) = (a'a^{-1})a = ea = a. \quad \therefore ae = a.$$

従って,左単位元eは右単位元でもあり,Gは単位元eを持つモノイドになる.次に,上の記号で,$a^{-1}a = e = a'a^{-1}$であるから,a^{-1}は左逆元a'と右逆元aを共に持つことになり,前問により,$a' = a$を得る.従って,a^{-1}はaの逆元になり,Gは群になる.

注.条件(1)または(2)単独では,単位元の存在も逆元の存在も決して証明されない.数学の面白さは,簡単な公理の組合せから複雑な命題が導き出せるという点にある.

17. まず$m \geqq 0$のときは,$ab = ba$より,

$$ab^m = bab^{m-1} = b^2ab^{m-2}$$

$$= \cdots = b^ma$$

とすればよい.次に,$m < 0$のときは,$m = -n \ (n > 0)$と置けば,

$$ab^m = ab^{-n} = a(b^{-1})^n$$

であるから,前半よりaがb^{-1}と可換なることを示せば十分である.しかし,これは$ab = ba$の両辺の両側からb^{-1}を掛ければ直ちに得られることである.

§12. 群表, 巡回群

SUMMARY

1 群 G の乗積表（積の結果を表にしたもの）を**群表**という.
  群表は有限群に対してだけ有効である.

2 群表の左右の**見出し**は，通常，G の元が同じ順序に配列され，
  単位元 e はその先頭に置かれる. このように配列すれば，有限群
  G が可換であるための必要十分条件は，G の群表が主対角線に関
  して対称になることである.

3 前項に対して，主対角線上に単位元 e が並ぶように見出しを配
  列することもある. 群表において，単位元 e を含む行と列の見出
  しは互いに逆元である.

4 一般に，n 文字 $a_1, a_2, \cdots, a_n$ が各行各列に漏れなく重複なく
  丁度 1 回ずつ現われるように配列して出来る n 次正方行列を n 次
  の**ラテン方陣**という. 群表はラテン方陣である.

5 有限群 G の構造は群表によって完全に決定される. 二つの群

問題A（☞解答は右ページ）

1. 群表は（表の見出しを除外して）ラテン方陣である. このことを証明せ
   よ. この逆は成立つか.

2. 次の表は群表であるか.

(1)

	a	b	c
a	b	a	c
b	c	b	a
c	a	c	b

(2)

	e	a	b	c	d
e	e	a	b	c	d
a	a	e	d	b	c
b	b	c	e	d	a
c	c	d	a	e	b
d	d	b	c	a	e

G, G' の群表が文字の違いを除けば完全に同じ構造を持つとき，G と G' は同型であるといい，$G \cong G'$ で表わす．なお，同型の一般的定義については §18 を参照のこと．

6 任意の正整数 n に対し，一つの文字 g の累乗の全体
$$C_n = \{e = g^0,\ g,\ g^2,\ \cdots,\ g^{n-1}\} \quad (g^n = e)$$
は乗法に関して可換群をなす．この群を g によって生成される位**数 n の巡回群**といい，g をその**生成元**という．

7 前項において，もし $g^n = e$ と規約しなければ，集合
$$C_\infty = \{\cdots,\ g^{-2},\ g^{-1},\ e = g^0,\ g,\ g^2,\ \cdots\}$$
は無限可換群をなす．この群は**無限巡回群**と呼ばれる．

8 対応 $g^k \mapsto k$ によって，$C_n \cong Z_n$，$C_\infty \cong Z$．

9 群 G の元 a に対して，$a^m = e$（単位元）となるような正整数 m が存在するとき，その最小値を a の**位数** (order) といい，$o(a)$ で表わす．このとき，a は有限位数であるという．

10 $|G| = n$ ならば，各元 a に対して $o(a)$ は n の約数である．

——問題Aの解答——

1. 見出し a の行が G の元全体の順列になっていることを証明するためには，G から G への写像 $x \mapsto ax$ が全単射であることを示せばよい．そこで，$ax = ay$ とすれば，両辺に a^{-1} を左乗して $x = y$ を得るから，この写像は単射である．すると，G は有限集合であるから，この写像は全単射になる（§13参照）．列についても同様である．従って，群表はラテン方陣である．次問からもわかるように，この逆は成立しない．

2. (1) 群表ではない．単位元に相当する元が存在しない．

 (2) 群表ではない．結合律が成立しない．例えば，表により，
$$(ab)c = dc = a,\ a(bc) = ad = c.$$
$$\therefore (ab)c \neq a(bc).$$

3. 次の表は，位数 4 の群 $G=\{a,\ b,\ c,\ d\}$ の群表である．次の各問に答えよ．

(1) この表を完成させよ．

(2) この群の単位元はどれか．

(3) 単位元が見出しの先頭に来るように表を書き直せ．

	a	b	c	d
a	b	a	d	c
b	a	b	□	□
c	d	□	b	□
d	c	□	□	b

4. 位数 1，2，3 の群は，同型を除けば，それぞれ唯一通りである．このことを証明せよ．

注. 同型 $\cong$ は "群全体の集合" における同値関係である．同型 $\cong$ によって群全体を類別した各類の代表を**抽象群**という．すなわち，個々の具体的な群から文字の違いや元の特性などを捨象したものが抽象群である．抽象群としての**群の型**には，C_n を始めとして，S_n，A_n，D_n などの記号が与えられている（巻頭の表を参照のこと）．

5. 位数 4 の群は，同型を除けば，次の二通りである．このことを証明せよ．

(1)

	e	a	b	c
e	e	a	b	c
a	a	b	c	e
b	b	c	e	a
c	c	e	a	b

(2)

	e	a	b	c
e	e	a	b	c
a	a	e	c	b
b	b	c	e	a
c	c	b	a	e

注. （1）は位数 4 の巡回群 C_4 であるが，（2）は **Klein** の**4元群** D_2 である．

6. 次の位数 4 の乗法群 G の群表を作り，その群の型（抽象群としての名称）を言え．

(1) $G=\{1,\ i,\ -1,\ -i\}$ $(i=\sqrt{-1})$

(2) $G=\{1,\ 3,\ 7,\ 9\}$ (mod. 10)

(3) $G=\{1,\ 5,\ 7,\ 11\}$ (mod. 12)

7. 命題 "$A \Rightarrow B$"（A ならば B）に対し，四つの操作 $e,\ a,\ b,\ c$ を，

解答のページ

3. (1) 上, 左から順に, c, d ; c, a ; d, a.

(2) 単位元は b.

(3)

	b	a	c	d
b	b	a	c	d
a	a	b	d	c
c	c	d	b	a
d	d	c	a	b

4. 表の頭が単位元 e である行および列は, 見出しの順列と等しい順列になること, また, 群表がラテン方陣であることに注意すれば, 容易に一意的な表が得られる.

$C_1 = \{e\}$（単位群）　　　$C_2 = \{e, a\}$　　　$C_3 = \{e, a, b\}$

	e
e	e

	e	a
e	e	a
a	a	e

	e	a	b
e	e	a	b
a	a	b	e
b	b	e	a

5. 前問と同様にして証明できる. この場合, 表が見かけ上は異なっていても, 文字を適当に置き換えれば, 同型になることがわかる.

6. (1) 位数 4 の巡回群　　(2) 位数 4 の巡回群　　(3) Klein の 4 元群

	1	i	-1	$-i$
1	1	i	-1	$-i$
i	i	-1	$-i$	1
-1	-1	$-i$	1	i
$-i$	$-i$	1	i	-1

	1	3	9	7
1	1	3	9	7
3	3	9	7	1
9	9	7	1	3
7	7	1	3	9

	1	5	7	11
1	1	5	7	11
5	5	1	11	7
7	7	11	1	5
11	11	7	5	1

7. 群表を作り, 問 5 (2) の表と比較すればよい.

　　　e は不変 "$A \Rightarrow B$" にしておくこと.

　　　a は逆 "$B \Rightarrow A$" を作ること.

　　　b は裏 "$\overline{A} \Rightarrow \overline{B}$" を作ること,

　　　c は対偶 "$\overline{B} \Rightarrow \overline{A}$" を作ること

（$\overline{A}$ は A の否定）と定義すれば, 集合

　　　　　　　$G = \{e,\ a,\ b,\ c\}$

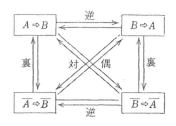

はこれらの操作の合成に関して Klein の 4 元群をなすことを証明せよ.

8. 四つの行列

$$\begin{bmatrix} 1 & 0 \\ 0 & 1 \end{bmatrix},\quad \begin{bmatrix} 1 & 0 \\ 0 & -1 \end{bmatrix},\quad \begin{bmatrix} -1 & 0 \\ 0 & 1 \end{bmatrix},\quad \begin{bmatrix} -1 & 0 \\ 0 & -1 \end{bmatrix}$$

は行列の乗法に関して Klein の 4 元群をなすことを証明せよ.

問題B　　（☞解答は右ページ）

9.　有限群 G の各元 a は有限位数であることを証明せよ. この逆は成立つか.

　　注.　群 G の位数 $|G|$ と元 a の位数 $o(a)$ という用語は紛わしいので注意を要する. 一般に, $o(a)$ は $|G|$ の約数である（証明は§16, 問 8 参照）. なお, $o(a)$ の代りに ord(a) と記すこともある.

10.　群 G において, 元 a の累乗の全体

　　　　　$\langle a \rangle = \{a^k \mid k \in \mathbf{Z}\}$

は G の乗法に関して再び群をなす. これを a によって生成される G の巡回部分群という.

　　元 a の位数は巡回部分群 $\langle a \rangle$ の位数に等しいことを証明せよ.

11.　群 G において, 元 a の位数を m とするとき,

　　　　　$a^k = e$ （単位元）$\Longleftrightarrow\ k \equiv 0 \pmod{m}$

8. 四つの行列を順に E，A，B，C と置いて，群表を作り，問 5（2）の表と比較すればよい．

---問題Ｂの解答---

9. 有限群 G の任意の元 a の累乗 $a^0=e$, a, a^2, $\cdots$ は高々 $|G|=n$ 個の異なる元にしかなりえない．そこで，

$$a^t=a^s \quad (0\leqq s<t\leqq n)$$

とすれば，$a^{t-s}=e$ を得る．従って，$t-s=m$ と置けば，

$$a^m=e \quad (1\leqq m\leqq n). \quad \therefore a \text{ は有限位数である．}$$

逆は成立しない．いま，各正整数 n に対して，1 の 3^n 乗根

$$\cos\frac{2k\pi}{3^n}+i\sin\frac{2k\pi}{3^n} \quad (k=0,\ 1,\ 2,\ \cdots,\ 3^n-1)$$

をとり，これら全体のなす乗法群を G とすれば，G は無限群であるが，各元は有限位数である．

10. 元 a の位数を m とすれば，

$$\langle a\rangle=\{e,\ a,\ a^2,\ \cdots,\ a^{m-1}\} \quad (a^m=e).$$

また，a が無限位数であるとすれば，

$$\langle a\rangle=\{\cdots,\ a^{-2},\ a^{-1},\ e,\ a,\ a^2,\ \cdots\}.$$

従って，$o(a)$ は $\langle a\rangle$ の位数に等しい．

11. $k=qm+r$ $(0\leqq r<m)$ とすれば，

$$a^k=a^{qm+r}=(a^m)^q a^r=a^r.$$

が成立つ. このことを証明せよ.

12. 群 G の2元 a, b が可換で, $o(a)$ と $o(b)$ が互いに素であれば,

$$o(ab)=o(a)o(b)$$

が成立つ. このことを証明せよ.

13. 群 G の単位元以外の各元が位数2であるならば, G は可換群である. このことを証明せよ.

14. 位数6の巡回群

$$C_6=\{e,\ g,\ g^2,\ g^3,\ g^4,\ g^5\}\ (g^6=e)$$

の各元の位数を求めよ.

15. 群 G が位数 n の巡回群 C_n と同型であるとき, G の生成元の選び方は $\varphi(n)$ 通りだけある. すなわち, g が一つの生成元であるとき, g^k が別の生成元であるための必要十分条件は, $(k, n)=1$ なることである. このことを証明せよ.

16. 位数10の巡回群 C_{10} の一つの生成元を g とするとき, g の累乗のうちで C_{10} の生成元となりうるものをすべて求めよ.

17. 無限巡回群 C_∞ の一つの生成元を g とするとき, 別の生成元は g^{-1} だけであることを証明せよ.

従って，m の最小性により，$a^k=e \Leftrightarrow r=0$.

12. $o(ab)=l$, $o(a)=m$, $o(b)=n$ と置く．a，b は可換であるから，
$$(ab)^{mn}=a^{mn}b^{mn}=(a^m)^n(b^n)^m=e.$$

従って，前問により，$mn\equiv 0(\mathrm{mod}.l)$．また，$(ab)^l=a^l b^l=e$ であるから，両辺を n 乗して，$b^{nl}=e$ を用いれば，
$$a^{nl}b^{nl}=a^{nl}=e. \quad \therefore nl\equiv 0(\mathrm{mod}.m).$$

同様に，両辺を m 乗して，$a^{ml}=e$ を用いれば，
$$a^{ml}b^{ml}=b^{ml}=e. \quad \therefore ml\equiv 0(\mathrm{mod}.n).$$

$(m, n)=1$ であるから，簡約公式により，
$$l\equiv 0(\mathrm{mod}.m), \quad l\equiv 0(\mathrm{mod}.n).$$

$[m, n]=mn$ であるから，§1，問6(2)により，$l\equiv 0(\mathrm{mod}.mn)$.
$$\therefore mn\equiv 0(\mathrm{mod}.l), \quad l\equiv 0(\mathrm{mod}.mn).$$

従って §1，問2(2) により，$l=mn$ を得る．

13. 仮定によって，G の任意の2元 a，b に対して，
$$a^2=e, \quad b^2=e, \quad (ab)^2=abab=e.$$
$$\therefore ab=a(abab)b=(aa)ba(bb)=ba.$$

従って，G は可換である．

14. $o(e)=1$, $o(g)=o(g^5)=6$, $o(g^2)=o(g^4)=3$, $o(g^3)=2$.

15. g^k が生成元であるとすれば，g も g^k の累乗として表わされる．従って，
$$g=(g^k)^x=g^{kx}, \quad すなわち，\quad g^{kx-1}=e$$
は整数解 x を持つ．問11により，$kx\equiv 1(\mathrm{mod}.n)$．この1次合同式が解を持つための必要十分条件は，§4，問12によって，$(k, n)=1$ である．逆は，上の推論を逆に辿ればよい．

16. $(k, 10)=1$ なる g^k を求める．g, g^3, g^7, g^9.

17. 問15の証明中，$g^{kx-1}=e$ において，g は C_∞ の生成元であるから，
$$kx-1=0. \quad \therefore kx=1.$$

18. 　次の無限巡回群の生成元を求めよ.

(1)　整数全体の加法群 Z

(2)　整数 a の倍数全体の加法群 aZ

19. 　素数 p を法とする既約剰余系

$$Z_p{}^* = \{1,\ 2,\ \cdots,\ p-1\} \ (\mathrm{mod}.\,p)$$

は位数 $\varphi(p) = p-1$ の巡回群をなすことを証明せよ.

　注.　この巡回群の生成元が法 p の "原始根" である（§ 8 参照）.

20. 　1 の n 乗根

$$\omega^k = \cos\frac{2\,k\pi}{n} + i\,\sin\frac{2\,k\pi}{n} \ (k=0,\ 1,\ \cdots,\ n-1)$$

の全体は複素数の乗法に関して位数 n の巡回群をなす. このことを証明せよ.

　注.　この巡回群の生成元が 1 の原始 n 乗根である.

k, x は共に整数であるから，$k=x=\pm 1$. 従って，g, g^{-1} だけが生成元である.

18. (1) ± 1 (2) $\pm a$

19. §8, 問15によって証明済みである.

20. de Moivre の定理から明らかである.

§13. 置 換 群

SUMMARY

1 有限集合 X 上の写像は全射または単射ならば必ず**全単射**になる. n 文字の集合 $X=\{1, 2, \cdots, n\}$ 上の全単射

$$a : x \mapsto x^a \quad (x=1, 2, \cdots, n)$$

を X 上の**置換**といい, 2行の括弧

$$a = \begin{pmatrix} 1 & 2 & \cdots & n \\ 1^a & 2^a & \cdots & n^a \end{pmatrix}$$

で表わす. 置換 a は文字 x の右側から作用させる.

2 n 文字の集合 X 上の置換の何らかの集合 G が, 置換の積

$$x^{ab} = (x^a)^b \quad (x \in X)$$

に関して群をなすとき, G を**置換群**という. このとき, G の作用によって実際に動かされる X の文字の個数を G の**次数**という. 一般に, 可換律 $ab=ba$ は成立しない.

3 X 上の恒等写像を**恒等置換**といい, 記号 e で表わす. また, 置

問題A（☞解答は右ページ）

1. n 文字の集合 $X=\{1, 2, \cdots, n\}$ 上の置換は全部で $n!$ 個存在することを証明せよ.

2.
$$a = \begin{pmatrix} 1 & 2 & 3 & 4 \\ 2 & 1 & 4 & 3 \end{pmatrix}, \qquad b = \begin{pmatrix} 1 & 2 & 3 & 4 \\ 2 & 3 & 4 & 1 \end{pmatrix}$$

とするとき, 積 ab, ba を求めよ.

3. 集合 $\{1, 2, 3\}$ 上の6個の置換について, 次の乗積表を完成させよ.

$$e = \begin{pmatrix} 1 & 2 & 3 \\ 1 & 2 & 3 \end{pmatrix}, \qquad a = \begin{pmatrix} 1 & 2 & 3 \\ 2 & 3 & 1 \end{pmatrix}, \qquad b = \begin{pmatrix} 1 & 2 & 3 \\ 3 & 1 & 2 \end{pmatrix},$$

$$c = \begin{pmatrix} 1 & 2 & 3 \\ 2 & 1 & 3 \end{pmatrix}, \qquad d = \begin{pmatrix} 1 & 2 & 3 \\ 3 & 2 & 1 \end{pmatrix}, \qquad f = \begin{pmatrix} 1 & 2 & 3 \\ 1 & 3 & 2 \end{pmatrix}.$$

換 a の逆写像を**逆置換**といい，記号 a^{-1} で表わす．

④ 置換を表わすのに，変化しない文字は省略してもよい．

(例) $\begin{pmatrix} 1 & 2 & 3 & 4 & 5 \\ 5 & 2 & 1 & 4 & 3 \end{pmatrix} = \begin{pmatrix} 1 & 3 & 5 \\ 5 & 1 & 3 \end{pmatrix}$.

この例 $1 \mapsto 5 \mapsto 3$ ($\mapsto 1$) のように，巡回的に文字を置き換えるような置換を**巡回置換**といい，簡単に $(1\ 5\ 3)$ で表わす．

⑤ 2文字の巡回置換 (ij) を**互換**という．

$$(1\ 2 \cdots m) = (1\ 2)(1\ 3) \cdots (1\ m)$$

⑥ 任意の置換は幾つかの互換の積として表わすことが出来る．

⑦ 偶数個の互換の積として表わされる置換を**偶置換**，奇数個の互換の積として表わされる置換を**奇置換**という．

⑧ n 次の**対称群**

$$S_n = \{n \text{文字上の置換の全体}\}, \quad \text{位数 } n!$$

n 次の**交代群**

$$A_n = \{n \text{文字上の偶置換の全体}\}, \quad \text{位数 } n!/2$$

──問題Aの解答──

1. X 上の置換 a を表わす括弧において，1行目は一定の順列 $12\cdots n$ にしておけば，2行目の順列のとり方は $n!$ 通りだけある．従って，X 上の置換は全部で $n!$ 個存在する．

2. $ab = \begin{pmatrix} 1 & 2 & 3 & 4 \\ 2 & 1 & 4 & 3 \end{pmatrix}\begin{pmatrix} 1 & 2 & 3 & 4 \\ 2 & 3 & 4 & 1 \end{pmatrix} = \begin{pmatrix} 1 & 2 & 3 & 4 \\ 3 & 2 & 1 & 4 \end{pmatrix}$,

$ba = \begin{pmatrix} 1 & 2 & 3 & 4 \\ 2 & 3 & 4 & 1 \end{pmatrix}\begin{pmatrix} 1 & 2 & 3 & 4 \\ 2 & 1 & 4 & 3 \end{pmatrix} = \begin{pmatrix} 1 & 2 & 3 & 4 \\ 1 & 4 & 3 & 2 \end{pmatrix}$.

	e	a	b	c	d	f
e	e	a	b			
a	a	b	e			
b	b	e	a			
c				e	a	b
d				b	e	a
f				a	b	e

注．上記の6個の置換をそれぞれ巡回置換で表わせば，

$$e=(1), \quad a=(1\,2\,3), \quad b=(1\,3\,2),$$
$$c=(1\,2), \quad d=(1\,3), \quad f=(2\,3).$$

なお，3次の対称群 S_3 は位数最小の非可換群として特徴的である．積 ab の順序は，"First a, and then b" である．

4. 次の置換の逆置換を求めよ：$\begin{pmatrix} 1 & 2 & 3 & 4 & 5 & 6 & 7 \\ 4 & 6 & 7 & 3 & 5 & 1 & 2 \end{pmatrix}$.

5. 巡回置換 $a=(1\,2\cdots m)$ について，次の公式を証明せよ．

(1)　$a^m=e$ （恒等置換）

(2)　$a^{-1}=(m\cdots 2\ 1)$

(3)　$a=(1\,2)(1\,3)\cdots(1\,m)$

注．長さ m の任意の巡回置換 $(i_1\,i_2\cdots i_m)$ に対して，同様の公式が成立つ．（1）によって，長さ m の巡回置換の位数は m である．

6. 次の公式を証明せよ．

(1)　$(i\,j)^{-1}=(i\,j)$

(2)　$(i\,j)=(1\,i)(1\,j)(1\,i)$

7. 集合 $X=\{1, 2, 3, 4\}$ 上の互換をすべて求めよ．また，偶置換をすべて求めよ．

解答のページ

3.

	e	a	b	c	d	f
e	e	a	b	c	d	f
a	a	b	e	f	c	d
b	b	e	a	d	f	c
c	c	d	f	e	a	b
d	d	f	c	b	e	a
f	f	c	d	a	b	e

4. 1行目と2行目を交換すればよい. すなわち,

$$\begin{pmatrix} 1\ 2\ 3\ 4\ 5\ 6\ 7 \\ 4\ 6\ 7\ 3\ 5\ 1\ 2 \end{pmatrix}^{-1} = \begin{pmatrix} 4\ 6\ 7\ 3\ 5\ 1\ 2 \\ 1\ 2\ 3\ 4\ 5\ 6\ 7 \end{pmatrix} = \begin{pmatrix} 1\ 2\ 3\ 4\ 5\ 6\ 7 \\ 6\ 7\ 4\ 1\ 5\ 2\ 3 \end{pmatrix}.$$

5. (1) どの文字 k $(1 \leqq k \leqq m)$ についても, a を m 回作用させれば k に戻るからである.

(2) $(1\ 2 \cdots m)$, $(m \cdots 2\ 1)$ は文字の配列が互いに逆順になっているから, それらの積は恒等置換になる. $\therefore a^{-1} = (m \cdots 2\ 1)$.

(3) 各文字に及ぼす両辺の効果 (作用の結果) を比較すればよい. なお,

$$a = (m \quad m-1) \cdots (3\quad 2)(2\quad 1)$$

とも分解できることに注意せよ.

6. 前問(3)と同様にすればよい.

7. 4文字から2文字を選ぶ仕方は,

$$_4C_2 = \frac{4!}{2!2!} = 6. \qquad \therefore 互換の個数は 6 個.$$

6個の互換は, $(1\ 2)$, $(1\ 3)$, $(1\ 4)$, $(2\ 3)$, $(2\ 4)$, $(3\ 4)$.

また, 偶置換の個数は, $4!/2 = 12$. それらの偶置換は,

e, $(1\ 2\ 3)$, $(1\ 3\ 2)$, $(1\ 2\ 4)$, $(1\ 4\ 2)$, $(1\ 3\ 4)$, $(1\ 4\ 3)$,

$(2\ 3\ 4)$, $(2\ 4\ 3)$, $(1\ 2)(3\ 4)$, $(1\ 3)(2\ 4)$, $(1\ 4)(2\ 3)$.

8. 二つの巡回置換 a, b が共通文字を含まないならば，$ab=ba$ が成立つ．このことを証明せよ．

9. 次のことがらを証明せよ．

(1) 任意の置換は共通文字を含まないような幾つかの巡回置換の積として表わすことが出来る．

(2) 任意の巡回置換は幾つかの互換の積として表わすことが出来る．但し，この場合は，一般に共通文字を含む．

10. 任意の置換は幾つかの互換の積として表わすことが出来る．このことを証明せよ．

11. 次の置換を幾つかの互換の積として表わせ．

$$(1)\quad \begin{pmatrix} 1 & 2 & 3 & 4 & 5 & 6 & 7 & 8 & 9 \\ 2 & 8 & 5 & 1 & 3 & 9 & 6 & 4 & 7 \end{pmatrix} \qquad (2)\quad \begin{pmatrix} 1 & 2 & 3 & 4 & 5 & 6 & 7 & 8 & 9 \\ 5 & 6 & 2 & 9 & 7 & 1 & 4 & 3 & 8 \end{pmatrix}$$

12. 置換 a を互換の積として表わす仕方は一意的ではない．しかし，その互換の個数の**偶奇性** （parity——偶数か奇数かということ）は a によって決定される．このことを証明せよ．

注．この定理によって，置換 a が偶置換か奇置換かということが矛盾なく定義される．

13. 集合 $X=\{1, 2, \cdots, n\}$ について，次のことがらを証明せよ．

(1) X 上の置換の全体 S_n は位数 $n!$ の群をなす．

(2) X 上の偶置換の全体 A_n は位数 $n!/2$ の群をなす．

注．n 次の対称群 S_n は問18において，$X=\{1, 2, \cdots, n\}$ なる特別の場合に他ならない．

14. 任意の置換群 G においては，すべての元が偶置換であるか，または，

解答のページ ━━━━━━

8. a, b が共通文字を含まないならば，各文字に対する a，b の作用は全く独立である．従って，各文字に a，b のいずれを先に作用させても，その効果は同じである．$\therefore ab=ba$.

9. (1) 与えられた置換 a に対し，a の作用を受ける任意の一つの文字，例えば1をとり，巡回置換

$$(1 \quad 1a \quad 1a^2 \quad \cdots \quad 1a^{m-1}), \qquad a^m=e$$

を作る．次に，この巡回置換に現れなかった第2の文字，例えば2をとり，上と同様の巡回置換を作る．以下，同様の操作を，a の作用を受けるすべての文字に渡って行なえば，a はこれらの巡回置換の積に等しい．

(2) 問5(3)の公式を用いればよい．

10. 前問から明らかである．

11. (1) $\begin{pmatrix} 1\ 2\ 3\ 4\ 5\ 6\ 7\ 8\ 9 \\ 2\ 8\ 5\ 1\ 3\ 9\ 6\ 4\ 7 \end{pmatrix}=(1\ 2\ 8\ 4)(3\ 5)(6\ 9\ 7)$

$$=(1\ 2)(1\ 8)(1\ 4)(3\ 5)(6\ 9)(6\ 7).$$

(2) $\begin{pmatrix} 1\ 2\ 3\ 4\ 5\ 6\ 7\ 8\ 9 \\ 5\ 6\ 2\ 9\ 7\ 1\ 4\ 3\ 8 \end{pmatrix}=(1\ 5\ 7\ 4\ 9\ 8\ 3\ 2\ 6)$

$$=(1\ 5)(1\ 7)(1\ 4)(1\ 9)(1\ 8)(1\ 3)(1\ 2)(1\ 6).$$

12. 差積 $\varDelta$ (§14，問21参照) に一つの互換 $(i\ j)$ を作用させれば，$\varDelta$ の一つの括弧 (x_i-x_j) が，$(x_j-x_i)=-(x_i-x_j)$ のように符号を変え，他の括弧は見かけ上は変化しても全体として不変に保たれる．$\therefore \varDelta^{(ij)}=-\varDelta$. さて，$\varDelta$ に置換 a を作用させれば，a は $\varDelta$ の幾つかの括弧の符号を変えるから，$\varDelta^a=\varDelta$ または $-\varDelta$. 前半のことより，もし $\varDelta^a=\varDelta$ ならば a は偶数個の互換の積であり，また，もし $\varDelta^a=-\varDelta$ ならば a は奇数個の互換の積である．

13. (1) これは，注の通り，問18の特別な場合にすぎない．位数は問1で求めた．

(2) 偶置換は偶数個の互換の積であるから，偶置換と偶置換の積は明らかに再び偶置換である．他の条件は問16，問6(1)によって証明される．位数は次問の特別な場合である．

14. 置換群 G に属する偶置換の全体を A，奇置換の全体を B とし，B は少なくとも一つ

偶置換と奇置換の個数は相等しい．このことを証明せよ．

問題B　(☞解答は右ページ)

　置換に関連して，以下，一般の写像についてまとめておく．二つの集合 X, X' において，X の各元 x に X' の或る元 x' を対応させる規則を，X から X' への写像といい，

$$f:X \to X' \quad (元どうしの対応は\ x \mapsto x')$$

で表わす．写像は常に一意的（1価）とする．

　$f:x \mapsto x'$ なるとき，x' は x の f による像といい，

$$x' = f(x) \quad (この場合は写像\ f\ を左に付ける)$$

で表わす．x が X の各元を動くとき，X を f の定義域，

$$\mathrm{Im} f = \{x' \in X' \mid x' = f(x),\ x \in X\}$$

を X の f による像，または，f の値域という．

　一般に $\mathrm{Im} f \subseteq X'$ であるが，特に $\mathrm{Im} f = X'$ のとき，すなわち，各元 $x' \in X'$ の原像 $\{x \in X \mid f(x) = x'\}$ が空でないとき，f は全射（上への写像）であるという．

　また，一般に写像は"多対1"であるが，特に，条件

$$f(x) = f(y) \Rightarrow x = y \quad (x,\ y \in X)$$

が成立つとき，f は単射（1–1 の写像）であるという．全射かつ単射である写像 f は全単射であるという．

15.　二つの写像 $f:X \to X'$, $g:X' \to X''$ の積を

　　合成写像　　$g \circ f : X \to X''$, 　　$g \circ f(x) = g(f(x))$

によって定義する．次のことがらを証明せよ．

(1)　$f,\ g$ が共に全射ならば，$g \circ f$ も全射である．

(2)　$f,\ g$ が共に単射ならば，$g \circ f$ も単射である．

(3)　$g \circ f$ が全射ならば，g も全射である．

(4)　$g \circ f$ が単射ならば，f も単射である．

解答のページ

の元 b を持つとする．いま，A の各元 a に B の元 ab を対応させれば，A から B への全単射 $a \mapsto ab$ を得る．従って，B が空でなければ，A と B の元の個数は相等しい．

——問題Bの解答——

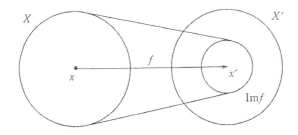

15. (1) f，g は共に全射とする．g は全射であるから，X'' の任意の元 x'' に対して，$x'' = g(x')$ となる X' の元 x' が存在する．f も全射であるから，その x' に対して，$x' = f(x)$ となる X の元 x が存在する．$\therefore x'' = g(x') = g \circ f(x)$．従って，$g \circ f$ は全射である．

(2) f，g は共に単射とする．$g \circ f(x) = g \circ f(y)$ とすれば，g は単射であるから，$f(x) = f(y)$．更に，f も単射であるから，$x = y$．従って，$g \circ f$ は単射である．

(3) $g \circ f$ が全射とすれば，X'' の任意の元 x'' に対して，$x'' = g \circ f(x)$ となる X の元 x が存在する．このとき，$f(x)$ は X' の元であるから，g は全射である．

16.　写像の積は結合律をみたすことを証明せよ.

17.　X, X' 上の恒等写像をそれぞれ e, e' とすれば, 任意の全単射 $f:X \to X'$ に対して, 逆写像

$$f^{-1}:X' \to X; \qquad f^{-1} \circ f = e, \qquad f \circ f^{-1} = e'$$

が一意的に定まることを証明せよ.

18.　一般に, 集合 X から X 自身への写像 f は X 上の**変換**と呼ばれ, もし f が全単射ならば**正則変換**と呼ばれる. 空でない任意の集合 X 上の正則変換の全体 $S(X)$ は写像の積に関して群をなすことを証明せよ.

　注. この群 $S(X)$ を X 上の**正則変換群**という. 特に, $X = \{1, 2, \cdots, n\}$ ならば, $S(X) = S_n$ である.

(4) $g \circ f$ は単射とする. $f(x) = f(y)$ なるとき, 両辺に g を作用させて, $g \circ f(x) = g \circ f(y)$. $g \circ f$ は単射であるから, $x = y$. 従って, f は単射である.

16. f の定義域の任意の元 x に対して,

$$((h \circ g) \circ f)(x) = (h \circ g)(f(x)) = h \circ (g(f(x))) = h \circ (g \circ f(x)) = (h \circ (g \circ f))(x).$$

$$\therefore (h \circ g) \circ f = h \circ (g \circ f).$$

17. f が全単射であれば, X' の任意の元 x' に対して, $f(x) = x'$ をみたす X の元 x が一意的に定まる. 従って, x' にこの x を対応させる写像を f^{-1} とすれば, X の各元 x に対して, $f^{-1} \circ f(x) = f^{-1}(x') = x$. $\therefore f^{-1} \circ f = e$. 同様に, X' の各元 x' に対して, $f \circ f^{-1}(x') = f(x) = x'$. $\therefore f \circ f^{-1} = e'$.

18. $S(X)$ は問15によって閉鎖律をみたし, 問16によって結合律をみたす. また, X 上の恒等写像は明らかに全単射であり, f が全単射ならば f^{-1} も問15によって全単射になる. 従って, $S(X)$ は群をなす.

§14. 対称変換群

SUMMARY

① 群 G の各元を置換によって表わすことを G の 置換表現 という. 有限群 G は適当な次数の置換群に同型である（**Cayley** の定理）.

② 位数 n の巡回群 C_n は，長さ n の巡回置換 $a=(1\,2\cdots n)$ の累乗の全体として置換表現される.

③ Klein の 4 元群 D_2 は次の様に置換表現される：

$$\{e, (1\,3)(2\,4), (1\,2)(3\,4), (1\,4)(2\,3)\}.$$

④ 一般に，集合 X の何らかの性質が X 上の正則変換 f によって不変であるとき，その性質は変換 f に関して 対称 であるという. 集合 X がこのような性質を多く持つほど，X の対称度は高い. 群論は "対称性" を記述する数学的用語である.

⑤ 平面または空間内の図形 F を，中心 O を固定して，それ自身に重なるように動かす操作を F の対称変換という. F の頂点全

問題A （☞解答は右ページ）

1. Cayley の定理を証明せよ.

   注. 群表は Cayley が初めて用いた (1854) ので "Cayley table" とも呼ばれる.

2. 次の集合が置換群をなすように整数 x, y の値を定めよ：
$$\{e=(1), (1\,2\,3\,4), (1\,x)(2\,4), (1\,y\,3\,2)\}.$$

3. 位数 n の巡回群 C_n は，長さ n の巡回置換 $a=(1\,2\cdots n)$ の累乗の全体として置換表現される. このことを証明せよ.

4. 位数 4 の巡回群 C_4 の各元を巡回置換（またはその積）によって表わせ.

5. Klein の 4 元群 D_2 の各元を巡回置換（またはその積）によって表わ

体の集合を $X=\{1, 2, \cdots, n\}$ とするとき，F の対称変換である
ような X 上の置換全体 $S(F)$ は群をなす．この群 $S(F)$ を図形
F の**対称変換群**という．

[6] 正 n 角形の対称変換群を **n次の二面体群**といい，D_n で表わす．
一つの裏返しを b とすれば $D_n=C_n\cup C_n b,\ |D_n|=2n.$

[7] 正 n 面体（$n=4$，6，8，12，20）の対称変換群を**正 n 面体
群**という．

n	呼　　称	群	位数	各面	頂点	辺	面
4	tetra-	A_4	12	△	4	6	4
6	hexa-	S_4	24	□	8	12	6
8	octa-	S_4	24	△	6	12	8
12	dodeca-	A_5	60	⬠	20	30	12
20	icosa-	A_5	60	△	12	30	20

(-hedron)

——問題Aの解答——

1.　$G=\{e,\ a,\ b,\ \cdots,\ c\}$ とするとき，Gの各元 g に対応する置換を，
$$\begin{pmatrix} e & a & b & \cdots & c \\ g & ag & bg & \cdots & cg \end{pmatrix}$$
と置けば，これが集合G上の置換表現になる．

2.　$x=3,\ y=4.$

3.　§13，問5(1)で示した．

4.　$e,\ a=(1\ 2\ 3\ 4),\ a^2=(1\ 3)(2\ 4),\ a^3=(1\ 4\ 3\ 2).$

5.　$e,\ a=(1\ 3)(2\ 4),\ b=(1\ 2)(3\ 4),\ c=(1\ 4)(2\ 3).$

せ.

　注. この問題を解くには, 図のような長方形または菱形の対称変換群を求めればよい. なお, Klein の4元群を D_2 と表わすのは, それが仮想的な "正2角形" の対称変換群と見做されるからである. 同様に, "正1角形" の対称変換群として, $D_1 = \{e, b\}$ $(b^2 = e)$ が定義される.

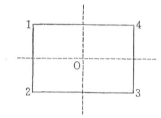 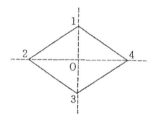

6.　n 次の二面体群 D_n は, 長さ n の巡回置換 $a = (1\ 2 \cdots n)$ によって生成される位数 n の巡回群を C_n, 一つの裏返しを b とすれば,

$$D_n = C_n \cup C_n b, \quad |D_n| = 2n$$

と表わされることを証明せよ.

7.　次のことがらを証明せよ.

　　(1)　$S_3 \cong D_3$　　　(2)　$A_3 \cong C_3$

8.　4次の二面体群 (正方形の対称変換群) D_4 を求めよ.

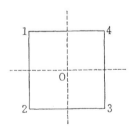

9.　球面と同相な多面体の頂点, 辺, 面の個数をそれぞれ p, q, r とすれば,

$$p - q + r = 2$$

が成立つ (**Euler の多面体定理**). このことを用いて, 正 n 面体は,

$$n = 4,\ 6,\ 8,\ 12,\ 20$$

の5種類に限ることを証明せよ.

または，菱形の対称変換群として（但し，この場合には奇置換が混じる），

e, $a=(1\ 3)(2\ 4)$, $b=(1\ 3)$, $c=(2\ 4)$.

6. 正 n 角形（$n\geqq3$）の中心Oを固定する中心角 $2\pi/n$ だけの回転は，頂点の置換 $a=(1\ 2\ \cdots\ n)$ によって表わされる．従って，正 n 角形の表側の対称変換は，$C_n=\{e, a, a^2, \cdots, a^{n-1}\}$ で尽される．次に，正 n 角形を置換 b によって裏返せば，裏側の対称変換は $C_nb=\{b, ab, a^2b, \cdots, a^{n-1}b\}$ によって尽される．$\therefore D_n=C_n\cup C_nb$, $|D_n|=2n$.

7. (1) 正三角形の対称変換群を考えればよい．

(2) 正三角形の表側だけの対称変換群を考えればよい．

8. e, $a=(1\ 2\ 3\ 4)$, $a^2=(1\ 3)(2\ 4)$, $a^3=(1\ 4\ 3\ 2)$,

$b=(1\ 2)(3\ 4)$, $ab=(2\ 4)$, $a^2b=(1\ 4)(2\ 3)$, $a^3b=(1\ 3)$.

9. 正 n 面体の一つの頂点に集まる辺の個数を x，一つの面（正多角形）を囲む辺の個数を y とすれば，明らかに，$x\geqq3$, $y\geqq3$. 各頂点に集まる辺の総数は，同じ辺を2度ずつ数えているから，$xp=2q$. 同様にして，各面を囲む辺の総数は，$yn=2q$. Euler の多面体定理より，$p-q+n=2$ であるから，

注. 正多面体が上記の5種類に限ることは Platon 以来よく知られていた. 一つの正多面体の各面の中心を頂点として結ぶと再び正多面体が得られるが, それらは互いに**双対的**であるという. 正4面体は自己双対的であり, 正6面体と正8面体, 正12面体と正20面体はそれぞれ互いに双対的である.

10. 正 n 面体群 G の位数は, 正 n 面体の辺の個数を q とすれば, $|G|=2q$ で与えられる. このことを証明せよ.

11. いろいろな四辺形の対称変換群を求め, それらの包含関係を四辺形の系統図と比較せよ.

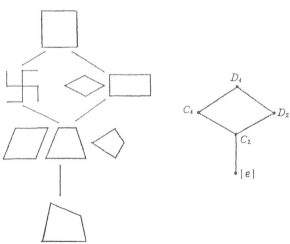

解答のページ ━━━━━━━━━━━━━━━━━━━━━━━

$$\frac{2q}{x} - q + \frac{2q}{y} = 2. \qquad \therefore \frac{1}{q} = \frac{1}{x} + \frac{1}{y} - \frac{1}{2}.$$

$yn = 2q$ を用いて q を消去すれば,

$$n = \frac{4x}{2x + 2y - xy} \quad (x \geq 3, \ y \geq 3).$$

ここで, $x \geq 4$, $y \geq 4$ とすれば,

$$\frac{1}{q} \leq \frac{1}{4} + \frac{1}{4} - \frac{1}{2} = 0$$

となり不合理であるから, $x < 4$ または $y < 4$.

$$\therefore x = 3 \ \text{または} \ y = 3.$$

まず, $x = 3$ とすれば,

$$n = \frac{12}{6 - y}. \qquad \therefore n = 4, \ 6, \ 12.$$

次に, $y = 3$ とすれば,

$$n = \frac{4x}{6 - x}. \qquad \therefore n = 4, \ 8, \ 20.$$

以上によって, n の可能な値は, 4, 6, 8, 12, 20 に限る.

10. G は正 n 面体の対称変換の集合であるから, 前問の解答により,

$$|G| = (\text{一つの面の辺の個数}) \cdot (\text{面の個数}) = yn = 2q.$$

11. 図中で示した. なお, 英文は,「図形を見かけの上で動かさないような変換が多い
ほど, その図形はそれだけ対称的である.」

注. このように，平面図形や空間図形の "対称性" は対称変換群の概念によって明確にとらえることが出来る．次の英文を訳せ：

> The more transformations that leave the figure
> apparently unmoved the more symmetrical it is.

問題B (☞解答は右ページ)

12. 図形 F の対称変換群 $S(F)$ の考えは多項式の "対称性" を考察する場合にも利用される．

次の多項式 F を不変にするような4変数 x_1, x_2, x_3, x_4 に関する置換の全体からなる群を求めよ．簡単のために，置換は添数1，2，3，4について表わせばよい．

(1) $F = x_1 x_2 + x_3 + x_4$　　(2) $F = x_1 x_2 x_3 x_4$

(3) $F = x_1 x_3 - x_2 x_4$　　　(4) $F = x_1 x_2 x_3 + x_4$

13. n 変数の多項式

$$F = F(x_1, x_2, \cdots, x_n)$$

において，どの2変数 x_i, x_j を交換しても F が式として不変であるとき，F を n 変数 $x_1, x_2, \cdots, x_n$ の**対称式**という．2変数の交換により F がその符号だけを変えるならば，F を n 変数 $x_1, x_2, \cdots, x_n$ の**交代式**という．

次のことがらを証明せよ．

(1) F が対称式ならば，n 変数の任意の置換により F は不変である．

(2) F が交代式ならば，n 変数の任意の偶置換により F は不変である．

注. この定理は，対称群，交代群という名称の由来を示している．

14. 次の多項式は3変数 x, y, z の対称式か，交代式か，またはそのいずれでもないかを判定せよ．

(1) $x^2 y + y^2 z + z^2 x$

(2) $x(2-y) + y(2-z) + z(2-x)$

(3) $3(x-y)(y-z)(z-x)$

15. F, G を n 変数 $x_1, x_2, \cdots, x_n$ の対称式とすれば，

$$F+G, \quad F-G, \quad FG$$

——問題Bの解答——

12. (1) e, (1 2)(3 4), (1 2), (3 4). これは D_2 と同型である.

(2) S_4

(3) e, (1 3)(2 4), (1 3), (2 4). これは D_2 と同型である.

(4) S_3

13. (1), (2) 共に定義から明らかである.

14. (1) 対称式でも交代式でもない. (2) 対称式 (3) 交代式

15. 任意の互換 a に対して, $(F+G)^a = F^a + G^a = F+G$. 他も同様である.

も同じ n 変数の対称式である．このことを証明せよ．

　注．有理式 F/G も広義の対称式になるが，多項式になるとは限らないので，上で定義した意味での対称式からは除外しておく．

16.　次の n 個の対称式を n 変数　$x_1, x_2, \cdots, x_n$　の基本対称式という：
$$F_1 = x_1 + x_2 + \cdots + x_n,$$
$$F_2 = x_1 x_2 + x_1 x_3 + \cdots + x_{n-1} x_n,$$
$$\cdots$$
$$F_k = k \text{ 変数の積の総和 } (k = 1, 2, \cdots, n),$$
$$\cdots$$
$$F_n = x_1 x_2 \cdots x_n.$$

　n 変数の任意の対称式 F は，それらの n 変数の基本対称式の多項式 $G(F_1, F_2, \cdots, F_n)$ として表わされることを証明せよ．

17.　次の対称式を　x, y, z　の基本対称式の多項式として表わせ．

　(1)　$x^2 + y^2 + z^2$　　　　(2)　$x^3 + y^3 + z^3$

18.　n 次方程式
$$f(x) \equiv a_0 x^n + a_1 x^{n-1} + a_2 x^{n-2} + \cdots + a_n = 0$$
の n 個の解を $\alpha_1, \alpha_2, \cdots, \alpha_n$ とし，それらの基本対称式を $F_1 F_2, \cdots, F_n$ とすれば，

16. 与えられた対称式 F の変数の個数 n に関する数学的帰納法によって証明する。$n=1$ のときは明らかに成立つ。いま，この定理が $n-1$ のとき成立しているものとして，n のときにも成立つことを証明する。

$$F(x_1,\ x_2,\ \cdots,\ x_{n-1},\ 0)$$

は $n-1$ 変数の対称式であるから，帰納法の仮定により，基本対称式

$$F_1',\ F_2',\ \cdots,\ F_{n-1}'$$

の多項式として表わされる。但し，F_i' は基本対称式 F_i において $x_n=0$ と置いたものである。従って，

$$F(x_1,\ x_2,\ \cdots,\ x_{n-1},\ 0)=G(F_1',\ F_2',\ \cdots,\ F_{n-1}',\ 0).$$

そこで，

$$H(x_1,\ x_2,\ \cdots,\ x_n)=F(x_1,\ x_2,\ \cdots,\ x_n)-G(F_1,\ F_2,\ \cdots,\ F_n)$$

と置けば，前問によって，H は対称式である。この H が基本対称式 $F_1,\ F_2,\ \cdots,\ F_n$ の多項式として表わされることを示せばよい。さて，

$$H(x_1,\ x_2,\ \cdots,\ x_{n-1},\ 0)=0$$

であるから，H は因数 x_n を持つ。H は対称式であるから，因数 $x_1,\ x_2,\ \cdots,\ x_n$ も持ち，

$$H(x_1,\ x_2,\ \cdots,\ x_n)=x_1 x_2 \cdots x_n H'(x_1,\ x_2,\ \cdots,\ x_n).$$

ここで，H' は対称式で，その次数は $l-n$（l は H の次数）である。従って，もし，l より低次の対称式 H' が基本対称式の多項式で表わされるという，次数 l に関する帰納法の仮定があれば，H もやはり基本対称式の多項式として表わされる（二重帰納法）。

17. (1)　$x^2+y^2+z^2=(x+y+z)^2-2(xy+yz+zx)$

　　　(2)　$x^3+y^3+z^3=(x+y+z)^3-3(x+y+z)(xy+yz+zx)+3xyz$

18.　$f(x)=a_0(x-\alpha_1)(x-\alpha_2)\cdots(x-\alpha_n)$

$$=a_0(x^n-F_1 x^{n-1}+F_2 x^{n-2}-\cdots+(-1)^n F_n).$$

従って，もとの係数と比較すれば，題意の関係式を得る。

$$F_k = (-1)^k \frac{a_k}{a_0} \quad (k=1,\ 2,\ \cdots,\ n)$$

が成立つ（**解と係数との関係**）．このことを証明せよ．

19. $x^3 - 5x + 4 = 0$ の解を $\alpha,\ \beta,\ \gamma$ とするとき，$\alpha^2 + \beta^2 + \gamma^2$ の値を求めよ．

20. $x^3 + 3x^2 + 2 = 0$ の解を $\alpha,\ \beta,\ \gamma$ とするとき，$\alpha^2,\ \beta^2,\ \gamma^2$ を解とする3次方程式を作れ．

21. n 変数 $x_1,\ x_2,\ \cdots,\ x_n$ の **差積**

$$\Delta = \prod_{i<j} (x_i - x_j)$$

$$= (x_1 - x_2)(x_1 - x_3) \cdots (x_1 - x_n)$$
$$(x_2 - x_3) \cdots (x_2 - x_n)$$
$$\ddots \qquad \vdots$$
$$(x_{n-1} - x_n)$$

は交代式であることを証明せよ．

注.

$$\text{差積}\,\Delta = (-1)^{n(n-1)/2} \begin{vmatrix} 1 & 1 & \cdots & 1 \\ x_1 & x_2 & \cdots & x_n \\ x_1^2 & x_2^2 & \cdots & x_n^2 \\ \vdots & \vdots & & \vdots \\ x_1^{n-1} & x_2^{n-1} & \cdots & x_n^{n-1} \end{vmatrix}$$

この右辺の行列式を **Vandermonde の行列式**という．差積は最も重要な交代式であり，**最簡交代式**とも呼ばれる．

22. 差積 Δ の平方 Δ^2 は対称式であることを証明せよ．

19. 解と係数との関係により，

$$\alpha+\beta+\gamma=0, \quad \alpha\beta+\beta\gamma+\gamma\alpha=-5, \quad \alpha\beta\gamma=-4.$$

$$\therefore \alpha^2+\beta^2+\gamma^2=(\alpha+\beta+\gamma)^2-2(\alpha\beta+\beta\gamma+\gamma\alpha)=10.$$

20. 解と係数との関係により，

$$\alpha+\beta+\gamma=-3, \quad \alpha\beta+\beta\gamma+\gamma\alpha=0, \quad \alpha\beta\gamma=-2.$$

また，

$$\alpha^2+\beta^2+\gamma^2=(\alpha+\beta+\gamma)^2-2(\alpha\beta+\beta\gamma+\gamma\alpha)=9,$$

$$\alpha^2\beta^2+\beta^2\gamma^2+\gamma^2\alpha^2=(\alpha\beta+\beta\gamma+\gamma\alpha)^2-2\alpha\beta\gamma(\alpha+\beta+\gamma)=-12,$$

$$\alpha^2\beta^2\gamma^2=(\alpha\beta\gamma)^2=4.$$

従って，再び解と係数との関係を用いれば，α^2, β^2, γ^2 を解とする方程式は，

$$x^3-9x^2-12x-4=0.$$

21. §13，問12の解答の前半で証明済みである．

22. 差積 Δ は交代式であるから，任意の互換 a に対して，$\Delta^a=-\Delta$.

23. 任意の交代式は

$$(差積) \cdot (対称式)$$

の形で表わすことが出来る．このことを証明せよ．

24. 次の対称式を因数分解せよ．

(1) $(x+y+z)^3-(x+y)^3-(y+z)^3-(z+x)^3+x^3+y^3+z^3$

(2) $(x+y+z)^4-(x+y)^4-(y+z)^4-(z+x)^4+x^4+y^4+z^4$

25. 次の交代式を因数分解せよ．

(1) $(x-y)(x^2y^2+z^4)+(y-z)(y^2z^2+x^4)+(z-x)(z^2x^2+y^4)$

(2) $x^4(y-z)+y^4(z-x)+z^4(x-y)$

注．同次対称式または同次交代式を因数分解するには，問16，問23を用いて，基本対称式 $F_1, F_2, \cdots, F_n$ に関する未定係数法によって係数を決めればよい．その場合，次の表が有効である．

（1次） F_1

（2次） F_1^2, F_2

（3次） F_1^3, F_1F_2, F_3

（4次） $F_1^4, F_1^2F_2, F_1F_3, F_2^2, F_4$

（5次） $F_1^5, F_1^3F_2, F_1^2F_3, F_1F_2^2, F_1F_4, F_?F_3, F_5$

$$\therefore (\varDelta^2)^a = \varDelta^a\varDelta^a = (-\varDelta)(-\varDelta) = \varDelta^2. \quad \therefore \varDelta^2 は対称式である.$$

23. 与えられた交代式 $P = P(x_1, x_2, \cdots, x_n)$ において，2変数 x_i, x_j を交換すれば符号を変えるから，

$$P(x_1, \cdots, x_j, \cdots, x_i, \cdots x_n) = -P(x_1, \cdots, x_i, \cdots, x_j, \cdots x_n).$$

ここで，$x_i = x_j$ と置けば，

$$P(x_1, \cdots, x_i, \cdots, x_i, \cdots, x_n) = -P(x_1, \cdots, x_i, \cdots, x_i, \cdots, x_n).$$

$$\therefore 2P(x_1, \cdots, x_i, \cdots, x_i, \cdots, x_n) = 0.$$

$$\therefore P(x_1, \cdots, x_i, \cdots, x_i, \cdots, x_n) = 0.$$

従って，P は因数 $(x_i - x_j)$ を持つ．これは任意の i，j $(i < j)$ について言えるから，P は差積 $\varDelta$ を因数に持つ．$\therefore P = \varDelta F$．ここで，両辺に任意の互換 a を作用させれば，$\varDelta^a = -\varDelta$ に注意して，

$$P^a = (\varDelta F)^a = \varDelta^a F^a = -\varDelta F^a. \quad \therefore -P = -\varDelta F^a. \quad \therefore P = \varDelta F^a.$$

従って，恒等式 $\varDelta F = \varDelta F^a$ を得るから，$F = F^a$ となり，F は対称式である．

24.　(1)　$6xyz$　　　(2)　$12xyz(x+y+z)$

25.　(1)　$(x-y)(y-z)(x-z)(x+y+z)^2$
　　　(2)　$(x-y)(y-z)(x-z)(x^2+y^2+z^2+xy+yz+zx)$

§15. 部 分 群

SUMMARY

1. 群 G の部分集合 H が G の２元演算に関して再び群になるとき，H を G の 部分群であるといい，$H \leq G$ で表わす．

2. 任意の群 G は二つの自明な部分群 $G,\ \{e\}$（単位群）を持つ．これら以外の部分群を真部分群という．

3. 群 G の空でない部分集合 H が G の部分群になるための条件：
   (1) $a,\ b \in H \Rightarrow ab \in H$,　　(2) $a \in H \Rightarrow a^{-1} \in H$.

4. 前項において，H が有限集合ならば，条件(2)は省略できる．特に，有限群 G においては，条件(2)は省略してよい．

5. $H,\ K$ が群 G の部分群ならば，共通部分 $H \cap K$ も G の部分群である．合併集合 $H \cup K$ が部分群になるとは限らない．

6. 群 G の部分集合 S を含む最小の部分群を，S で生成される部分群といい，記号 $\langle S \rangle$ で表わす．特に，G の一つの元 a で，生成される部分群 $\langle a \rangle$ は，a で生成される巡回部分群（§12）で

問題A　（☞解答は右ページ）

1.　群 G の空でない部分集合 H が G の部分群になるための必要十分条件は，

   (1) $a,\ b \in H \Rightarrow ab \in H$,　　(2) $a \in H \Rightarrow a^{-1} \in H$

が共に成立つことである．このことを証明せよ．

2.　群 G の空でない部分集合 H が G の部分群になるための必要十分条件は，

$$a,\ b \in H \Rightarrow ab^{-1} \in H$$

が成立つことである．このことを証明せよ．

3.　群 G の空でない有限部分集合 H が G の部分群になるための 必要十分条件は，

ある.

7 群 G の部分群の全体は部分群の包含関係 $\leq$ に関して **半順序集合** となる. すなわち, H, I, K を G の任意の部分群とするとき, 次の3条件が成立つ:

(1) **反射律**　$H \leq H$,

(2) **反対称律**　$H \leq K, K \leq H$ ならば, $H = K$,

(3) **推移律**　$H \leq I, I \leq K$ ならば, $H \leq K$.

8 群 G の部分群の間の包含関係は **Hasse の図式** で図示される. これは, 各部分群を頂点にとり, $H \leq K$ なるとき, H を下に, K を上にして, 線分 HK で結んだものである (左図).

9 二つの部分群 H, K に対して, 両者を含む最小の部分群は $\langle H, K \rangle$, 両者に含まれる最大の部分群は $H \cap K$ である (右図).

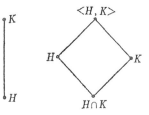

――――問題Aの解答――――

1. 群の条件のうち, 閉鎖律は(1)によって成立つ. 結合律は G において成立つから, G の任意の部分集合においても成立つ. 逆元の存在は(2)によって成立つ. すると, (1)によって, $aa^{-1} = e \in H$ となり, 単位元 e も H に属している. 以上によって, H は群になる. 必要性は明らかである.

2. H は空でないから $a \in H$ とすれば, 条件によって, $aa^{-1} = e \in H$. 従って, 単位元 e は H に属する. すると, 再び条件によって, $ea^{-1} = a^{-1} \in H$. 従って, 逆元の存在も保証される. 更に, $b \in H$ とすれば, $b^{-1} \in H$ であったから, やはり条件によって, $a(b^{-1})^{-1} = ab \in H$. 従って, 閉鎖律も成立つ. 結合律はもちろん成立つ. 以上によって, H は群になる. 必要性は明らかである.

3. H は空でないから $a \in H$ とし, a で生成される巡回部分群 $\langle a \rangle$ を考えれば, 条件より, $\langle a \rangle \subseteq H$ となる. 従って, $a^{-1} \in H$ となり, 問1によって, H は G の部分群にな

　　　　$a, b \in H \Rightarrow ab \in H$ （閉鎖律）

が成立つことである．このことを証明せよ．

4.　有限群 G の空でない部分集合 H が G の部分群になるための必要十分条件は，

　　　　$a, b \in H \Rightarrow ab \in H$ （閉鎖律）

が成立つことである．このことを証明せよ．

5.　H, K が群 G の部分群ならば，それらの共通部分 $H \cap K$ も G の部分群である．このことを証明せよ．

6.　H, K が群 G の部分群であるとしても，それらの合併集合 $H \cup K$ は G の部分群であるとは限らない．このことを証明せよ．

7.　H, K が群 G の部分群であるとき，合併集合 $H \cup K$ が G の部分群になるための必要十分条件は，H, K の一方が他方を含むことである．このことを証明せよ．

8.　次の群の各元を巡回置換（またはその積）によって表わせ．また，与えられた Hasse の図式に適するような部分群 A, B, C （順不同）を求めよ．

　　　　(1)　C_4　　　　　(2)　D_2　　　　　(3)　C_6　　　　　(4)　S_3

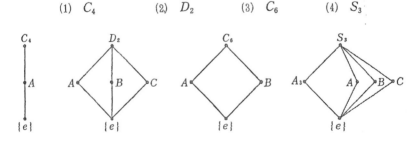

　　注．　Hasse の図式は束論的図式ともいう．本書では扱わないが，群 G の部分群の全体は“完備束”をなし，とくに正規部分群の全体は“モジュラ束”をなすからである．束論も代数学の興味深い一分野である．

る、必要性は明らかである.

4. 前問から明らかである.

5. $H\cap K$ の任意の2元 a, b に対して，$H\cap K\subseteq H$ であるから，a, $b\in H$ となり，問2により，$ab^{-1}\in H$. 同様にして，$ab^{-1}\in K$. ∴ $ab^{-1}\in H\cap K$. 従って，$H\cap K$ は G の部分群である.

6. C_6 の二つの部分群
$$H=\{e, g^2, g^4\}, \quad K=\{e, g^3\} \quad (g^6=e)$$
に対して，$g^2g^3=g^5$ は $H\cup K$ の元ではなく，$H\cup K$ は部分群にはならない.

7. H, K の一方が他方を含むならば，$H\cup K$ はその大きい方となり，確かに G の部分群である. 逆に，H には属するが K には属さない元 h と，K には属するが H には属さない元 k が存在するとすれば，積 hk は H にも K にも属さない. 何故ならば，仮に，$hk=h'(h'\in H)$ とすれば，$k=h^{-1}h'\in H$ となり矛盾を導くからである. $hk=k'(k'\in K)$ としても同様である. 従って，$H\cup K$ は閉鎖律をみたさないから部分群にはならない.

8. (1) e, $a=(1\ 2\ 3\ 4)$, $a^2=(1\ 3)(2\ 4)$, $a^3=(1\ 4\ 3\ 2)$.
$$A=\{e, a^2\}.$$

(2) e, $a=(1\ 3)(2\ 4)$, $b=(1\ 2)(3\ 4)$, $c=(1\ 4)(2\ 3)$.
$$A=\{e, a\}, \quad B=\{e, b\}, \quad C=\{e, c\}.$$

(3) e, $a=(1\ 2\ 3\ 4\ 5\ 6)$, $a^2=(1\ 3\ 5)(2\ 4\ 6)$, $a^3=(1\ 4)(2\ 5)(3\ 6)$,
$a^4=(1\ 5\ 3)(2\ 6\ 4)$, $a^5=(1\ 6\ 5\ 4\ 3\ 2)$.

9. 位数 12 の巡回群 C_{12} の部分群をすべて求め，その包含関係を Hasse の図式で示せ．

10. 可換群の任意の部分群は可換群である．このことを証明せよ．

11. 巡回群の任意の部分群は巡回群である．このことを証明せよ．

12. 非可換群は少なくとも一つの真部分群を持つ．このことを証明せよ．

13. $H \leqq G$ かつ $H \neq G$ なることを記号 $H < G$ で表わす．このとき，$H < K < G$ なる部分群 K が存在しないならば，H は G の**極大部分群** であるという．

次のことがらを証明せよ．

(1) C_n は D_n の極大部分群である．

(2) A_n は S_n の極大部分群である．

14. 無限巡回群

解答のページ

$$A = \{e,\ a^2,\ a^4\},\quad B = \{e,\ a^3\}.$$

(4)　$e,\ a = (1\ 2\ 3),\ b = (1\ 3\ 2),\ c = (1\ 2),\ d = (1\ 3),\ f = (2\ 3).$

$$A = \{e,\ c\},\quad B = \{e,\ d\},\quad C = \{e,\ f\}.$$

9.　$C_{12} = \{e,\ g,\ g^2,\ \cdots,\ g^{11}\}\quad (g^{12} = e).$

$A = \{e,\ g^2,\ g^4,\ g^6,\ g^8,\ g^{10}\}$

$B = \{e,\ g^4,\ g^8\}$

$C = \{e,\ g^3,\ g^6,\ g^9\}$

$D = \{e,\ g^6\}$

$\{e\}$

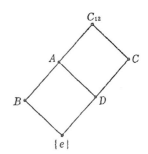

10.　群 G において可換律が成立しているとすれば，G の任意の部分群においても成立つ．何故ならば，$ab \neq ba$ なる対が一つでもあれば，G の可換性と矛盾するからである．

11.　$G = \langle g \rangle$ の任意の部分群を H とする．$H = \{e\}$ の場合は明らかであるから，H は g^m $(m \neq 0)$ なる元を少なくとも一つは持つと仮定してよい．もし $m < 0$ ならば，$g^{-m} \in H$，$-m > 0$ であるから，H は $g^m (m > 0)$ なる元を持つとしてよい．そこで，そのような正整数 m の最小値を α とする．H の任意の元を g^β とし，

$$\beta = q\alpha + r,\quad 0 \leq r < \alpha$$

とすれば，g^α，g^β は H の元であるから，$g^r = g^\beta g^{-q\alpha}$ も H の元である．α の最小性によって，$r = 0$ であり，$\beta \equiv 0 \pmod{\alpha}$ を得る．∴$H = \langle g^\alpha \rangle$．

12.　G は非可換群であるから，$G \neq \{e\}$．そこで，G は元 $a \neq e$ を持つ．この元 a で生成される巡回部分群 $\langle a \rangle$ は可換群であるから，G の真部分群である．

13.　(1)　$C_n < K \leq D_n$ とすれば，§14，問6により，$K = D_n$ となる．

(2)　$A_n < K \leq S_n$ とすれば，§13，問14により，$K = S_n$ となる．

14.　(1)　問11によって，C_∞ の部分群は巡回部分群 $\langle g^\alpha \rangle$ である．このとき，どのような

$$C_\infty = \{\cdots, g^{-2}, g^{-1}, e, g, g^2, \cdots\}$$

について，次のことがらを証明せよ．

(1) C_∞ は単位群 $\{e\}$ 以外の有限部分群を持たない．

(2) C_∞ は無限個の無限巡回群を部分群に持つ．

15. 次図は4次の交代群 A_4 の部分群の包含関係を表わす Hasse の図式である．このうち，A, B, C は C_2 に，また，A', B', C', D' は C_3 に同型である．次の各問に答えよ．

(1) A_4 の各元を巡回置換（またはその積）によって表わせ．

(2) (1)で求めた元より，$D_2 < A_4$ であるように，D_2 の元を求めよ．

(3) A, B, C （順不同）の各元を求めよ．

(4) A', B', C', D' （順不同）の各元を求めよ．

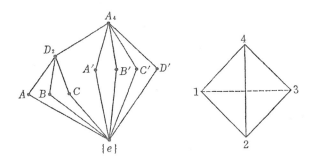

注．A_4 は正4面体の対称変換群である．従って，その元は正4面体の中心 O を通る軸のまわりの回転と考えることが出来る．そこで，D_2 は相対する2辺の中点を結ぶ軸のまわりの回転の群，A', B', C', D' は一つの頂点を通る軸のまわりの回転の群である．

問題 B （☞解答は右ページ）

16. 群 G の空でない任意の部分集合 A, B に対して，

$$AB = \{ab \mid a \in A,\ b \in B\},$$

$$A^{-1} = \{a^{-1} \mid a \in A\}$$

と定義すれば，G の2元演算が G の部分集合に対しての演算に拡張される．このように，演算の定義された G の部分集合を**複体**という（単に"部

解答のページ

正整数 α に対しても $g^n \neq e$ である. 従って, $\langle g^\alpha \rangle (\alpha \neq 0)$ は無限巡回群である

(2) $\langle g^\alpha \rangle (\alpha = 1, 2, \cdots)$ はすべて C_∞ の無限巡回部分群である.

15. (1) §13, 問7で求めた. (2), (3) 問8(2)で求めた.

    (4) $A' = \{e, (2\ 3\ 4), (2\ 4\ 3)\}$, $B' = \{e, (1\ 3\ 4), (1\ 4\ 3)\}$,

    $C' = \{e, (1\ 2\ 4), (1\ 4\ 2)\}$, $D' = \{e, (1\ 2\ 3), (1\ 3\ 2)\}$.

——問題Bの解答——

16. 群 G の空でない部分集合の全体を S とする. S の2元 A, B に対して, 定義より, AB は確かに S の元である. G の元ごとに結合律が成立しているから, 集合としても結合律 $(AB)C = A(BC)$ が成立つ. 単位元としては $\{e\}$ をとればよい. 従って, S はモノイドになる. A に対して B をどのように選んでも AB の元の個数は A の元の個数よりは大きく, 従って, $A = B = \{e\}$ でない限り, B は A の逆元になりえない. 従って,

分集合"と呼んでもよい).

　　群 G の複体の全体は上記の演算に関してモノイドをなすことを証明せ
よ. それは群になるか.

17. 　群 G の複体 A, B に対して，次の等式は成立つか.

　　(1)　$AB = BA$　　　　(2)　$AA^{-1} = \{e\}$　(単位群)

18. 　群 G の複体 A, B に対して，次の公式を証明せよ:

$$(AB)^{-1} = B^{-1}A^{-1}.$$

19. 　群 G の複体 H が部分群になるための必要十分条件は，

$$HH = H, \qquad H^{-1} = H$$

が共に成立つことである. このことを証明せよ.

20. 　群 G の複体 H が部分群になるための必要十分条件は，

$$HH^{-1} = H$$

が成立つことである. このことを証明せよ.

21. 　H, K が群 G の部分群であるとしても，HK は G の部分群であると
は限らない. このことを証明せよ.

22. 　H, K が群 G の部分群であるとき，HK が G の部分群になるための
必要十分条件は，

$$HK = KH$$

が成立つことである. このことを証明せよ.

　注. 条件 $HK = KH$ は，集合として (setwise) の等式であって，元ごとに
(elementwise)

$$hk = kh \quad (h \in H, \ k \in K)$$

が成立つということではない. このように，

$$\begin{cases} \text{elementwise} = \text{individually,} \\ \text{setwise} = \text{collectively} \end{cases}$$

の相異に注意を払うことは今後も必要である.

$G=\{e\}$ でない限り，S は群にはならない．

17. (1), (2) どちらも一般には成立しない．

18. 元ごとに，$(ab)^{-1}=b^{-1}a^{-1}\ (a\in A,\ b\in B)$ が成立つことから明らかである．

19. 問1で示した．

20. 問2で示した．

21. S_3 において，$H=\{e,\ (1\ 2)\},\ K=\{e,\ (1\ 3)\}$ とすれば，
$$HK=\{e,\ (1\ 2),\ (1\ 3),\ (1\ 2\ 3)\}$$
となり，$H,\ K$ は部分群であるが，HK はそうではない．

22. $H,\ K$ が G の部分群とすれば，$(HK)^{-1}=K^{-1}H^{-1}=KH$．しかるに，$HK$ が部分群ならば，$(HK)^{-1}=HK$．$\therefore HK=KH$．逆に，$HK=KH$ とすれば，
$$(HK)(HK)=H(KH)K=HHKK=(HH)(KK)=HK,$$
$$(HK)^{-1}=K^{-1}H^{-1}=KH=HK.$$
従って，問19により，HK は G の部分群になる．

§16. Lagrange の定理

SUMMARY

　本節では，H は常に群 G の部分群とする.

[1] G の元 a に対して，
$$Ha=\{ha|h\in H\}, \qquad aH=\{ah|h\in H\}$$
を，それぞれ，H に関する**左剰余類**，**右剰余類**といい，a をその**代表**という. もし $a\in H$ ならば，$Ha=aH=H$ である.

[2] G の任意の元 a に対して条件 $Ha=aH$ が成立つとき，H を G の**正規部分群**であるといい，$H\trianglelefteq G$ で表わす.

[3] H が G の正規部分群である場合には，左右の剰余類を区別する必要はなく，単に**剰余類**と呼べばよい. 可換群の任意の部分群は正規部分群である.

[4] G の2元 a, b に対して，条件
$$Ha=Hb \quad (すなわち，ab^{-1}\in H)$$
が成立つとき，a と b は H に関して**左合同**であるという. これは

問題A （☞解答は右ページ）

1. H を群 G の部分群とするとき，G の2元 a, b に対して，次の3条件は同値であることを証明せよ.

　(1) $Ha=Hb$　　(2) $a\in Hb$　　(3) $ab^{-1}\in H$

　注. これらの条件（の一つ）が成立つとき，a と b は H に関して左合同である. これは，整数の加法群 Z に対して定義された "合同" の概念を乗法群 G に拡張したものである（§3参照）. なお，以下の問題は右剰余類に対しても同様に成立つ.

2. H を群 G の部分群とするとき，"H に関して左合同である" という関係は G における同値関係である. このことを証明せよ.

3. H を群 G の部分群とするとき，G の任意の2元 a, b に対して，
$$Ha=Hb \quad または \quad Ha\cap Hb=\phi$$
のいずれか一方が成立つ. このことを証明せよ.

G における同値関係である．**右合同** についても同様にして定義
できる．$H \trianglelefteq G$ の場合には，**合同** $a \equiv b\,(H)$ という．

⑤　前項によって，G を共通部分のない幾つかの左（右）剰余類に
　類別することが出来る．この類別を**左(右)分解**という．

⑥　左分解における相異なる左剰余類の個数は，もし有限ならば，
　右分解における相異なる右剰余類の個数に等しい．この個数 l を
　H の G における**指数**といい，$|G:H|=l$ で表わす．

⑦　有限群 G の任意の部分群 H に対して，
$$|G|=|G:H| \cdot |H| \quad (\textbf{Lagrange の定理}).$$

⑧　有限群 G の部分群 H の位数 m は G の位数 n の約数である．

⑨　有限群 G の元 a の位数 m は G の位数 n の約数である．

⑩　有限群 G の任意の元 a に対して，$a^n=e\ (n=|G|)$．

⑪　群 $G \neq \{e\}$ が真部分群を持たないための必要十分条件は，G
　が**素数位数**なることである．このとき，G は巡回群になる．

⑫　加法群 G に対して，剰余類は $H+a$ の形になる．

——問題Aの解答——

1.　(1)⇒(2)：　$a=ea \in Ha=Hb$．　∴$a \in Hb$．

　(2)⇒(3)：　$a \in Hb$ ならば，$a=hb\ (h \in H)$ と置ける．従って，
　　　　$ab^{-1}=(hb)b^{-1}=h(bb^{-1})=h \in H$．　∴$ab^{-1} \in H$．

　(3)⇒(1)：　$ab^{-1} \in H$ならば，$ab^{-1}=h(h \in H)$ と置ける．従って，
　　　　$a=hb$．　∴$Ha=Hhb=Hb$．

2.　$Ha=Ha$（反射律）．$Ha=Hb$ ならば，$Hb=Ha$（対称律）．$Ha=Hb$, $Hb=Hc$ な
らば，$Ha=Hc$（推移律）．なお，この同値関係による同値類が"左剰余類"になる．

3.　もし，$c \in Ha \cap Hb$ とすれば，$c \in Ha$ より，$Hc=Ha$．また，$c \in Hb$ より，$Hc=Hb$．∴$Ha=Hb$．

4. H を有限群 G の部分群とするとき，G の任意の元 a に対して，

$$|H| = (Ha \text{ の元の個数}) = (aH \text{ の元の個数})$$

が成立つ．このことを証明せよ．

5. Lagrange の定理を証明せよ．

6. Lagrange の定理において，$|H|=m$, $|G:H|=l$ とするとき，次の様な**左分解の表**（m行 l列）を作ると便利である．

H	Ha	Hb	$\cdots$	Hc
$h_1=e$	a	b	$\cdots$	c
h_2	h_2a	h_2b	$\cdots$	h_2c
h_3	h_3a	h_3b	$\cdots$	h_3c
$\vdots$	$\vdots$	$\vdots$		$\vdots$
h_m	h_ma	h_mb	$\cdots$	h_mc

位数12の巡回群

$$C_{12} = \{e, g, g^2, \cdots, g^{11}\} \quad (g^{12}=e)$$

において，次の部分群 H に関する左分解の表を作れ．

(1) $H=\{e, g^4, g^8\}$　　　(2) $H=\{e, g^3, g^6, g^9\}$

注．左分解の表はGの群表を適当なm行l列に制限した"部分表"である．

7. H を有限群 G の部分群とするとき，

$$G = H \cup Ha \cup Hb \cup \cdots \cup Hc \text{ (左分解)}$$

ならば，

$$G = H \cup a^{-1}H \cup b^{-1}H \cup \cdots \cup c^{-1}H \text{ (右分解)}$$

である．このことを証明せよ．

解答のページ

4.
$$H=\{e,\ h_2,\ h_3,\ \cdots,\ h_m\},\quad |H|=m$$
とすれば，G の任意の元 a に対して，
$$Ha=\{a,\ h_2a,\ h_3a,\ \cdots,\ h_ma\}.$$
ここで，もし，$h_ia=h_ja$ とすれば，両辺に a^{-1} を右乗して，$h_i=h_j$ を得る．従って，Ha の上記の各元は互いに異なる．
$$\therefore (Ha\ \text{の元の個数})=m.\qquad aH\ \text{についても同様である．}$$

5. G の左分解
$$G=H\cup Ha\cup Hb\cup\cdots\cup Hc$$
において，左辺の元の個数は $|G|=n$，右辺の元の個数は $|G:H|\cdot|H|=lm$．
$$\therefore n=lm.\qquad G\ \text{の右分解についても同様である．}$$

6. (1)

H	Hg	Hg^2	Hg^3
e	g	g^2	g^3
g^4	g^5	g^6	g^7
g^8	g^9	g^{10}	g^{11}

(2)

H	Hg	Hg^2
e	g	g^2
g^3	g^4	g^5
g^6	g^7	g^8
g^9	g^{10}	g^{11}

7. G の任意の元を x とすれば，x^{-1} は与えられた左剰余類の一つに属する．それを仮に Ha とし，$x^{-1}=ha\ (h\in H)$ と置けば，$x=a^{-1}h^{-1}\in a^{-1}H$．このことは，どの代表 e，a，b，$\cdots$，c の場合でも同様であり，
$$G=H\cup a^{-1}H\cup b^{-1}H\cup\cdots\cup c^{-1}H$$
が成立つ．ここで，仮に，$a^{-1}H\cap b^{-1}H\neq\phi$ とし，その共通元を y とすれば，
$$y=a^{-1}h=b^{-1}k\quad (h,\ k\in H)$$

8. 群 G の位数を n とするとき，次のことがらを証明せよ．

   (1) G の任意の部分群 H の位数は n の約数である．

   (2) G の任意の元 a の位数は n の約数である．

   (3) G の任意の元 a に対して，$a^n = e$ （単位元）が成立つ．

9. 次の命題（前問の逆）は正しいか：群 G の位数を n とし，n の任意の正の約数を m とすれば，G は位数 m の部分群を必ず持つ．

10. 群 $G \neq \{e\}$ が真部分群を持たないための必要十分条件は，G が素数位数なることである．このことを証明せよ．

11. 群 G が素数位数 p であるとき，次のことがらを証明せよ．

   (1) G は巡回群である（従って，G は可換群である）．

   (2) G の任意の元 $a \neq e$ の位数は p である．

12. 群 G の位数を n とし，n の任意の素因数を p とすれば，G は位数 p の巡回部分群を必ず持つ．この命題を G が可換群の場合について証明せよ．

13. 任意の群 G は二つの**自明な正規部分群** $G, \{e\}$ （単位群）を持つ．もし G がこれら以外の正規部分群を持たないならば，G は**単純群**であるという．

   群 $G \neq \{e\}$ が可換な単純群であるための必要十分条件は，G が素数位数なることである．このことを証明せよ．

   注. このとき，問11によって，G は巡回群になる．

解答のページ

と置けるから，

$$y^{-1}=h^{-1}a=k^{-1}b. \quad \therefore b=kh^{-1}a \in Ha.$$

これは，与えられた左分解に矛盾する．$\therefore a^{-1}H \cap b^{-1}H=\phi$．このことは，どの代表の場合でも同様であり，上記の右剰余類への分解は確かに右分解となっている．

8. (1) Lagrange の定理 $|G|=|G:H| \cdot |H|$ $(n=lm)$ から明らかである．

(2) 元 a の位数 m は a によって生成される巡回部分群 $\langle a \rangle$ の位数に等しく，(1)によって，それは n の約数になる．

(3) 上の記号によって，$a^n=a^{lm}=(a^m)^l=e^l=e. \quad \therefore a^n=e.$

9. 正しくない．実際，位数12の群 A_4 には位数 6 の部分群は存在しない（§15，問15参照）．

10. 群 $G \neq \{e\}$ が真部分群を持たないとすれば，G は元 $a \neq e$ の生成する巡回部分群 $\langle a \rangle$ に一致する．§15，問14によって，$G=\langle a \rangle$ は有限位数 m を持つ．$m=pq$（p は素数）と置けば，$G=\langle a \rangle=\langle a^q \rangle$．左辺の位数は m，右辺の位数は p であるから，$m=p$ を得る．逆は，Lagrange の定理から明らかである．

11. (1) G の任意の元 $a \neq e$ によって生成される巡回部分群 $\langle a \rangle$ の位数 $m \neq 1$ は G の位数 p の約数であるから，$m=p$．$\therefore G=\langle a \rangle \simeq C_p$．

(2) (1)の証明によって明らかである．

12. n に関する数学的帰納法によって証明する．$n=1$ ならば命題は自明であるから，$n \neq 1$ とし，G の元 $a \neq e$ の位数を m とする．もし，p が m の約数ならば，$\langle a^{m/p} \rangle$ が位数 p の巡回部分群である．また，もし，p が m の約数でないならば，p は n/m の約数である．すると，帰納法の仮定から，剰余群 $G/\langle a \rangle$（位数 n/m）は位数 p の元 $b\langle a \rangle$ を持つ．G の元 b の位数を l とすれば，$(b\langle a \rangle)^l=b^l\langle a \rangle=\langle a \rangle$．よって，§12，問11により，$p$ は l の約数である．従って，このとき，$\langle b^{l/p} \rangle$ が位数 p の巡回部分群である．なお，上の証明中，G が可換群であるという仮定は，剰余群 $G/\langle a \rangle$ を作るとき，$\langle a \rangle$ が G の正規部分群であるということの根拠として用いられている．

13. G が可換群ならば，G の任意部分群は正規である．そこで，G が単純群ならば，G は真部分群を持ちえない．従って，問10によって，G は素数位数である．逆に，G が素数位数ならば，問11(1)によって G は可換群であり，問10によって G は真部分群を持たない．

14. $H \trianglelefteq G$ かつ $H \neq G$ なることを記号 $H \triangleleft G$ で表わす．このとき，$H \triangleleft K \triangleleft G$ なる部分群 K が存在しないならば，H は G の**極大正規部分群**であるという．

　　群 G における部分群 H の指数が2ならば，H は G の極大正規部分群であることを証明せよ．

15. C_n は D_n の，また，A_n は S_n の極大正規部分群であることを証明せよ．

16. S_3 の自明でない正規部分群は A_3 だけであることを証明せよ．

17. A_4 の自明でない正規部分群は D_2 だけであることを証明せよ．

　　注．§15，問15を参照のこと．

18. 整数の加法群 Z の部分群 $7Z$ に関する左分解の表（部分でよい）を作り，日常使用される "カレンダー" と比較せよ．

　問題B （☞解答は右ページ）

19. 有限群 G の二つの部分群を H, K とし，$H \leq K \leq G$ とすれば，
$$|G:H| = |G:K| \cdot |K:H|$$
が成立つ．このことを証明せよ．

　　注．上の公式で $H = \{e\}$ の場合は，
$$|G:\{e\}| = |G|, \quad |K:\{e\}| = |K|$$
により，Lagrange の定理に帰着する．

20. 有限群 G の二つの部分群を H, K とするとき，積 HK の中の異なる元の個数は，
$$\frac{|H| \cdot |K|}{|H \cap K|}$$
に等しいことを証明せよ．

21. 有限群 G の二つの部分群 H, K の位数が互いに素であるとき，$|G| = |H| \cdot |K|$ ならば，$G = HK$ である．このことを証明せよ．

解答のページ

14. $|G:H|=2$ ならば，明らかHにはGの極大部分群である．更に，Gは，Hに属さないGの任意の元aによって，

$$G=H\cup Ha, H\cap Ha=\phi ; G=H\cup aH, H\cap aH=\phi$$

と左および右分解される．これら二つの分解でHは共通であるから，$Ha=aH$．また，$a\in H$ のときは，$Ha=H=aH$．従って，Gの任意の元aに対して，$Ha=aH$ が成立つ．$\therefore H\triangleleft G$．以上によって，$H$は$G$の極大正規部分群である．

15. $|D_n:C_n|=2, |S_n:A_n|=2$であるから，前問を用いればよい．なお，§15，問13を参照せよ．

16. A_3 以外の各真部分群Hに対して，$Ha\neq aH$ なる元a が存在することを確かめよ．

17. D_2 以外の各真部分群Hに対して，前問と同様にせよ．

18. この比較により，カレンダーは Z の $7Z$ に関する左分解の表に他ならないことがわかる．

――問題Bの解答――

19. Lagrange の定理により，

$$|G|=|G:K|\cdot|K|, |G|=|G:H|\cdot|H|, |K|=|K:H|\cdot|H|.$$

第1式の左辺に第2式を，また，右辺に第3式を代入すれば，

$$|G:H|\cdot|H|=|G:K|\cdot|K:H|\cdot|H|.$$

両辺より $|H|$ を簡約すれば証明が終る．

20. $K=\{a_1=e, a_2, \cdots, a_k\}(|K|=k)$ とすれば，

$$HK=H\cup Ha_2\cup\cdots\cup Ha_k.$$

ここで，Kの2元 a_i, a_j に対して，

$$Ha_i=Ha_j \Leftrightarrow a_ia_j^{-1}\in H \Leftrightarrow a_ia_j^{-1}\in H\cap K$$

であるから，異なる Ha_i の個数は $|K|/|H\cap K|$ に等しい．従って，HKの中の異なる元の個数は，$|H|\cdot|K|/|H\cap K|$ に等しい．

21. $H\cap K$ は H, K の共通の部分群であるから，Lagrange の定理により，その位数 $|H\cap K|$は$|H|, |K|$ の公約数になる．従って，もし $|H|, |K|$ が互いに素ならば，$|H\cap K|=1, H\cap K=\{e\}$ となる．よって，前問より，$G=HK$ を得る．

22. 群 G の二つの部分群を H, K とする．次のことがらを証明せよ．

(1) H または K の少なくとも一方が G の正規部分群ならば，HK は G の部分群である．

(2) H, K が共に G の正規部分群ならば，HK も G の正規部分群である．

(3) H, K が G の相異なる極大正規部分群ならば，$G=HK$ である．

23. 群 G の二つの部分群を H, K とする．G の2元 a, b に対して，
$$b=hak \quad (h \in H, \ k \in K)$$
と表わされるとき "$a \sim b$" と定義すれば，この関係 $\sim$ は同値律をみたすことを証明せよ．

注．この同値関係 $\sim$ による G の類別を H, K に関する G の**両側分解**という．

24. 群 G の部分群 H について，位数 m の部分群が H だけならば，H は G の正規部分群である．このことを証明せよ．

22. (1) H, K の少なくとも一方が G の正規部分群ならば，$HK=KH$ が成立つ．しからば，§15，問22によって，HK は G の部分群になる．

(2) (1)によって，HK は G の部分群である．更に，G の任意の元 a に対して，H, K は G の正規部分群であるから，

$$HKa=HaK=aHK. \quad \therefore HK \trianglelefteq G.$$

(3) (2)によって，HK は G の正規部分群である．$H \subseteq HK$ であり，H は極大であるから，$HK=H$ または $HK=G$．仮に $HK=H$ とすれば，$K \subseteq HK=H$ となり，K が H と異なる極大正規部分群であるという仮定に反する．$\therefore HK=G$.

23. $a=eae$ (反射律)．$b=hak$ ならば，$a=h^{-1}bk^{-1}$ (対称律)．$b=hak$，$c=h'bk'$ ならば，$c=(h'h)a(kk')$ (推移律)．

24. H が G の正規部分群でないとすれば，

$$K=a^{-1}Ha, \quad K \neq H \quad (a \notin H)$$

とおけば，K も位数 m の部分群となって仮定に反する．したがって，H は G の正規部分群でなければならない．

§17. 共 役 関 係

SUMMARY

☐1 群 G の2元 x, y に対して，

$$y = a^{-1}xa$$

なる G の元 a が存在するとき，y は x に**共役**であるといい，$x \sim y$ で表わす．このとき，y は x を a で**変換**して得られた元であるといい，$y = x^a$ で表わす．

☐2 共役関係 $\sim$ は群 G における同値関係である．類

$$C(x) = \{y \in G \,|\, x \sim y\}$$

を x を代表とする**共役類**という．

☐3 x の共役元が x 自身しかないとき，x を**自己共役元**という．

$$x \text{ が } G \text{ の自己共役元} \iff x \text{ が } G \text{ の任意の元と可換.}$$

☐4 任意の群 G において，$C(e) = \{e\}$ （単位群）．

☐5 可換群 G においては，G の各元 x に対して，$C(x) = \{x\}$．

☐6 群 G の相異なる共役類の個数 c を G の**類数**という．

問題A （☞解答は右ページ）

1. 共役関係 $\sim$ は群 G における同値関係であることを証明せよ．

2. 次の各群を共役類に類別せよ．

    (1) S_3 (2) C_6 (3) A_4

3. 群 G の2元 x, y に対して，次のことがらを証明せよ．

    (1) $x \sim y$ ならば，任意の整数 m に対して，$x^m \sim y^m$．

    (2) $x \sim y$ ならば，$o(x) = o(y)$．

7 位数 n の有限群 G の各共役類 $C(x_i)$ $(i=1, 2, \cdots, c)$ に属する元の個数を h_i $(x_1=e,\ h_1=1)$ とすれば，
$$n=1+h_2+h_3+\cdots+h_c \quad (類等式).$$

8 H を群 G の部分群とすれば，G の任意の元 a に対して，
$$a^{-1}Ha=\{a^{-1}ha\,|\,h\in H\}$$
も G の部分群である．

9 群 G の二つの部分群 H, K に対して，
$$K=a^{-1}Ha$$
なる G の元 a が存在するとき，K は H に共役であるといい，$H\sim K$ で表わす．このとき，K は H を a で変換して得られた部分群であるといい，$K=H^a$ で表わす．

10 共役関係 $\sim$ は群 G の部分群全体における同値関係である．

11 部分群 H の共役部分群が H 自身しかないとき，H を不変部分群（自己共役部分群）であるという．
$$不変部分群\,(a^{-1}Ha=H) \Leftrightarrow 正規部分群\,(Ha=aH).$$

——問題の A 解答——

1. $x=e^{-1}xe$（反射律）．$y=a^{-1}xa$ とすれば，$x=(a^{-1})^{-1}ya^{-1}$（対称律）．$y=a^{-1}xa$，$z=b^{-1}yb$ とすれば，$z=(ab)^{-1}x(ab)$（推移律）．

2. (1) $S_3=\{e\}\cup\{(1\ 2\ 3),\ (1\ 3\ 2)\}\cup\{(1\ 2),\ (1\ 3),\ (2\ 3)\}$

(2) $C_6=\{e\}\cup\{g\}\cup\{g^2\}\cup\{g^3\}\cup\{g^4\}\cup\{g^5\}$.

(3) $A_4=\{e\}\cup\{(1\ 2)(3\ 4),\ (1\ 3)(2\ 4),\ (1\ 4)(2\ 3)\}\cup\{(2\ 3\ 4),\ (2\ 4\ 3),$
$(1\ 3\ 4),\ (1\ 4\ 3),\ (1\ 2\ 4),\ (1\ 4\ 2),\ (1\ 2\ 3),\ (1\ 3\ 2)\}$

3. (1) $x\sim y$ とすれば，$y=a^{-1}xa$ $(a\in G)$ と置ける．まず，$m>0$ のときは，
$$y^m=(a^{-1}xa)^m=(a^{-1}xa)(a^{-1}xa)\cdots(a^{-1}xa)=a^{-1}x^ma. \quad \therefore x^m\sim y^m.$$
$m=0$ のときは，$e\sim e$ だから確かに正しい．$m=-m'$ $(m'>0)$ のときは，$y=a^{-1}xa$ の両辺の逆元をとって，$y^{-1}=a^{-1}x^{-1}a$. $\therefore x^{-1}\sim y^{-1}$. 前半の証明により，
$$(x^{-1})^{m'}\sim(y^{-1})^{m'}. \quad \therefore x^{-m'}\sim y^{-m'}. \quad \therefore x^m\sim y^m.$$

4. 群 G において，次のことがらを証明せよ：

$$xy \sim yx, \quad xyz \sim yzx \sim zxy \text{（3元以上も同様）}.$$

5. 置換 x を置換 a で変換するには，x の各文字を a によって置き換えればよい．すなわち，

$$x = \begin{pmatrix} 1 & 2 & \cdots & n \\ i_1 & i_2 & \cdots & i_n \end{pmatrix} \text{ならば，} \quad x^a = a^{-1}xa = \begin{pmatrix} 1^a & 2^a & \cdots & n^a \\ i_1{}^a & i_2{}^a & \cdots & i_n{}^a \end{pmatrix}$$

とすればよい．このことを証明せよ．

　注．このことは，x が巡回置換の積の形であっても同様である．

6. 次の各置換を置換 $(1\,2\,3)$ によって変換せよ．

(1) $(1\,2)(3\,4\,5)$　　　　　(2) $(1\,3)(2\,4\,5)$

7. 対称群 S_n において，二つの置換 x, y が共役であるための必要十分条件は，それらを，それぞれ，共通文字を含まないような幾つかの巡回置換の積として表わしたとき，どちらも同じ長さの巡回置換を同じ個数ずつ持つことである．このことを証明せよ．

　注．正整数 n を幾つかの正整数の和に分けて，

$$n = \underbrace{1 + \cdots + 1}_{\lambda_1 \text{個}} + \underbrace{2 + \cdots + 2}_{\lambda_2 \text{個}} + \cdots + \underbrace{k + \cdots + k}_{\lambda_k \text{個}}$$

としたものを，n の $[1^{\lambda_1} 2^{\lambda_2} \cdots k^{\lambda_k}]$ 型の**分割**という．本問により，n の一つの分割と S_n の一つの共役類が対応し，従って，S_n の共役類の個数は n の分割の個数に等しいことがわかる．

　なお，$[1^{\lambda_1} 2^{\lambda_2} \cdots k^{\lambda_k}]$ 型の共役類に属する元の個数は，

$$\frac{n!}{\lambda_1! \lambda_2! \cdots \lambda_k! 1^{\lambda_1} 2^{\lambda_2} \cdots k^{\lambda_k}} \quad \text{（\textbf{Cauchy} の公式）}$$

で与えられる．例えば，S_4 において，$(3\,4) = (1)(2)(3\,4)$ は $[1^2 2^1]$ 型であり，$(3\,4)$ の共役元は上記の公式により全部で6個ある．

8. S_4 の共役類は全部で何個あるか．また，各共役類に属する元の個数はそれぞれ何個ずつあるか．

解答のページ

(2) $o(a)=m$, $o(b)=n$とすれば, $x^m=e$, $y^n=e$である. $x\sim y$とすれば, (1)によって, $x^m\sim y^m$, $x^n\sim y^n$ であるから,

$$y^m=a^{-1}x^m a=a^{-1}ea=e, \quad \therefore n\leqq m, \quad x^n=b^{-1}y^n b=b^{-1}eb=e, \quad \therefore m\leqq n.$$

従って, $m=n$を得る.

4. $yx=x^{-1}(xy)x.$ $\therefore xy\sim yx.$

$yzx=x^{-1}(xyz)x.$ $\therefore xyz\sim yzx.$ 他も同様である.

5.
$$a =\begin{pmatrix}1 & 2 & \cdots & n \\ 1^a & 2^a & \cdots & n^a\end{pmatrix}$$

とすれば,

$$a^{-1}xa=\begin{pmatrix}1^a & 2^a & \cdots & n^a \\ 1 & 2 & \cdots & n\end{pmatrix}\begin{pmatrix}1 & 2 & \cdots & n \\ i_1 & i_2 & \cdots & i_n\end{pmatrix}\begin{pmatrix}i_1 & i_2 & \cdots & i_n \\ i_1{}^a & i_2{}^a & \cdots & i_n{}^a\end{pmatrix}$$

$$=\begin{pmatrix}1^a & 2^a & \cdots & n^a \\ i_1{}^a & i_2{}^a & \cdots & i_n{}^a\end{pmatrix}.$$

6. (1) $(2\ 3)(1\ 4\ 5)$ (2) $(1\ 2)(3\ 4\ 5)$

7. まず, x, yが共に単一の巡回置換である場合は, 問5によって, 明らかに命題は正しい. 次に, x, yが共に共通文字を含まないような幾つかの巡回置換の積である場合は,

$$x=x_1 x_2\cdots x_m \text{ ならば}, \quad a^{-1}xa=(a^{-1}x_1 a)(a^{-1}x_2 a)\cdots(a^{-1}x_m a)$$

であるから, 前半の証明により, 命題は正しい.

8. S_4 の共役類は次表の5個である.

9.　S_5 の共役類は全部で何個あるか．また，各共役類に属する元の個数は
それぞれ何個ずつあるか．

10.　共役関係〜は群 G の部分群全体における同値関係であることを証明せ
よ．

11.　群 G の部分群 H が G の正規部分群であるための必要十分条件は，G の任
意の元 a に対して，$a^{-1}Ha \subseteq H$ が成立つことである．このことを証明せよ．

　　注. もともと，"正規部分群"とは G の任意の元 a に対して左剰余類 Ha と右剰余
類 aH が等しくなることを意味し，"不変部分群"または"自己共役部分群"とは G
の任意の元 a で変換した結果 $a^{-1}Ha$ が H に等しくなることを意味している．しかし，
これらは同義語であり，今日ではもっぱら"正規部分群"が用いられている．なお，本
問は，包含関係の片側 $a^{-1}Ha \subseteq H$ さえ証明すれば，等式 $a^{-1}Ha = H$ が導き出せること
を意味している．

12.　$H,\ K$ が群 G の正規部分群ならば，それらの共通部分 $H \cap K$ も G の正規
部分群である．このことを証明せよ．

解答のページ

共役類の代表	元の個数
(1)	1
(1 2)	6
(1 2)(3 4)	3
(1 2 3)	8
(1 2 3 4)	6
計	24

9. S_5 の共役類は次表の7個である.

共役類の代表	元の個数
(1)	1
(1 2)	10
(1 2)(3 4)	15
(1 2 3)	20
(1 2 3)(4 5)	20
(1 2 3 4)	30
(1 2 3 4 5)	24
計	120

10. $H=e^{-1}He$ (反射律). $K=a^{-1}Ha$ とすれば, $H=(a^{-1})^{-1}Ka^{-1}$ (対称律).
$K=a^{-1}Ha$, $L=b^{-1}Kb$ とすれば, $L=(ab)^{-1}H(ab)$ (推移律).

11. 必要なることは明らか. 逆に, G の任意の元 a に対して, $a^{-1}Ha \subseteq H$ が成立つとすれば, $a^{-1} \in G$ であるから, 仮定により,
$$(a^{-1})Ha^{-1}=aHa^{-1} \subseteq H.$$
両辺に a^{-1} を左乗, a を右乗すれば, $H \subseteq a^{-1}Ha$. $\therefore a^{-1}Ha=H$. $\therefore H \triangleleft G$.

12. §15, 問5によって, $H \cap K$ が G の部分群であることはよい. そこで, $a^{-1}(H \cap K)a$ の任意の元を x とすれば, $x=a^{-1}ca$ $(c \in H \cap K)$ と表わされる. $c \in H$ だから, $x \in a^{-1}Ha=H$. 同様に $c \in K$ だから, $x \in a^{-1}Ka=K$. $\therefore x \in H \cap K$. $\therefore a^{-1}(H \cap K)a \subseteq H \cap K$. 従って, 前問によって, $H \cap K$ は G の正規部分群である.

13.　群Gの各元xを不変にする元全体の集合
$$Z(G) = \{a \in G \mid a^{-1}xa = x \ (x \in G)\}$$
をGの中心という．$Z(G)$はGの正規部分群であることを証明せよ．

14.　群Gが可換群であるための必要十分条件は，$Z(G) = G$となることである．このことを証明せよ．

15.　$n \geqq 3$のとき，S_nの中心は単位群$\{e\}$であることを証明せよ．

16.　4元数群
$$Q_4 = \{\pm 1, \ \pm i, \ \pm j, \ \pm k\} \qquad (i^2 = j^2 = k^2 = ijk = -1)$$
について，次の各問に答えよ．

（1）　次の等式を証明せよ：
$$ij = -ji = k, \ jk = -kj = i, \ ki = -ik = j.$$

（2）　Q_4の中心Zを求めよ．

（3）　Q_4は全部で6個の部分群を持つ．その中の3個はQ_4，$\{1\}$および中心Zである．残り3個の部分群A, B, C（順不同）を求めよ．

解答のページ

13. $Z(G)$ の任意の2元を a , b とする. G の任意の元 x に対して,

$$a^{-1}xa=x, \quad b^{-1}xb=x$$

であるから,

$$(ab)^{-1}x(ab)=b^{-1}a^{-1}xab=b^{-1}xb=x. \quad \therefore ab\in Z(G).$$

$$(a^{-1})^{-1}xa^{-1}=axa^{-1}=x. \quad \therefore a^{-1}\in Z(G).$$

従って, $Z(G)$ は G の部分群である. 更に, 上の記号で,

$$x^{-1}ax=a\in Z(G). \quad \therefore x^{-1}Z(G)x\subseteq Z(G).$$

従って, $Z(G)$ は G の正規部分群である.

14. $Z(G)$ の定義から明らかである.

15. S_n $(n\geqq3)$ の単位元 e と異なる任意の元を x とする. まず, x が巡回置換である場合には, 簡単のために, $x=(1\ 2\ \cdots\ m)$ とすれば, $m<n$ ならば, x において m と n を置き換えて得られる

$$(m\ n)(1\ 2\ \cdots\ m)(m\ n)=(1\ 2\ \cdots\ n)$$

は, x と異なり, しかも, x に共役である. 従って, x は中心に属さない. また, $m=n$ ならば, x において1と2を置き換えて得られる

$$(1\ 2)(1\ 2\ \cdots\ m)(1\ 2)=(2\ 1\ \cdots\ m), \quad m\geqq3$$

は, x と異なり, しかも, x に共役である. 従って, x は中心に属さない.

次に, x が共通文字を含まないような幾つかの巡回置換の積である場合は,

$$x=(i_1\ i_2\ \cdots\ i_l)(j_1\ j_2\ \cdots\ j_m)\cdots$$

とすれば, x において i_1 と j_1 を置き換えて得られる置換は, x と異なり, しかも, x に共役である. 従って, x は中心に属さない. 以上によって, S_n の中心は $\{e\}$ である.

16. (1) $i^2=j^2=k^2=-1$ であるから, i , j , k の逆元は, それぞれ, $-i$, $-j$, $-k$ である. $ijk=-1$ の両辺に $-k$ を右乗して, $ij=k$. この両辺の逆元をとり, $ji=-k$. 他の関係式も同様にして証明される.

(2) $Z=\{\pm1\}$.

(3) $A=\{\pm1,\ \pm i\}, B=\{\pm1,\ \pm j\}, C=\{\pm1,\ \pm k\}$.

(4) $|Q_4:A|=2$ であるから, §16, 問14により, A は Q_4 の極大正規部分群である. B , C についても同様である.

(4)　部分群 A, B, C は Q_4 の極大正規部分群であることを証明せよ.

注.　一般に, すべての部分群が正規であるような非可換群を **Hamilton群** という. Q_4 は位数最小の Hamilton 群である. なお, 1, i, j, k は, 4元数 $a+ib+jc+kd$ (係数は実数) の基底である (§21, 問11参照).

問題B（☞解答は右ページ）

17.　群 G の任意の部分集合 S に対して, 集合
$$Z(S) = \{a \in G \mid a^{-1}xa = x \ (x \in S)\}$$
は G の部分群をなす. このことを証明せよ.

注.　この群 $Z(S)$ を S の**中心化群**という. これは S の各元 x と可換であるような G の元全体の集合である. 特に, $S = \{x\}$ のときは, 元 x の中心化群
$$Z(x) = \{a \in G \mid a^{-1}xa = x\}$$
になる. また, $S = G$ のときは, G の中心 $Z(G)$ になる (問13). なお, $Z(G)$ は G の自己共役元の全体に等しい.

18.　群 G の部分集合 S, S' に対して, $S \subseteq S'$ ならば, $Z(S) \supseteq Z(S')$ が成立つことを証明せよ.

19.　群 G の元 x によって生成される巡回部分群 $\langle x \rangle$ は x の中心化群 $Z(x)$ に含まれる. このことを証明せよ.

20.　群 G の元 x の位数は x の中心化群 $Z(x)$ の位数の約数である. このことを証明せよ.

21.　群 G の任意の部分集合 S に対して, 集合
$$N(S) = \{a \in G \mid a^{-1}Sa = S\}$$
は G の部分群をなす. このことを証明せよ.

注.　この群 $N(S)$ を S の**正規化群**という. 一般に, $Z(S) \subseteq N(S)$ であるが, 特に, $S = \{x\}$ の場合は, $Z(x) = N(x)$ となる.

22.　群 G の任意の正規部分群 H は, G の幾つかの共役類の合併集合である. このことを証明せよ.

——問題 **B** の解答——

17. $Z(S)$ の任意の2元を a，b とする．S の任意の元 x に対し，

$$a^{-1}xa=x,\ b^{-1}xb=x$$

であるから，

$$(ab)^{-1}x(ab)=b^{-1}a^{-1}xab=b^{-1}xb=x. \quad \therefore ab\in Z(S).$$

$$(a^{-1})^{-1}xa^{-1}=axa^{-1}=x. \quad \therefore a^{-1}\in Z(S).$$

従って，$Z(S)$ は G の部分群である．

18. $Z(S)$ の定義から明らかである．

19. 任意の整数 m に対して，$x^{-m}xx^{m}=x.$ $\therefore x^{m}\in Z(x).$ $\therefore \langle x\rangle\subseteq Z(x).$

20. 元 x の位数は x によって生成される巡回部分群 $\langle x\rangle$ の位数に等しい．前問によって，$\langle x\rangle\subseteq Z(x)$ であるから，Lagrange の定理によって，その位数は $Z(x)$ の位数の約数である．

21. $N(S)$ の任意の2元 a，b に対し，

$$a^{-1}Sa=S,\ b^{-1}Sb=S$$

であるから，

$$(ab)^{-1}S(ab)=b^{-1}a^{-1}Sab=b^{-1}Sb=S. \quad \therefore ab\in N(S).$$

$$(a^{-1})^{-1}Sa^{-1}=aSa^{-1}=S. \quad \therefore a^{-1}\in N(S).$$

従って，$N(S)$ は G の部分群である．

22. G の元 x が正規部分群 H に属しているならば，G の任意の元 a に対して，

$$a^{-1}xa\in a^{-1}Ha=H$$

であるから，x の共役元もすべて H に属する．従って，G の任意の共役類 C は，C 全体として，H に含まれるか含まれないかのいずれかである．従って，H は G の幾つかの共

23. 前問を用いて，A_5 は単純群であることを証明せよ．

注．一般に，交代群 A_n $(n \geqq 5)$ は単純群である．

24. 有限群Gにおいて，次のことがらを証明せよ．

(1) 元 x の共役元の個数は，指数 $|G:Z(x)|$ に等しい．

(2) 部分群Hの共役部分群の個数は，指数 $|G:N(H)|$ に等しい．

25. 群Gの類等式 $n = 1 + h_2 + h_3 + \cdots + h_c$ の各項 h_i $(i=1, 2, \cdots, c)$ はnの約数であることを証明せよ．

解答のページ ────────────

役類の合併集合になる.

23. A_5 が自明でない正規部分群 H を持ったとする. 前問によって, H は A_5 の幾つか
の共役類の合併集合である. A_5 は偶置換より成るから, S_5 の共役類の表（問9参照）
において, H は,

$$(1), \ (1\ 2)(3\ 4), \ (1\ 2\ 3), \ (1\ 2\ 3\ 4\ 5)\cdots\cdots 代表$$

$$1 \qquad 15 \qquad 20 \qquad 24 \qquad \cdots\cdots 元の個数$$

なる共役類の幾つかの合併集合であり, その中に (1) は必ず持つ. 従って,
H の位数は,

$$1+15=16, \ 1+20=21, \ 1+24=25, \ 1+15+20=36, \cdots$$

のいずれかとなる. しかるに, これは, H の位数が A_5 の位数 60 の真の約数というこ
とに矛盾する. 従って, A_5 は単純群でなければならない.

24. (1) $x \sim y$ とすれば, $y=a^{-1}xa \ (a\in G)$ と置ける. 仮に, $y=b^{-1}xb \ (b\in G)$ とも置
けるとすれば,

$$x=aya^{-1}=ab^{-1}xba^{-1}=(ba^{-1})^{-1}x(ba^{-1}).$$

従って, x の中心化群を $Z=Z(x)$ とすれば, $ba^{-1}\in Z.$ $\therefore Za=Zb.$ そこで, x の共役
元 $y=a^{-1}xa$ に G の Z に関する左剰余類 Za を対応させる写像 f が得られる. 任意の
左剰余類 Za に対し, x の共役元 $y=a^{-1}xa$ が存在するから, f は x を代表とする共役
類 $C(x)$ から左剰余類全体のなす集合への全射である. 更に, $Za=Zb$ とすれば,
$b=ca \ (c\in Z)$ と置けるから,

$$b^{-1}xb=(ca)^{-1}x(ca)=a^{-1}c^{-1}xca=a^{-1}xa$$

となり, f は単射, 従って, f は全単射である. $\therefore |C(x)|=|G:Z(x)|.$

(2) (1)と同様にして証明できる.

25. 前問によって, $h_i=|G:Z(x_i)|$ であるから, Lagrange の定理により, それは
$|G|=n$ の約数である

§18. 準 同 型 定 理

SUMMARY

[1] 群 G の正規部分群 K に関する剰余類全体の集合を
$$G/K = \{Ka \mid a \in G\}$$
と表わせば，G/K は各類の複体としての演算
$$KaKb = Kab, \quad K \text{（単位元）}, \quad (Ka)^{-1} = Ka^{-1} \text{（逆元）}$$
のもとで群をなす．この群 G/K を G の K に関する**剰余群**という．
このことは，部分群 K が正規でなければ成立しない．

[2] 前項において，$|G/K| = |G:K| = |G|/|K|$．

[3] 群 G から群 G' への写像 f は，もしそれが条件
$$f(xy) = f(x)f(y) \quad (x, y \in G)$$
をみたすならば，**準同型写像**と呼ばれる．

[4] 準同型写像 f は，もしそれが全単射ならば，**同型写像**と呼ばれる．群 G から群 G' の上への同型写像が存在するとき，G と G' は同型であるといい，$G \cong G'$ で表わす．

問題A（☞解答は右ページ）

1. 群 G の正規部分群 K に関する剰余類全体の集合
$$G/K = \{Ka \mid a \in G\}$$
は，各類の複体としての演算
$$KaKb = Kab, \quad K \text{（単位元）}, \quad (Ka)^{-1} = Ka^{-1} \text{（逆元）}$$
のもとで群をなす．このことを証明せよ．

注．このことは，部分群 K が正規でなければ成立しない．

2. 群 G が同値関係 $\sim$ によって類別されているとき，条件
$$x \sim y, \ x' \sim y' \ \Rightarrow \ xx' \sim yy' \quad (x, y, x', y' \in G)$$
が成立つならば，関係 $\sim$ は G の2元演算と**両立する**（compatible）という．

群 G の同値関係 $\sim$ が G の2元演算と両立するための必要十分条件は，関係 $\sim$ が G の一つの正規部分群 K に関する合同関係 $\equiv$ であることである．このこ

⑤ 群 G から群 G' への準同型写像 f において，
  (1) G の単位元 e は G' の単位元 e' に移る：$f(e)=e'$.
  (2) G の元 x の逆元は G' の元 $f(x)$ の逆元に移る：
$$f(x^{-1})=f(x)^{-1}.$$

⑥ 群 G から群 G' への準同型写像 f において，
  (1) G の f による像 (image——準同型像ともいう)
$$\mathrm{Im}\, f=\{x'\in G'\,|\,x'=f(x),\ x\in G\}$$
は G' の部分群をなす．f が全射 $\Leftrightarrow \mathrm{Im}\, f=G'$.
  (2) G' の単位元 e' の原像を f の核 (kernel) という．核
$$\mathrm{Ker}\, f=\{x\in G\,|\,f(x)=e'\}$$
は G の正規部分群をなす．f が単射 $\Leftrightarrow \mathrm{Ker}\, f=\{e\}$.
  (3) G の 2 元 x,y に対して，
$$x\equiv y(\mathrm{Ker}\, f) \quad\Leftrightarrow\quad f(x)=f(y).$$

⑦ 群 G から群 G' への準同型写像 f において，
$$G/\mathrm{Ker}\, f\cong \mathrm{Im}\, f \quad (\text{準同型定理}).$$

⑧ 特に，$G/G\cong\{e\}$，$G/\{e\}\cong G$ （e は G の単位元）．

——問題 A の解答——

1. $KaKb=KKab=Kab$ （閉鎖律）．複体に対しては結合律は常に成立つ（§15, 問16）.
$(Ka)K=K(aK)=KKa=Ka$ （単位元の存在）．$(Ka)(Ka^{-1})=Kaa^{-1}=Ke=K$ （逆元の
存在）．$\therefore G/K$ は群をなす．

2. 群 G の同値関係 $\sim$ が G の 2 元演算と両立するとする．いま，単位元 e を代表とする同
値類を K とすれば，K は G の正規部分群である．何故なら，$e\sim x$，$e\sim y$ とすれば，
仮定より，
$$e\sim xy,\ e\sim x^{-1},\ e\sim a^{-1}xa\ (a\in G)$$
を得るからである．そこで，$x\sim y$ とすれば，両辺に y^{-1} を右乗して，$xy^{-1}\sim e$.

とを証明せよ.

　注. 従って，例えば，G の共役関係～は G の2元演算と両立しない. なお，
$$x \equiv y(K) \iff xy^{-1} \in K \iff Kx = Ky \quad (\S16参照).$$

3.　群 G から群 G' への準同型写像 f について，次のことがらを証明せよ.

　(1)　G の単位元 e は G' の単位元 e' に移る：$f(e) = e'$.

　(2)　G の元 x の逆元は G' の元 $f(x)$ の逆元に移る：$f(x^{-1}) = f(x)^{-1}$.

4.　群 G から 群 G' への準同型写像 f について，次のことがらを証明せよ.

　(1)　$\operatorname{Im} f$ は G' の部分群である.

　(2)　$\operatorname{Ker} f$ は G の正規部分群である.

5.　群 G から群 G' への準同型写像 f について，次のことがらを証明せよ.

　(1)　f が全射 $\iff \operatorname{Im} f = G'$.　　　(2)　f が単射 $\iff \operatorname{Ker} f = \{e\}$.

6.　群 G から群 G' への準同型写像 f が与えられ，更に G に同値関係～が与えられているとき，条件
$$x \sim y \;\Rightarrow\; f(x) = f(y) \quad (x,\ y \in G)$$
が成立つならば，f は関係～に関して**定義明確** (well-defined) であるという.

　群　G から群 G' への準同型写像 f が G の同値関係～に関して定義明確であるための必要十分条件は，関係～が核 $K = \operatorname{Ker} f$ に関する合同関係 $\equiv$ であることである. このことを証明せよ.

7.　群 G から群 G' への準同型写像 f において，次のことがらを証明せよ：
$$x \equiv y(\operatorname{Ker} f) \iff f(x) = f(y) \quad (x,\ y \in G).$$

8.　群 G の任意の正規部分群を K とし，G から剰余群 G/K への写像 p を
$$p : x \mapsto Kx$$

解答のページ ━━━━━━

$\therefore xy^{-1} \in K.$ $x \equiv y\,(K).$　逆も容易に証明できる.

3. (1) $f(e)=f(ee)=f(e)f(e).$ 両辺に $f(e)^{-1}$ を左乗して, $e'=f(e).$

(2) $f(x)f(x^{-1})=f(xx^{-1})=f(e)=e'.$ 両辺に $f(x)^{-1}$ を左乗して, $f(x^{-1})=f(x)^{-1}.$

4. (1) $\mathrm{Im}\,f$ の任意の2元 $x'=f(x),$ $y'=f(y)$ に対し,

$$x'y'=f(x)f(y)=f(xy),\ (x')^{-1}=f(x)^{-1}=f(x^{-1}).$$

$$\therefore x'y' \in \mathrm{Im}\,f,\ (x')^{-1} \in \mathrm{Im}\,f.\ \therefore \mathrm{Im}\,f \le G'.$$

(2) $\mathrm{Ker}\,f$ の任意の2元 x, y に対し, $f(x)=e',$ $f(y)=e'$ であるから,

$$f(xy)=f(x)f(y)=e'e'=e',\ f(x^{-1})=f(x)^{-1}=(e')^{-1}=e'.$$

$$\therefore xy \in \mathrm{Ker}\,f,\ x^{-1} \in \mathrm{Ker}\,f.\ \therefore \mathrm{Ker}\,f \le G.$$

次に, G の任意の元 a と $\mathrm{Ker}\,f$ の任意の元 h に対して,

$$f(a^{-1}ha)=f(a^{-1})f(h)f(a)=f(a)^{-1}e'f(a)=f(a)^{-1}f(a)=e'.$$

$$\therefore a^{-1}ha \in \mathrm{Ker}\,f.\ \therefore \mathrm{Ker}\,f \trianglelefteq G.$$

5. (1) $\mathrm{Im}\,f$ の定義から明らかである.

(2) 問 3 (1) により $f(e)=e'$ であるが, f が単射ならば, e 以外に e' に移る元は存在しない. $\therefore \mathrm{Ker}\,f=\{e\}.$ 逆に, $\mathrm{Ker}\,f=\{e\}$ とするとき, $f(x)=f(y)$ ならば, 両辺に $f(y)^{-1}$ を右乗して, $f(xy^{-1})=e'$ $\therefore xy^{-1}=e.$ $\therefore x=y.$ 従って, f は単射である.

6. G から G' への準同型写像 f が G の同値関係 $\sim$ に関して定義明確であるとする. そこで, $x \sim y$ とすれば, $f(x)=f(y).$ 両辺に $f(y)^{-1}$ を右乗して, $f(xy^{-1})=e'$ $\therefore xy^{-1} \in K.$ $\therefore x \equiv y\,(K).$ 逆も容易に証明できる.

7. $x \equiv y\ (\mathrm{Ker}\,f)$ とすれば, 前問によって, $f(x)=f(y).$ 逆に, $f(x)=f(y)$ とすれば, 両辺に $f(y)^{-1}$ を右乗して, $f(xy^{-1})=e'.$ $\therefore xy^{-1} \in \mathrm{Ker}\,f.$ $\therefore x \equiv y\ (\mathrm{Ker}\,f).$

8. 写像 p が全射になることは明らかである. 更に, G の任意の元 x, y に対して,

$$p(xy)=Kxy=KxKy=p(x)p(y)$$

によって定義すれば，pは全射-準同型写像になる．このことを証明せよ．

　注．この準同型写像pをGからG/Kの上への自然な準同型写像（標準的準同型写像）という．

9. 準同型定理を証明せよ．

　注．準同型写像 $f : G \to G'$ において，$K = \mathrm{Ker}\, f$ と置き，G から G/K の上への自然な準同型写像をpとすれば，$f = \varphi \circ p$ をみたすような同型写像

$$\varphi : G/K \to \mathrm{Im}\, f$$

が存在する．これが，"準同型定理"の内容である．

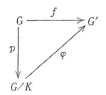

10. 群Gの単位元をeとするとき，次の同型を証明せよ．

　(1) $G/G \cong \{e\}$　　　　(2) $G/\{e\} \cong G$

11. 群Gの部分集合KがGの正規部分群であるための必要十分条件は，準同型写像 $f : G \to G'$ が存在して，$\mathrm{Ker}\, f = K$ となることである．このことを証明せよ．

12. 位数6の巡回群 C_6 の準同型像となりうる群の型をすべて求めよ．

　注．群Gの正規部分群と準同型像は1-1に対応することに注意せよ．

13. 4元数群 Q_4 の中心Zに関する剰余群 Q_4/Z は Klein の4元群 D_2 と同型である．このことを証明せよ．

14. 実数の加法群 R の整数の加法群 Z による剰余群 R/Z は，乗法群

$$T = \{e^{i\theta} \,|\, \theta \in R\} \quad (1次元輪環群)$$

と同型である．このことを証明せよ．

問題B （☞解答は右ページ）

15. 群GからG自身への準同型写像をGの自己準同型といい，それが同型写像ならばGの自己同型という．

解答のページ ———

が成立つから，p は準同型写像である.

9. $K=\mathrm{Ker}\,f$ と置き，G/K から $\mathrm{Im}\,f$ への写像 φ を，$Kx\mapsto x'=f(x)$ によって定義するとき，φ が同型写像になることを示せばよい.

まず，$Kx=Ky$ とすれば，$x=ky\ (k\in K)$ と置けるから，
$$\varphi(Kx)=f(x)=f(ky)=f(k)f(y)=e'f(y)=f(y)=\varphi(Ky)$$
であるから，φ は確かに（一意的）写像である. 逆に，$\varphi(Kx)=\varphi(Ky)$ とすれば，$f(x)=f(y)$ であるから，問7によって，$Kx=Ky$. 従って，φ は単射である. 更に，$\mathrm{Im}\,f$ の任意の元を x' とすれば，$x'=f(x)(x\in G)$ と置けるから，$x'=\varphi(Kx)$ を得る. 従って，φ は全射である. 最後に，G の任意の2元 x, y に対して，
$$\varphi(KxKy)=\varphi(Kxy)=f(xy)=f(x)f(y)=\varphi(Kx)\varphi(Ky)$$
であるから，φ は準同型写像である. 以上によって，φ は同型写像である.

10. それぞれ，次の準同型写像 f に準同型定理を適用すればよい.

    (1) $f(x)=e\ (x\in G)$ (2) $f(x)=x\ (x\in G)$

11. K が G の正規部分群であるとすれば，f を G から G/K の上への自然な準同型写像とするとき，$\mathrm{Ker}\,f=K$ となる. 逆は問4(2)から明らかである.

12. §15, 問8(3) の記号によって，
$$C_6/C_6\cong\{e\},\ C_6/A\cong C_2,\ C_6/B\cong C_3,\ C_6/\{e\}\cong C_6.$$

13. Q_4 の中心は，§17, 問16により，$Z=\{\pm1\}$. 従って，Q_4 から D_2 の上への準同型写像 f:
$$\pm1\mapsto e,\ \pm i\mapsto a,\ \pm j\mapsto b,\ \pm k\mapsto c$$
に準同型定理を適用すればよい.

14. R から T の上への準同型写像 $f: x\mapsto e^{i2\pi x}$ に準同型定理を適用すればよい.

———問題Bの解答———

15. まず，G の任意の元 y に対して，$x=aya^{-1}$ をとれば，
$$x^a=a^{-1}xa=a^{-1}aya^{-1}a=y.\ \therefore\ 全射である.$$

　　群Gの任意の元aに対して，写像
$$x \mapsto x^a = a^{-1}xa \quad (x \in G)$$
はGの自己同型である．このことを証明せよ．

　　注. この自己同型を元aによるGの**内部自己同型**といい，それ以外の自己同型をGの**外部自己同型**という．可換群Gの内部自己同型は恒等写像$x \mapsto x$に限る．

16.　　群Gにおいて，次のことがらを証明せよ．

　　(1)　Gの自己同型の全体　$A(G)$　は写像の積に関して群をなす　（これをGの**自己同型群**という）．

　　(2)　Gの内部自己同型の全体　$I(G)$　は　$A(G)$　の正規部分群であり，Gの中心を　$Z(G)$　とすれば，
$$G/Z(G) \cong I(G)$$
が成立つ　（これをGの**内部自己同型群**という）．

　　注. これに対して，剰余群
$$A(G)/I(G)$$
をGの**外部自己同型群**と呼ぶことがある．

17.　　群 G から群 G' の上への準同型写像fについて，次のことがらを証明せよ．

　　(1)　$H \lhd G$ ならば，$H' = f(H) \lhd G'$．

　　(2)　$H' \lhd G'$ ならば，$H = f^{-1}(H') \lhd G$．

　　(3)　(2)において，
$$G/H \cong G'/H' \quad (第1同型定理)．$$

18.　　群Gにおいて，HをGの部分群，KをGの正規部分群とするとき，次のことがらを証明せよ：

　　HK は G の部分群，$H \cap K$ は
Hの正規部分群であり，かつ，
$$HK/K \cong H/(H \cap K) \quad (第2同型定理)．$$

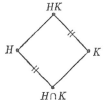

19.　　H, Kを群Gの相異なる極大正規部分群，

解答のページ

次に，$x^a=y^a$ とすれば，$a^{-1}xa=a^{-1}ya$ であるから，両辺に a を左乗，a^{-1} を右乗すれば，$x=y$ を得る．∴単射である．更に，

$$(xy)^a=a^{-1}xya=a^{-1}xaa^{-1}ya=x^ay^a. \quad ∴準同型である.$$

以上によって，この写像は自己同型である．

16. (1) §13，問18によって，G 上の全単射の全体 $S(G)$ は写像の積に関して群をなす．そこで，$A(G)$ が $S(G)$ の部分群であることを証明すればよい．f，g を G の任意の自己同型とすれば，G の任意の2元 x，y に対して，

$$g\circ f(xy)=g(f(x)f(y))=(g\circ f(x))(g\circ f(y)).$$

また，f は全射であるから，$f(a)=x$，$f(b)=y(a,\ b\in G)$ と置けば，

$$f^{-1}(xy)=f^{-1}(f(a)f(b))=f^{-1}(f(ab))=ab=f^{-1}(x)f^{-1}(y).$$

従って，$g\circ f$，f^{-1} も共に G の自己同型であり，$A(G)$ は $S(G)$ の部分群になる．

(2) 任意の元 x と任意の $a\in I(G),f\in A(G)$ に対し，

$$x^{af}=(a^{-1}xa)^f=(a^f)^{-1}x^fa^f=x^{fb} \quad (但し，b=a^f\in I(G)).$$
$$∴I(G)f\subseteq fI(G). \quad ∴I(G)\triangleleft A(G).$$

また，G の各元 a に a によって決まる内部自己同型を対応させる準同型写像 $G\to I(G)$ に，準同型定理を適用すれば，$G/Z(G)\simeq I(G)$ を得る．

17. (1) f の定義域を H に制限すれば，f は H から G' への準同型写像であるから，その像 H' は G' の部分群である．次に，f は G から G' の上への写像であるから，G' の任意の元 a' に対して，$a'=f(a)(a\in G)$ と置ける．従って，

$$(a')^{-1}H'a'=f(a)^{-1}f(H)f(a)=f(a^{-1}Ha)=f(H)=H'. \quad ∴H'\triangleleft G'.$$

(2) G' から G'/H' の上への自然な準同型写像を p' とし，$\varphi=p'\circ f$ と置けば，φ は G から G'/H' の上への準同型写像になる．従って，その核 $H=\mathrm{Ker}\,\varphi$ は G の正規部分群になる．

(3) (2)の φ に準同型定理を適用すればよい．

18. HK が G の部分群になることは，§16，問22(1)で証明済みである．さて，G から G/K の上への自然な準同型写像 p によって，G の部分群 H は G/K の部分群 HK/K に移される．そこで，p を H から HK/K の上への準同型写像と見做し，準同型定理を適用すれば，その核 $H\cap K$ は正規部分群であり，かつ $H/H\cap K\simeq HK/K$ を得る．

19. $HK=G$ であることは，§16，問22(3)で証明済みである．従って，前問によって直ち

$D=H \cap K$ とするとき，次のことがらを証明せよ：

$HK=G$ であり，かつ，

$$G/H \cong K/D, \quad G/K \cong H/D.$$

20.　群 G において，

$$G \triangleright K \triangleright H, \quad G \triangleright H$$

とするとき，次のことがらを証明せよ：

$$G/H \triangleright K/H, \quad (G/H)/(K/H) \cong G/K \quad \text{（第3同型定理）}.$$

[補足]　§12, 問4の注で見たように，同型 $\cong$ は個々の表現にとらわれない "抽象群" としての群の型を考察する．位数 n の有限群が同型を除いて何個あるか？──これは興味深いが，完全には解けていない難しい問題である．

位数 n の有限群が同型を除いて $\gamma(n)$ 個存在するとすれば，問11によって，

「n が素数ならば，$\gamma(n)=1$ である.」

なぜならば，素数位数の群は巡回群に限るからである．しかし，この逆は成立しない．一般に，有限群 G の位数 m について，

$$n=pq \quad \text{（p と q は素数で，$p>q$）}$$

であり，かつ，$p \not\equiv 1 \pmod{q}$ であるならば，G は巡回群であることがわかっている．たとえば，位数15の群は巡回群に限るが，15は素数ではない．一般の n について $\gamma(n)$ を求めることは未解決である．

解答のページ ━━━━━━━━━━

に $G/K \cong H/D$ を得る. 他方も同様である.

20. G から G/H の上への自然な準同型写像を p とすれば, 第1同型定理により, p によって G の正規部分群 K は G/H の正規部分群 K/H に移され,

$$(G/H)/(K/H) \cong G/K.$$

§19. 組　成　列

SUMMARY

1　群 G の相異なる有限個の部分群の縮小列

$$G = G_0 \triangleright G_1 \triangleright G_2 \triangleright \cdots \triangleright G_r = \{e\}$$

を，G の**正規鎖**といい，r をその**長さ**という．この場合，各 G_i $(2 \leq i \leq r-1)$ が G の正規部分群である必要はない．

2　前項の正規鎖において，

$$G_0/G_1, \ G_1/G_2, \ \cdots, \ G_{r-1}/G_r$$

をその**剰余群列**という．

3　$G_i \triangleright G_{i+1}(0 \leq i \leq r-1)$ において，G_{i+1} が G_i の極大正規部分群ならば，正規鎖を，$G_i \triangleright H \triangleright G_{i+1}$ のように，それ以上長く**細分**することは出来ない．このような正規鎖を G の**組成列**という．なお，

G_{i+1} が G_i の極大正規部分群　⇔　G_i/G_{i+1} が単純群．

4　有限群 G は少なくとも一つの組成列を持つ．　無限群 G は組成列

問題A（☞解答は右ページ）

1. 群 G の正規部分群 H について，次の2条件は同値であることを証明せよ．

  (1)　H は G の極大正規部分群である．

  (2)　剰余群 G/H は単純群である．

2. 群 G における正規部分群 H の指数 $|G:H| = l$ が素数ならば，H は G の極大正規部分群である．このことを証明せよ．

3. 群 G の二つの部分群 H, K について，$G \triangleright K \triangleright H$ であるとしても，$G \triangleright H$ であるとは限らない．このことを証明せよ．

4. 次の正規鎖は組成列であるか．

  (1)　$S_4 \triangleright A_4 \triangleright D_2 \triangleright \{e\}$　　　(2)　$C \triangleright R \triangleright Q \triangleright Z \triangleright \{0\}$（加法群）

を持つとは限らない.

⑤ **Jordan-Hölder の定理**

有限群 G に二つの組成列

(1)　$G = H_0 \triangleright H_1 \triangleright H_2 \triangleright \cdots \triangleright H_r = \{e\}$

(2)　$G = K_0 \triangleright K_1 \triangleright K_2 \triangleright \cdots \triangleright K_s = \{e\}$

があるならば，$r = s$（組成列の長さは一定）で，かつ，二つの剰余群列

$$H_0/H_1,\ H_1/H_2,\ \cdots,\ H_{r-1}/H_r;$$

$$K_0/K_1,\ K_1/K_2,\ \cdots,\ K_{s-1}/K_s$$

の間に適当な 1-1 対応をつけて，対応する剰余群が同型になるようにすることが出来る.

⑥ 群 G の一つの正規鎖の剰余群列が，すべて可換群から成るとき，この正規鎖を**可解列**といい，G を**可解群**という．任意の可換群は可解群である（逆は不成立）.

⑦ 交代群 A_5 は，位数最小の非可解群である（**Galois の定理**）.

———問題Aの解答———

1. H が G の極大正規部分群ではないとすれば，$G \triangleright K \triangleright H$ なる G の正規部分群 K が存在する．従って，

$$G/H \triangleright K/H \triangleright H/H$$

となり，G/H は単純群ではない．逆も明らかである.

2. $|G/H| = |G : H| = l$（素数）ならば，§16，問13によって，G/H は単純群である．従って，前問により，H は G の極大正規部分群である.

3. §15，問15において，$A_4 \triangleright D_2 \triangleright A$ であるが，$A_4 \triangleright A$ ではない.

4. いずれも，次のように細分できるから，組成列ではない.

(1)　$S_4 \triangleright A_4 \triangleright D_2 \triangleright A \triangleright \{e\}$（$A$ は前問と同様）.

(2)　$C \triangleright R \triangleright Q \triangleright Z \triangleright 2Z \triangleright \{0\}$.

5.　次のことがらを証明せよ.

(1)　有限群 G は少なくとも一つの組成列を持つ.

(2)　無限群 G は組成列を持つとは限らない.

6.　位数12の巡回群 C_{12} の組成列は全部で何個あるか.

7.　4元数群 Q_4 の組成列は全部で何個あるか.

8.　Jordan-Hölder の定理は, G の位数 n を素因数分解したときの素因数の個数 m に関する数学的帰納法によって証明される.

$m=1$, すなわち, $n=p$ (素数) のときは, G は単純群になり, 組成列は $G \triangleright \{e\}$ だけである.

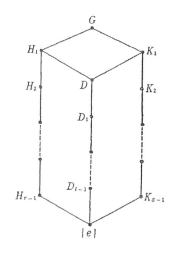

$m \leqq k$ のとき定理が成立つと仮定して, $m=k+1$ のときを考察することにより, 証明を完成させよ (右図参照).

注. 無限群 G は組成列を持つとは限らないが, 次の **Schreier の細分定理** が成立つ:

群 G の任意の二つの正規鎖は, それぞれを適当に細分すれば, 剰余群列の間に適当な1-1対応をつけて, 対応する剰余群が同型になるようにすることが出来る.

9.　次の各群の組成列を二つ挙げて, Jordan-Hölder の定理を確かめよ.

(1)　C_6　　　　　　(2)　C_{12}

解答のページ ━━━━━━━━━━━━━━━━━━━━━━━━━

5. (1) 群 G が有限群ならば，G と異なる G の正規部分群の中で位数の最大なもの G_1 が存在する．G_1 と異なる G_1 の正規部分群の中で位数の最大なもの G_2 が存在する．このように続けていけば，G の組成列

$$G = G_0 \triangleright G_1 \triangleright G_2 \triangleright \cdots \triangleright G_r = \{e\}$$

を得る．但し，各段階で，位数の最大なもの（極大正規部分群）は唯一つとは限らないし，位数が最大でなくても極大なものはありうる．従って，組成列は一意的とは限らない．

(2) 正規鎖 $Z \triangleright \{0\}$（加法群）は，

$$Z \triangleright 2Z \triangleright 4Z \triangleright 8Z \triangleright \cdots$$

のように無限に細分が続けられるから，Z は組成列を持たない．

6. §15，問 9 により，C_{12} は 3 個の組成列を持つ．

7. §17，問16により，Q_4 は 3 個の組成列を持つ．

8. 二つの組成列 (1)，(2) において，H_1，K_1 の位数は n の約数であり，k 個以下の素因数の積になるから，もし $H_1 = K_1$ ならば，帰納法の仮定によって定理は成立つ．そこで，$H_1 \neq K_1$，$D = H_1 \cap K_1$ とする．第 2 同型定理により，

$$G/H_1 \simeq K_1/D, \quad G/K_1 \simeq H_1/D$$

であるから，D は H_1，K_1 の極大正規部分群になる．従って，D の組成列

$$D = D_0 \triangleright D_1 \triangleright \cdots \triangleright D_t = \{e\}$$

をとると，G は与えられた組成列 (1)，(2) 以外に組成列

(3) $G \triangleright H_1 \triangleright D \triangleright D_1 \triangleright \cdots \triangleright D_t = \{e\}$

(4) $G \triangleright K_1 \triangleright D \triangleright D_1 \triangleright \cdots \triangleright D_t = \{e\}$

を持つことになる．そこで，二つの組成列 (1)，(3) をとると，前段の証明によって定理が成立つ．(2)，(4) についても同様である．また，(3)，(4) については，明らかに定理は成立つ．従って，与えられた組成列 (1)，(2) についても定理は成立つ．

9. (1) §15，問 8 (3) によって，

$$C_6 \triangleright A \triangleright \{e\}, \quad C_6 \triangleright B \triangleright \{e\}.$$

$$C_6/A \simeq B/\{e\}, \quad A/\{e\} \simeq C_6/B.$$

(2) §15，問 9 によって，

10. G が位数 p^α（p は素数）の巡回群ならば，G は唯一つの組成列を持つことを証明せよ．

11. 可解列の任意の細分はまた可解列である．このことを証明せよ．

12. 有限群 G が可解群であるための必要十分条件は，G の組成列の剰余群列がすべて素数位数の巡回群から成ることである．このことを証明せよ．

13. 可解群 G の任意の部分群は可解群であることを証明せよ．

解答のページ

$C_{12} \triangleright A \triangleright B \triangleright \{e\}, \ C_{12} \triangleright C \triangleright D \triangleright \{e\}.$

$C_{12}/A \cong C/D, \ A/B \cong D/\{e\}, \ B/\{e\} \cong C_{12}/C.$

10. G の生成元を g とすれば，g^p によって位数 $p^{\alpha-1}$ の巡回部分群 G_1 が生成される．$|G:G_1|=p$ であるから，問 2 によって，G_1 は G の極大正規部分群である．このとき，G の指数 p の部分群は G_1 の他には存在しない．何故なら，仮にそのような部分群 G_1' が存在したとすれば，§16，問22(3)によって，$G=G_1G_1'$ となるが，右辺の各元の位数は高々 $p^{\alpha-1}$ であり，矛盾が生じるからである．同様にして，G_1 は位数 $p^{\alpha-2}$ の部分群 G_2 を唯一つ持つ．以下，同様にして，G の唯一つの組成列 $G=G_0 \triangleright G_1 \triangleright \cdots \triangleright G_\alpha = \{e\}$ を得る．

11. 可解列において，$G_i \triangleright G_{i+1}$ が，$G_i \triangleright H \triangleright G_{i+1}$ と細分されたとする．H/G_{i+1} は G_i/G_{i+1} の部分群だから可換である．また，第 3 同型定理によって，

$$G_i/H \cong (G_i/G_{i+1})/(H/G_{i+1}).$$

ここで，G_i/G_{i+1}，H/G_{i+1} は可換だから，右辺は可換．従って，G_i/H も可換である．もっと細かい細分の場合は，この操作を繰返せばよい．

12. G が可解群ならば，G は少なくとも一つの可解列を持つ．これを組成列になるまで細分すれば，前問によって，その組成列も可解列になる．それに対応する剰余群列は可換な単純群，従って§16，問13によって，素数位数の巡回群から成る．逆は明らかである．

13. 可解群 G の任意の部分群を H とし，G の可解列

$$G=G_0 \triangleright G_1 \triangleright \cdots \triangleright G_r = \{e\}$$

において，

$$H_i = H \cap G_i \quad (i=0, 1, \cdots, r-1)$$

と置けば，$G_i \triangleright G_{i+1}$ であるから，

$$H_{i+1} = H \cap G_{i+1} = H \cap G_i \cap G_{i+1} = H_i \cap G_{i+1}.$$

H_i は G_i の部分群，G_{i+1} は G_i の正規部分群であるから，第 2 同型定理により，H_{i+1} は H_i の正規部分群で，かつ

$$H_i G_{i+1}/G_{i+1} \cong H_i/H_{i+1}.$$

この左辺は G_i/G_{i+1} の部分群として可換群であるから，右辺も可換群になる．従って，H は可解列

$$H=H_0 \triangleright H_1 \triangleright \cdots \triangleright H_r = \{e\}$$

14.　対称群 S_1, S_2, S_3, S_4 は可解群であることを証明せよ.

15.　交代群 A_5 は非可解群であることを証明せよ.

　　注.　実際には, A_5 は位数最小の非可解群であることが証明されている. また, A_5 の非可解性により, それを部分群として含む S_n, A_n $(n \geqq 5)$ の非可解性も証明される (問23参照). このことは, 「$n \geqq 5$ なるとき, 一般 n 次方程式は四則演算とベキ根によって解くことは出来ない」(**Abel の定理**) という命題と本質的な関連を持っている. 1770年, Lagrange は, 代数方程式の根の "置換群" を考察することによって, 5 次方程式の代数的解法を得ようとした. しかし, 16世紀までに知られていた 4 次以下の方程式のような "根の公式" を得ることは出来なかった. 1824年, Abel は, 上記のように, 一般 5 次方程式の代数的解法が不可能なことを証明した. この方法を一般化して, 完成した理論体系を作り上げたのは, 早世した天才 Galois であった. これが, 現代代数学への道を開いた画期的な業績 "Galois 理論" の成立である (§26参照).

　　問題 B （☞解答は右ページ）

16.　群 G において,
$$[ab] = a^{-1}b^{-1}ab \quad (a, b \in G)$$
を a, b の**交換子**という. 交換子の全体から生成される部分群 $D(G)$ を G の**交換子群**という.

　　群 G が可換群であるための必要十分条件は,
$$D(G) = \{e\} \quad (\text{単位群})$$
なることである. このことを証明せよ.

17.　群 G の交換子について, 次の公式を証明せよ:
$$[ab]^{-1} = [ba].$$

18.　群 G の部分群 H について, 次の 2 条件は同値であることを証明せよ.

解答のページ ————————————————————————

を持ち，可解群となる．

14. S_4 は正規鎖
$$S_4 \triangleright A_4 \triangleright D_2 \triangleright \{e\}$$
を持つ．この剰余群列は，
$$S_4/A_4 \cong C_2, \qquad A_4/D_2 \cong C_3, \qquad D_2/\{e\} \cong D_2$$
であるから，もとの正規鎖は可解列である．従って，S_4 は可解群である．

$S_1,\ S_2,\ S_3$ はそれぞれ S_4 の部分群であるから，前問によって，いずれも可解群になる．

15. §17，問23によって，A_5 は単純群であるから，その正規鎖は $A_5 \triangleright \{e\}$ に限られる．A_5 は非可換であるから，これは可解列ではない．従って，A_5 は非可解群である．

————問題Bの解答————

16. G が可換群ならば，G の任意の2元 a，b に対して，
$$[ab] = a^{-1}b^{-1}ab = a^{-1}ab^{-1}b = e. \qquad \therefore D(G) = \{e\}.$$
逆も明らかである．

17. $[ab]^{-1} = (a^{-1}b^{-1}ab)^{-1} = b^{-1}a^{-1}ba = [ba]$.

18. 条件 (1) が成立つとすれば，G の任意の2元 a，b に対して，

(1) $H \trianglelefteq G$, かつ, G/H は可換群である.

(2) $D(G) \subseteq H$.

19. 群 G の部分群 H が G の任意の自己同型によって不変ならば, H を G の**特性部分群**という. G の任意の内部自己同型によって不変な部分群は "不変部分群" である.

群 G の交換子群 $D(G)$ は G の特性部分群である. このことを証明せよ.

20. 群 $G = D_0$ の交換子群を D_1, D_1 の交換子群を D_2, … とするとき, G が可解群であるための必要十分条件は, $D_r = \{e\}$ となる番号 r が存在することである. このことを証明せよ.

注. このとき, **交換子群列**
$$G = D_0 \triangleright D_2 \triangleright \cdots \triangleright D_r = \{e\}$$
は G の一つの可解列となる.

21. 前問の記号で, $D_i = D_{i+1}$ ならば, $D_{i+1} = D_{i+2}$ が成立つことを証明せよ.

22. 群 G が可解群であるための必要十分条件は, H を G の正規部分群とするとき, H, G/H が共に可解群になることである. このことを証明せよ.

解答のページ ──────

$$abH=aHbH=bHaH=baH.$$

$$\therefore a^{-1}b^{-1}abH=a^{-1}b^{-1}baH=H. \quad \therefore a^{-1}b^{-1}ab\in H.$$

従って, (2) が成立つ.

　逆に, 条件 (2) が成立つとすれば, G の任意の元 a と H の任意の元 h に対して,

$$a^{-1}ha=hh^{-1}a^{-1}ha=h[ha]\in H. \quad \therefore H\triangleleft G.$$

更に, G の任意の 2 元 a, b に対して,

$$aHbH=abH=ba(a^{-1}b^{-1}ab)H=baH=bHaH.$$

従って, G/H は可換群である.

19. G の任意の 2 元 a, b と, G の任意の自己同型 f に対して,

$$f(a^{-1}b^{-1}ab)=f(a)^{-1}f(b)^{-1}f(a)f(b)$$

であるから, $D(G)$ は f によって不変になる. 従って, $D(G)$ は G の特性部分群である.

20. G が可解群であるとすれば, G は可解列

$$G=G_0\triangleright G_1\triangleright\cdots\triangleright G_r=\{e\}$$

を持つ. G_0/G_1 は可換群であるから, 問18により, $D_1\subseteq G_1$. いま, $D_{i-1}\subseteq G_{i-1}$ と仮定すれば, G_{i-1}/G_i は可換群であるから,

$$D_i=(D_{i-1} \text{ の交換子群}) \subseteq (G_{i-1} \text{ の交換子群})\subseteq G_i. \quad \therefore D_i\subseteq G_i.$$

従って, 番号 i に関する数学的帰納法により,

$$D_i\subseteq G_i \,(i=0,\ 1,\ \cdots,\ r)$$

が成立つ. 特に, $G_r=\{e\}$ であるから, $D_r=\{e\}$ を得る. 逆は, 注より明らかである.

21. $D_i=D_{i+1}$ とすれば,

$$D_{i+1}=(D_i \text{ の交換子群})=(D_{i+1} \text{ の交換子群})=D_{i+2}.$$

22. G が可解群であるとすれば, まず, 問13によって, H は可解群である. 次に, G の交換子群列を

$$G=D_0\triangleright D_1\triangleright D_2\triangleright\cdots\triangleright D_r=\{e\}$$

とし, また, $G/H=D_0'$ の交換子群を D_1', D_1' の交換子群を D_2', $\cdots$ とすれば,

交換子 $\quad [(Ha)(Hb)]=H[ab]$

が成立つから,

$$D_0'=HD_0/H,\ D_1'=HD_1/H,\ \cdots,\ D_r'=HD_r/H.$$

$D_r=\{e\}$ であるから, $D_r'=\{e\}$ となり, 問20により, G/H は可解群になる.

23. A_5 が単純群であり，また，位数最小の非可解群であることを用いて，次のことがらを証明せよ．

   (1) S_5 の自明でない正規部分群は A_5 だけである．

   (2) S_5 は非可解群である．

   (3) S_5, A_5 以外の S_5 の部分群はすべて可解群である．

  注. 一般に，次のような位数を持つ群Gはすべて可解群であることが証明されている．但し，m, n は任意の非負整数，p, q は相異なる素数とする．

   （1） $2m+1$ (**Feit-Thompson** の定理)，

   （2） $p^m q^n$ (**Burnside** の定理)．

これらの証明はかなり難かしく，（1）の証明はようやく1963年に発表されたものであり，また，（2）の証明には"表現論"の知識が仮定される．

[補足]　本書の程度を超えるものであるが，1981年に完成された「有限単純群の分類定理」によれば，有限単純群は次のいずれかと同型である：

(1)　素数位数の巡回群（可換な単純群），

(2)　交代群 A_n（$n \geqq 5$），

(3)　Lie 型の単純群，

(4)　26個の散在型単純群．

このうち，(4)の分類に属する単純群の中で位数が最大なものは"モンスター"と呼ばれ，約 8×10^{53} の位数を持っている．

解答のページ ━━━━━

逆に，H，G/H が共に可解群であるとし，それらの可解列を，それぞれ，

$$H \triangleright H_1 \triangleright \cdots \triangleright H_r = \{e\}, \quad G/H \triangleright G_1/H \triangleright \cdots \triangleright G_r/H = \{e\}$$

とすれば，$G_i \triangleright G_{i+1} \triangleright H$（但し，$G = G_0$）であるから，第3同型定理により，

$$(G_i/H)/(G_{i+1}/H) \cong G_i/G_{i+1} (i = 0, 1, \cdots s-1).$$

この左辺は可換群であるから，右辺もそうである．従って，G は可解列

$$G \triangleright G_1 \triangleright \cdots \triangleright G_s = H \triangleright H_1 \triangleright \cdots \triangleright H_r = \{e\}$$

を持ち，可解群となる．

23. (1) S_5 が A_5 以外の自明でない正規部分群 H を持つとすれば，§17，問22によって，H は S_5 の幾つかの共役類の合併集合になる．また，A_5 は単純群であるから，$A_5 \cap H = \{e\}$ となり，H は単位元 e 以外の偶置換を含まない．従って，§17，問9によって，このような正規部分群 H は存在しないことがわかる．

(2) A_5 は S_5 の部分群であり，かつ，非可解群であるから，問13により，S_5 も非可解群になる．

(3) H を S_5 の任意の部分群とし，その位数を m とすれば，m は $|S_5| = 120$ の約数（1，2，$\cdots$，60，120）である．H は A_5，S_5 ではないから，m は60より小さい．非可解群の最小位数は $|A_5| = 60$ であるから，H は可解群である．

§20. 直 積 分 解

SUMMARY

1 群 G の部分群 H_i $(i=1, 2, \cdots, r)$ に対して，次の2条件が成立つとき，G はこれらの部分群の**直積**であるといい，
$$G=H_1 \times \cdots \times H_r$$
で表わす．このとき，各 H_i は G の**直積因子**と呼ばれる．

(1) G の任意の元 a は
$$a=a_1 \cdots a_r \quad (a_i \in H_i)$$
の形に一意的に表わされる．

(2) G の任意の2元
$$a=a_1 \cdots a_r, \quad b=b_1 \cdots b_r \quad (a_i, b_i \in H_i)$$
に対して，
$$ab=(a_1 b_1) \cdots (a_r b_r).$$

2 群 G が部分群 H_i $(i=1, 2, \cdots, r)$ の直積であるための必要十分条件は，次の3条件が成立つことである：

問題A（☞解答は右ページ）

1. $G=H_1 \times \cdots \times H_r$ ならば，$i \neq j$ であるとき，H_i の各元と H_j の各元は可換であり，かつ，$H_i \cap H_j=\{e\}$ が成立つ．このことを証明せよ．

注．$r \geqq 3$ ならば，$G=H_1 \cdots H_r$ であるとしても，逆は必ずしも成立しない．例えば，$D_2=\{e, a, b, c\}$ において，
$$H_1=\{e, a\}, \quad H_2=\{e, b\}, \quad H_3=\{e, c\}$$
とすれば，D_2 は可換群，$H_i \cap H_j=\{e\}(i \neq j)$，かつ，$D_2=H_1 H_2 H_3$ であるが，$D \neq H_1 \times H_2 \times H_3$ である．

2. 直積は可換律，結合律をみたす．このことを証明せよ．

(1) $G=H_1\cdots H_r$,

(2) $H_i \triangleleft G \ (i=1, 2, \cdots, r)$,

(3) $H_1\cdots H_{i-1}\cap H_i=\{e\} \ (i=2, 3, \cdots, r)$.

$\boxed{3}$ $G=H_1\times\cdots\times H_r$ ならば，$i\neq j$ であるとき，H_i の各元と H_j の各元は可換であり，かつ，$H_i\cap H_j=\{e\}$ が成立つ．

$\boxed{4}$ 直積は可換律，結合律をみたす：

(1) $H_1\times H_2=H_2\times H_1$,

(2) $(H_1\times H_2)\times H_3=H_1\times(H_2\times H_3)=H_1\times H_2\times H_3$.

$\boxed{5}$ 群 G が二つの真部分群の直積に分解できるときは **直可約**，できないときは**直既約**であるという．

$\boxed{6}$ 群 G を各直積因子が直既約であるように直積分解することを，**直既約分解**または **Remak 分解**という．

$\boxed{7}$ 一般に，単純群は直既約であるが，逆は必ずしも成立しない．そこで，群 G が有限個の単純群の直積に分解できるとき，G は**完全可約**であるという．

——問題 A の解答——

1. $G=H_1\times\cdots\times H_r$ ならば，$i<j$（$i>j$ としても同様である）のとき，H_i の元 h_i と H_j の元 h_j に対して，各 H_i の単位元を $e_i(=e)$ と記せば，直積の定義により，

$$h_jh_i=(e_1\cdots e_i\cdots h_j\cdots e_r)(e_1\cdots h_i\cdots e_j\cdots e_r)$$

$$=(e_1e_1)\cdots(e_ih_i)\cdots(h_je_j)\cdots(e_re_r)=h_ih_j.$$

従って，H_i の各元と H_j の各元は可換である．次に，$H_i\cap H_j \ (i<j)$ の元を x とすれば，上の記号で，

$$x=e_1\cdots x\cdots e_j\cdots e_r=e_1\cdots e_i\cdots x\cdots e_r.$$

分解の一意性により，$x=e_i=e_j$. 従って，$H_i\cap H_j=\{e\}$ を得る．

2. 可換律は前間により明らかであるから，結合律，すなわち，

$$(H_1\times H_2)\times H_3=H_1\times(H_2\times H_3)=H_1\times H_2\times H_3$$

を証明する．そこで，$H_1\times H_2=H$ と置いて，

$$H\times H_3=H_1\times H_2\times H_3$$

3. 群 G が部分群 H_i $(i=1, 2, \cdots, r)$ の直積であるための必要十分条件は，次の 3 条件が成立つことである．このことを証明せよ．

(1) $G=H_1 \cdots H_r$

(2) $H_i \trianglelefteq G$ $(i=1, 2, \cdots, r)$

(3) $H_1 \cdots H_{i-1} \cap H_i = \{e\}$ $(i=2, 3, \cdots, r)$

4. 群 G が二つの部分群 H, K の直積であるための必要十分条件は，次の 3 条件が成立つことである．このことを証明せよ．

(1) $G=HK$ (2) $H \trianglelefteq G, K \trianglelefteq G$ (3) $H \cap K = \{e\}$

解答のページ ━━━━━━━━━━━━━━━━━━━━━━━━━━━━━━

を証明する．他の等号も同様にして証明できる．まず，$H \times H_3$ の任意の元 $a = h a_3$ $(h \in H, a_3 \in H_3)$ に対し，$h = a_1 a_2 (a_1 \in H_1, a_2 \in H_2)$ と表わされるから，$a = a_1 a_2 a_3 (a_i \in H_i)$ であり，しかも，この分解は一意的である．次に，$H \times H_3$ の二つの元

$$a = a_1 a_2 a_3, \quad b = b_1 b_2 b_3 \quad (a_i, b_i \in H_i)$$

に対し，

$$ab = (a_1 a_2 a_3)(b_1 b_2 b_3) = \{(a_1 a_2)(b_1 b_2)\}(a_3 b_3) = (a_1 b_1)(a_2 b_2)(a_3 b_3).$$

従って，直積の条件が成立し，$H \times H_3 = H_1 \times H_2 \times H_3$ を得る．

3. $G = H_1 \times \cdots \times H_r$ とすれば，G の任意の元 a は $a = a_1 \cdots a_r (a_i \in H_i)$ の形に分解されるから，(1)が成立つ．次に，この a と，H_i の任意の元 x に対し，

$$a^{-1} x a = a_r^{-1} \cdots a_1^{-1} x a_1 \cdots a_r = (a_1^{-1} a_1) \cdots (a_i^{-1} x a_i) \cdots (a_r^{-1} a_r) = a_i^{-1} x a_i \in H_i.$$

従って，(2)が成立つ．次に，$H_1 \cdots H_{i-1} \cap H_i$ の元を

$$x = x_1 \cdots x_{i-1} \quad (x_1 \in H_1, \cdots, x_{i-1} \in H_{i-1})$$

とすれば，分解の一意性により，$x = e$ を得る．従って，(3)が成立つ．

逆に，(1), (2), (3)が成立つとする．G の元 a を(1)によって分解するとき，

$$a = a_1 \cdots a_r = b_1 \cdots b_r \quad (a_i, b_i \in H_i)$$

と2通りに表わされるとすれば，

$$(b_1 \cdots b_{r-1})^{-1}(a_1 \cdots a_{r-1}) = b_r a_r^{-1}$$

となるが，左辺は $H_1 \cdots H_{r-1}$ の元，右辺は H_r の元であるから，(3)によって，それらは e に等しい．従って，

$$a_1 \cdots a_{r-1} = b_1 \cdots b_{r-1}, \quad a_r = b_r$$

を得る．以下，同様にして，$a_i = b_i (i = 1, 2, \cdots, r)$ を得る．従って，分解は一意的である．次に，H_i の元 h と H_j の元 $k (1 \leqq j \leqq i-1)$ に対し，(2)によって，

$$h^{-1} k^{-1} h k = h^{-1}(k^{-1} h k) \in H_i,$$
$$h^{-1} k^{-1} h k = (h^{-1} k^{-1} h) k \in H_j \subseteq H_1 \cdots H_j \cdots H_{i-1}$$

であるから，(3)によって，$h^{-1} k^{-1} h k = e$．∴ $hk = kh$．従って，$i \neq j$ であるとき，H_i の各元と H_j の各元は可換である．従って，直積の条件が成立し，$G = H_1 \times \cdots \times H_r$ を得る．

4. 前問において，直積因子が二つの場合である．

注. このとき，第2同型定理により，
$$(H \times K)/H \cong K, \quad (H \times K)/K \cong H.$$

5.　群 G の相異なる極大正規部分群 H, K が，条件 $H \cap K = \{e\}$ をみたすならば，$G = H \times K$ が成立つ．このことを証明せよ．

6.　次の群を直既約分解せよ．

(1)　C_4　　　(2)　D_2　　　(3)　C_6　　　(4)　S_6

7.　有限個の群 G_i $(i=1, 2, \cdots, r)$ の直積集合
$$G_1 \times \cdots \times G_r = \{(a_1, \cdots, a_r) \mid a_i \in G \ (i=1, 2, \cdots, r)\}$$
を G とすれば，G は演算
$$(a_1, \cdots, a_r)(b_1, \cdots, b_r) = (a_1 b_1, \cdots, a_r b_r)$$
のもとで群をなす．このことを証明せよ．

注. この群 $G = G_1 \times \cdots \times G_r$ は $G_1, \cdots, G_r$ の（**外部**）直積と呼ばれる．これは，直積分解とは逆に，直積による"構成"である．なお，このとき，写像
$$x \mapsto (e_1, \cdots, e_{i-1}, x, e_{i+1}, \cdots, e_r) \ (x \in G_i, \ e_j \text{ は } G_j \text{ の単位元})$$
によって，各 G_i は G の部分群と同型になる．

8.　直積 $G_1 \times G_2$ に対して，次のことがらを証明せよ．

(1)　$|G_1 \times G_2| = |G_1||G_2|$　　　　(2)　$G_1 \times G_2 \cong G_2 \times G_1$

9.　次の同型を証明せよ．

(1)　$D_2 \cong C_2 \times C_2$　　　　　　(2)　$C_6 \cong C_2 \times C_3$

10.　k を任意の正の奇数とするとき，次の同型を証明せよ：
$$D_{2k} \cong C_2 \times D_k.$$

11.　位数8の三つの可換群
$$C_8, \qquad C_4 \times C_2, \qquad C_2 \times C_2 \times C_2$$
は互いに同型ではないことを証明せよ．

5. H, K が G の相異なる極大正規部分群ならば，§16，問22 (3) によって，$G=HK$ である．従って，前問の3条件がすべて成立つから，$G=H\times K$ を得る．

6. §15，問8の記号による．

 (1)　直既約 (2)　$A\times B$ (3)　$A\times B$ (4)　直既約

7. 積が"成分ごとに"定義されているから，G が群をなすことは明らかである．なお，G_i の単位元を e_i とすれば，G の単位元は $(e_1, \cdots, e_r)$ である．

8. (1)　$G_1\times G_2$ の各元は $a_1 a_2$ $(a_1\in G_1,\ a_2\in G_2)$ の形に一意的に分解されるから，$|G_1\times G_2|=|G_1||G_2|$ が成立つ．

 (2)　同型写像 $(a_1, a_2)\mapsto(a_2, a_1)$ を考えればよい．

9. 問6 (2)，(3)によって明らかである．

10. §14，問6によって，
$$D_{2k}=\{e,\ a,\ a^2,\ \cdots,\ a^{2k-1}\}\cup\{b,\ ab,\ a^2b,\ \cdots,\ a^{2k-1}b\}.$$
k を正の奇数とすれば，
$$C_2=\{e,\ a^k\},\quad D_k=\{e,\ a^2,\ a^4,\ \cdots,\ a^{2k-2}\}\cup\{b,\ a^2b,\ a^4b,\ \cdots,\ a^{2k-2}b\}$$
は共に D_{2k} の正規部分群で，
$$D_{2k}=C_2 D_k,\quad C_2\cap D_k=\{e\}$$
であるから，$D_{2k}=C_2\times D_k$ が成立つ．

11. C_8 は位数8の元を持つが，他の二つの群は持たないから，C_8 はそれらと同型ではない．$C_4\times C_2$ は位数4の元を持つが，$C_2\times C_2\times C_2$ は持たないから，両者は同型ではない．従って，与えられた三つの群は互いに同型ではない．

注. 位数8の群には，上記の三つの可換群以外に，非可換群 D_4, Q_4 があり，結局，全部で五つの型がある．

12. 位数9の群は可換群に限る．このことを用いて，位数9の群は C_9 または $C_3 \times C_3$ に同型であることを証明せよ．

13. C^*, R^+, T を，それぞれ，0以外の複素数全体の乗法群，正の実数全体の乗法群，1次元輪環群とするとき，次の同型を証明せよ：

(1) $C^*/R^+ \cong T$　　　(2) $C^* \cong R^+ \times T$

問題B（☞解答は右ページ）

14. 可換群（アーベル群）G の位数を

$$n = hk, \quad (h, k) = 1$$

とするとき，集合

$$H = \{x \in G \mid x^h = e\}, \qquad K = \{x \in G \mid x^k = e\}$$

は，それぞれ，位数 h, k の G の部分群で，かつ，

$$G = H \times K$$

が成立つ．このことを証明せよ．

注. たとえば，位数12の巡回群

$$\langle a \rangle = \{e, a, a^2, \cdots, a^{11}\} \quad (a^{12} = e)$$

は，それぞれ位数が4と3の二つの巡回部分群 $\langle a^3 \rangle$ と $\langle a^4 \rangle$ の直積である．

15. 可換群（アーベル群）G の位数を

解答のページ

12.　群 G の位数を 9 とすれば，§16，問 $8\,(2)$ によって，G の各元の位数は 9 の約数　$(1,$ $3,$ または $9)$ である．もし位数 9 の元があれば，$G\cong C_9$ となる．従って，G の各元 $a\neq e$ の位数は 3 であるとしてよい．一つの元 $a\neq e$ の生成する巡回部分群を $H=\{e,$ $a,$ $a^2\}$ とし，これに属さない元 b の生成する巡回部分群を $K=\{e,$ $b,$ $b^2\}$ とすれば，G は可換群であるから，H，K は G の正規部分群である．§19，問 2 によって，H，K は G の極大正規部分群である．更に，$H\cap K=\{e\}$ であるから，問 5 によって，$G=H\times K$ が成立つ．従って，$G\cong C_9$，または，$G\cong C_3\times C_3$ となる．

13.　(1)　C^* から T の上への準同型同像 $re^{i\theta}\mapsto e^{i\theta}$ の核は R^+ であるから，準同型定理によって，$C^*/R^+\cong T$ を得る．

(2)　$C^*=R^+T$ $(z=re^{i\theta})$，$R\cap T=\{1\}$，C^* は可換群であるから，問 4 によって，$C^*\cong R^+\times T$ を得る．

—— 問題 **B** の解答 ——

14.　H，K が G の部分群になることは容易に証明される．G は可換群だから，H，K は G の正規部分群である．さて，$(h,\ k)=1$ であるから，Bachet の定理によって，1 次不定方程式 $hx+ky=1$ は整数解 x，y を持つ．すると，G の任意の元 a に対して，
$$a=a^{hx+ky}=a^{ky}a^{hx}.$$
しかるに，
$$(a^{ky})^h=(a^y)^{hk}=(a^y)^n=e,\quad \therefore a^{ky}\in H.\quad 同様にして，\quad a^{hx}\in K.$$
従って，$G=HK$．更に，$H\cap K$ の任意の元 a に対して，上の記号で，
$$a=a^{kx+ky}=(a^h)^x(a^k)^y=e,\quad \therefore H\cap K=\{e\}.$$
以上によって，$G=H\times K$ が成立つ．

次に，H，K の位数がそれぞれ h，k であることを証明する．仮に，H，K の位数を h'，k' とすれば，$G=H\times K$ であるから，問 $8\,(1)$ によって，$n=hk=h'k'$ が成立つ．いま，h と k' が共通の素因数 p を持つとすれば，p は k' の素因数であるから，§16，問 12 によって，K は位数 p の元 a を持つ．しかるに，p は h の素因数であるから，$a^h=e$．$\therefore a\in H\cap K=\{e\}$．$\therefore a=e$．これは不合理であるから，$(h,\ k')=1$．同様にして，$(h',\ k)=1$．従って，$h=h'$，$k=k'$ が成立つ．

15.　前問によって明らかである．

$$n = p_1{}^{\alpha_1} \cdots p_r{}^{\alpha_r} \quad \text{（素因数分解）}$$

とすれば，G は素数ベキ位数 $p_i{}^{\alpha_i}$ の部分群 H_i（$i=1, \cdots, r$）の直積

$$G = H_1 \times \cdots \times H_r$$

に分解される．このことを証明せよ．

　注．このとき，各 H_i は G の "p_i-Sylow 群" である（問23参照）．この分解が直既約分解になるとは限らない．

16.　　一般に，位数が p^α（p は素数）である群 G を **p-群**という．このとき，G が可換群ならば，最大位数 m を持つ元 a によって生成される巡回部分群 $\langle a \rangle$ は G の一つの直積因子である．このことを証明せよ．

　注．有限群 G において，G が p-群であるための必要十分条件は，G の各元の位数が p ベキになることである．

[補足]　位数 n の有限群が同型を除いて $\gamma(n)$ 個存在するとすれば，素数 p に対して，

$$\gamma(p) = 1, \quad \gamma(p^2) = 2, \quad \gamma(p^3) = 5$$

であり，さらに

$$\gamma(p^4) = \begin{cases} 14 & （p=2 \text{ のとき}） \\ 15 & （p \neq 2 \text{ のとき}） \end{cases}$$

であることがわかっている．これによれば $\gamma(2^4) = 14$ であり，それらは，可換群が

　　　$C_{16}, \; C_8 \times C_2, \; C_4 \times C_4, \; C_4 \times C_2 \times C_2, \; C_2 \times C_2 \times C_2 \times C_2$（5個），

また非可換群が

　　　　　$D_8, \; Q_8, \; C_2 \times D_4, \; C_2 \times Q_4,$　など（9個）

で，合計14個になる．

解答のページ

16. $H = \langle a \rangle$ と置く. G は可換群であるから, H は G の正規部分群である. そこで, G の任意の元 x に対して, 剰余類 Hx の剰余群 G/H における位数を k とすれば,

$$(Hx)^k = Hx^k = H. \quad \therefore x^k \in H.$$

従って, $x^k = a^s \ (0 \leqq s < m)$ と置ける. このとき,

$$s = qk + r, \quad 0 \leqq r < k$$

と置けば,

$$x^k = a^s = a^{qk+r} = a^{qk}a^r. \quad \therefore (a^{-q}x)^k = a^r.$$

しかるに, a の位数は m であるから, a^r, すなわち, $(a^{-q}x)^k$ の位数は $m/(r, m)$ になり,

$$(a^{-q}x)^{km/(r,m)} = e.$$

位数 m の最大性により,

$$km/(r, m) \leqq m. \quad \therefore k \leqq (r, m).$$

もし $r \neq 0$ とすれば, $(r, m) \leqq r < k$ となって不合理であるから, $r = 0$ となる. 従って, $s = kq$ を得る.

そこで, G から H の上への写像 f を

$$x \mapsto a^q \quad (x^k = a^{qk})$$

によって定義する. G の任意の 2 元 x, y に対して, Hx, Hy の G/H における位数を, それぞれ, k, k' $(k \geqq k')$ とすれば, G は p-群であるから, $k' | k$ となり, Hxy の G/H における位数は k になる. このとき,

$$x^k = a^{qk}, \quad y^{k'} = a^{q'k'}$$

と置けば, $(xy)^k = a^{(q+q')k}$ であるから,

$$f(xy) = a^{q+q'} = a^q a^{q'} = f(x)f(y).$$

従って, f は G から H の上への準同型写像になる. また, f は H 上では明らかに恒等写像になる.

17. 有限アーベル群 G に対する 3 条件のうち, いずれか二つが成立つならば, 他の一つも成立つことを証明せよ.

　(1)　巡回群　　　(2)　p-群　　　(3)　直既約

　注.　§19, 問10によって, 巡回 p-群は唯一つの組成列を持つことに注意せよ.

18. 可換 p-群 G （位数 p^α）は, 幾つかの巡回 p-群 H_i （位数 p^{α_i}）の直積

$$G = H_1 \times \cdots \times H_r, \qquad \alpha = \alpha_1 + \cdots + \alpha_r$$

に直既約分解される. このことを証明せよ.

　注.　このとき, G は $[\alpha_1 \cdots \alpha_r]$ 型の p-群であるという. 従って, 位数 p^α の可換 p-群には, 正整数 α の分割の個数だけの型がある. 例えば, C_4 は $[2]$ 型, D_2 は $[1\ 1]$ 型の 2-群である. なお, 可換 p-群を"準素群"（primary group）ということがある.

19. 任意の有限アーベル群 G は, 幾つかの素数ベキ位数の巡回部分群の直積に直既約分解される（**有限アーベル群の基本定理**）. このことを証明せよ.

20. p-群 G の位数を p^α （$\alpha \geqq 1$）とすれば, G の中心 Z の位数は $p^\beta (\alpha \geqq \beta \geqq 1)$ である. このことを証明せよ.

解答のページ

そこで，$K = \mathrm{Ker}\, f$ と置き，以下，$G = H \times K$ となることを証明する．まず，G の任意の元 x に対して，$f(x) = a^q$ とすれば，$a^{-q} \in H$ であるから，

$$f(a^{-q}x) = f(a^{-q})f(x) = a^{-q}a^q = e. \quad \therefore a^{-q}x \in K.$$

従って，$x \in a^q K \subseteq HK$ となり，$G = HK$ を得る．更に，$x \in H \cap K$ とすれば，$x \in H$ より $f(x) = x$，また，$x \in K$ より $f(x) = e$．$\therefore x = e$．従って，$H \cap K = \{e\}$ を得る．よって，問 4 により，$G = H \times K$ が成立つ．

注．前問によって，G が p-群であるという仮定は不要になる．

17.　まず，G が巡回 p-群であるとすれば，G は唯一つの組成列を持つ．そこで，もし $G = H \times K$ とすれば，$H \supseteq K$ と仮定することが出来，$G = HK = H$ となる．従って，G は直既約である．

次に，G が直既約な p-群であるとする．G において最大位数 m を持つ元を a とすれば，前問によって，$\langle a \rangle$ は一つの直積因子になる．しかるに，G は既約であるから，$G = \langle a \rangle$．従って，G は巡回群である．

最後に，G が直既約な巡回群であるとする．もし G が p-群でなければ，問 15 によって，G は直可約となって不合理である．従って，G は p-群である．

18.　可換 p-群 G は，問 16 によって，

$$G = \langle a_1 \rangle \times K_1$$

の形に直積分解される．K_1 は再び可換 p-群であるから，それを同様に直積分解すれば，

$$G = \langle a_1 \rangle \times \langle a_2 \rangle \times K_2$$

となる．以下，この操作を繰返せば，G は巡回 p-群の直積

$$G = \langle a_1 \rangle \times \langle a_2 \rangle \times \cdots \times \langle a_r \rangle$$

に分解される．前問によって，この分解は直既約分解である．各 $\langle a_i \rangle$ の位数を p^{α_i} $(i = 1, 2, \cdots, r)$ とすれば，問 8 によって，

$$p^\alpha = p^{\alpha_1 + \cdots + \alpha_r}. \quad \therefore \alpha = \alpha_1 + \cdots + \alpha_r.$$

19.　有限な可換群 G は，まず問 15 によって幾つかの p_i-群の直積に分解され，更に，それらの直積因子が前問によって幾つかの巡回部分群の直積に直既約分解されるからである．

20.　Lagrange の定理によって，$|Z| = k$ は $|G| = p^\alpha$ の約数である．従って，$k \neq 1$ であることを証明すればよい．§17, 問 25 によって，G の類等式

21. p-群 G（位数 p^α）は可解な組成列

$$G = G_0 \triangleright G_1 \triangleright \cdots \triangleright G_\alpha = \{e\}, \quad |G_i| = p^{\alpha-i}$$

を持ち，従って，可解群である．このことを証明せよ．

22. 群 G の位数が p または p^2（p は素数）ならば，G は可換群である．このことを証明せよ．

23. 群 G の位数を

$$n = p^\alpha m, \qquad p \text{ は素数で } (p, m) = 1$$

とすれば，G には位数 p^α の部分群 H が少なくとも一つ存在する（**Sylow** の定理）．このことを証明せよ．

$$p^\alpha = 1 + h_2 + h_3 + \cdots + h_c$$

の各項 h_i は p^α の約数であり，その中で値1であるものの総和が k である．従って，この等式は，

$$p^\alpha = k + (p \text{の倍数}), \quad \alpha \geq 1$$

の形となり，k は p の倍数になる．従って，$k \neq 1$ となる．

21. G の位数を p^α とすれば，G は位数 $p^{\alpha-1}$（指数 p）の正規部分群 G_1 を持つ．この命題を，α に関する数学的帰納法によって証明する．G が可換群ならば，問18によって，G は幾つかの巡回 p-群の直積に分解されるから，指数 $p^{\alpha-1}$ の正規部分群 G_1 を必ず持つ．そこで，G を非可換群とすれば，前問によって，G の中心 Z は位数 p^β（$\alpha > \beta \geq 1$）を持つ．従って，帰納法の仮定によって，G/Z は指数 p の正規部分群 G_1/Z を持つ．このとき，G_1 は G の正規部分群であり，第3同型定理によって，

$$G/G_1 \cong (G/Z)/(G_1/Z). \quad \therefore |G/G_1| = p.$$

従って，最初の命題は証明された．

以上によって，G は正規鎖

$$G = G_0 \rhd G_1 \rhd \cdots \rhd G_\alpha = \{e\}, \quad |G_i| = p^{\alpha-i}$$

を持ち，§19，問2によって，この正規鎖は可解な組成列である．

22. $|G| = p$ ならば，§16，問11(1)によって G は可換群である．そこで，$|G| = p^2$ とする．問20から，G の中心 Z の位数 k は p または p^2 である．$k = p^2$ ならば，$Z = G$ となり，§17，問14により，G は可換群である．そこで，$k = p$ とすれば，$|G/Z| = p$ となり，G/Z は巡回群になる．従って，G は，

$$G = Z \cup Za \cup Za^2 \cup \cdots \cup Za^{p-1}$$

と類別され，G の任意の元 x は，

$$x = za^r \quad (z \in Z, \ 0 \leq r \leq p-1)$$

の形に表わされる．この形の二つの元の積は明らかに可換であるから，G は可換群になる．

注．$|G| = p^\alpha$（$\alpha \geq 3$）ならば，G は可換群になるとは限らない．例えば，D_4，Q_4 は位数 $8 = 2^3$ であるが，どちらも非可換群である．

23. 位数 n に関する数学的帰納法によって証明する．G' を G の指数 l の真部分群とすれば，Lagrange の定理によって，

$$|G'| = n/l = p^\alpha m/l$$

となる．そこで，$(p, l) = 1$ とすれば，$|G'|$ は p^α の倍数となり，かつ，n より小さ

　　注. この部分群HをGの **p-Sylow** 群という. p-Sylow 群は互いに共役である.

[補足]　可換群（アーベル群）A はしばしば加法的に書かれる. このとき, A を**加群**（module）と呼ぶ. A がその有限個の元 a_1, a_2, …, a_n で

$$A = Za_1 + Za_2 + \cdots + Za_n$$

と表わされるとき, A は**有限生成**であるという. 加群 A の有限位数の元全体は A の部分群をなす. これを A の**ねじれ部分**という. この部分が $\{0\}$ ならば, A は "ねじれが無い"（torsion-free）といわれる. もし A が有限加群ならば, A 全体が "ねじれ部分" である. 次の定理は有限アーベル群の基本定理の無限群への拡張である：

　「有限生成アーベル群は巡回部分群の直積に分解される.」（**アーベル群の基本定理**）

　　ここで, 演算は加法的に書かれているから, 巡回群は Z_m（位数 m）, Z（無限位数）と書かなければならない. 有限アーベル群の基本定理と比較されたい.

い. 従って, 帰納法の仮定によって, G' は位数 p^{α} の部分群 H を持つが, それは丁度 G の p-Sylow 群である. もし, $(p, l)=1$ となるような真部分群 G' が存在しなければ, G の中心 Z の位数を k とするとき, G の類等式

$$n = 1 + h_2 + h_3 + \cdots + h_c$$

の各項 h_i は, §18, 問24(1) によって, p の倍数となり, その中で値1であるものの総和が k である. 従って, この等式は,

$$p^{\alpha}m = k + (p \text{の倍数})$$

の形となり, k は p の倍数となる. Z は可換群であるから, §16, 問12によって, Z は位数 p の巡回部分群 C を持つ. $C \subseteq Z$ であるから, C は G の正規部分群である. 従って, 帰納法の仮定から, G/C は p-Sylow 群 H/C を持ち, この位数は $p^{\alpha-1}$ である. 従って, G は位数 p^{α} の p-Sylow 群 H を持つ.

注. この定理より直ちに次の事実がわかる:

「$|G| = 2m$ (m は奇数) ならば, G は位数 m の正規部分群を持つ.」

なぜならば, $|G| = 2m$ (m は奇数) ならば, Sylowの定理より, G は位数2の部分群 H を持ち, G の中で $G/H \cong K$ なる位数 m の正規部分群 K がとれるからである.

Richard Dedekind
(1831~1916)

第 Ⅲ 部

環・体

Was sind und was sollen die Zahlen?
——Dedekind

数とは何か，何であるべきか？（著書の題名，1887）

Dedekind は，1831年，中部ドイツのブラウンシュワイクに生まれた．それは Gauss 生誕の地でもあり，実際，彼の学位論文の審査報告を書いたのは晩年の Gauss であった．

Dedekindは，Cantor の集合論の早くからの理解者で，不遇な彼に絶えず激励の手紙を書いた．これは，彼が，個々の元ではなく，或る条件をみたす元の全体を考察するという集合論の方法を高く評価したためである．実数論における彼の"切断"の概念の導入もこの線に沿ったものである．

一方，彼は，イデアル論を創始して現代代数学の発展に大きな足跡を残し，Galois 理論においても，これを体の自己同型群に関する双対定理として把握し，抽象代数ないし線形代数的扱いへの道を開いたのである．

§21. 環 と 体

SUMMARY

1　群は一つの2元演算の定義されている代数系であるが，これに対して，環や体は二つの2元演算の定義されている代数系である．

2　加法群Rに次の2条件をみたすような乗法（積ab）が定義されているとき，Rは環をなすという．

(1)　乗法は結合律をみたす（Rは乗法に関して半群をなす）．

(2)　加法と乗法の間に**分配律**が成立つ．すなわち，

$$a(b+c)=ab+ac, \quad (b+c)a=ba+ca.$$

3　環Rの零元0は"整数ゼロ"であるとは限らない．

4　環$R \neq \{0\}$（零環）が乗法に関して単位元eを持つとき，Rを単位的環という．このとき，$e \neq 0$である．

5　単位的環Rの正則（§4）な元全体の集合R^*は乗法に関して群

問題A（☞解答は右ページ）

1.　環Rにおいて，次の公式を証明せよ．

(1)　$0a=a0=0$

(2)　$-(-a)=a$

(3)　$(-a)b=a(-b)=-ab$

(4)　$(-a)(-b)=ab$

(5)　$a(b-c)=ab-ac$

(6)　$(b-c)a=ba-ca$

注．環は三則（加法，減法，乗法）に関して閉じている代数系であり，可換律，簡約律が成立つとは限らないことなどに注意すれば，ほぼ通常の文字計算と同様の演算が可能である．なお，テキストによっては，本書でいう可換環を単に"環"と呼ぶこともある．本書では環Rはたとえばn次の全行列環であってもよい．

をなす. R^* を R の**乗法群**という.

⑥ 環 R が乗法に関して可換律をみたすとき, R を**可換環**という.

⑦ 環 R が零因子（§3）を持たないための必要十分条件は, R において**簡約律**（§4）が成立つことである.

⑧ 可換な単位的環 R が零因子を持たないとき, R を**整域**という. **整数環** Z は整域の典型的な例である.

⑨ 単位的環 R の各元 $a \neq 0$ が正則であるとき, R を**斜体（非可換体）**という. 特に, 斜体 F が可換律をみたすとき, F を**体**という. 任意の体は整域である.

⑩ 体 F において,

$$a-b=a+(-b), \qquad a/b=ab^{-1} \ (b \neq 0)$$

と規約すれば, 加法, 乗法の "逆演算" として**減法**, **除法**が定義できる. この意味で, 体は, 0 で割ることを除外すれば, **四則演算**（加法, 減法, 乗法, 除法）に関して閉じている代数系である.

——問題 A の解答——

1. (1) 環 R は分配律をみたすから,

$$0a+0a=(0+0)a=0a. \quad \therefore 0a+0a=0a.$$

$0a$ の反元 $-0a$ を両辺に加えて, $0a=0$ を得る. $a0=0$ も同様である.

 注. この場合, 0 は R の零元であり, 整数 0 ではない.

(2) 群における逆元の公式 $(a^{-1})^{-1}=a$ を加法群 R に適用すればよい.

(3) 分配律により,

$$ab+(-a)b=(a+(-a))b=0b=0. \quad \therefore (-a)b=-ab.$$
$$ab+a(-b)=a(b+(-b))=a0=0. \quad \therefore a(-b)=-ab.$$

(4) (3)により,

$$(-a)(-b)=(-(-a))b=ab.$$

(5) 分配律と(3)により,

$$a(b-c)=a(b+(-c))=ab+a(-c)=ab-ac.$$

2. 　環 $R \neq \{0\}$ が乗法に関して単位元 e を持つならば，$e \neq 0$ である．このことを証明せよ．

　　注. **零環** $\{0\}$ では，$0+0=0$，$00=0$ であり，零元 0 が乗法に関する単位元 e の役割も兼ねている．そこで，零環 $\{0\}$ も単位的環の仲間に入れ，単位的環だけを "環" と称するテキストもある．

3. 　単位的環 R の正則元全体の集合 R^* について，次のことがらを証明せよ．

　　(1)　R^* は乗法に関して群をなす．　　(2)　$R^* \neq R$ である．

4. 　環 R の任意の 2 元 a，b と任意の整数 m に対して，次の公式を証明せよ：

$$(ma)b=a(mb)=mab.$$

　　注. 整数 m は R の元とは限らないから，ma は R の "内部演算" ではない．しかし，§11，問 8（注）のように，m が正整数のとき，

$$ma=a+a+\cdots+a(m個), \quad (-m)a=m(-a), \quad 0a=0$$

と規約すれば，任意の整数 m に対して，R の元 ma が定義できる．

5. 　環 R が零因子を持たないための必要十分条件は，R において簡約律が成立つことである．このことを証明せよ．

6. 　任意の体は整域であることを証明せよ．

解答のページ

(6) (5)と同様にして，
$$(b-c)a=(b+(-c))a=ba+(-c)a=ba-ca.$$

2. $R\neq\{0\}$ であるから，R は元 $a\neq 0$ を持つ．仮に，$e=0$ であるとすれば，
$$a=ae=a0=0. \quad \therefore a=0.$$
これは矛盾である．従って，$e\neq 0$ である．

3. (1) 2元 a，b が正則ならば，それらの逆元 a^{-1}，b^{-1} が存在し，R は乗法に関して閉じているから，$b^{-1}a^{-1}=(ab)^{-1}$ も存在する．従って，ab も正則である．次に，結合律は R で成立しているから，その部分集合 R^* でも成立する．また，単位元 e は明らかに正則である．最後に，a と a^{-1} は互いに逆元であるから，a が正則ならば a^{-1} も正則である．従って，R^* は群をなす．

(2) 仮に，$R^*=R$ であるとすれば，0 の逆元 0^{-1} が存在し，$00^{-1}=e$ となる筈である．問 1 (1)によって，この左辺は 0 に等しい．$\therefore e=0$．しかるに，前問によって，これは不合理である．$\therefore R^*\neq R$.

4. m が正のときについて証明すれば十分である．
$$(ma)b=(a+a+\cdots+a)b=ab+ab+\cdots+ab=mab.$$
$$a(mb)=a(b+b+\cdots+b)=ab+ab+\cdots+ab=mab,$$
$$\therefore (ma)b=a(mb)=mab.$$

5. R が零因子を持たないとする．$ax=ac$，$a\neq 0$，とすれば，移項して，
$$ax-ac=a(x-c)=0. \quad \therefore a=0 \text{ または } x-c=0.$$
$a\neq 0$ であるから，$x-c=0$．従って，左簡約律が成立つ．右簡約律も同様にして証明できる．逆に，R において簡約律が成立つとする．$ab=0$，$a\neq 0$，とすれば，$ab=0=a0$ であるから，簡約律により，$b=0$ を得る．従って，R は零因子を持たない．

6. F を体とする．体は可換な単位的環であるから，F が整域であることを示すためには，F が零因子を持たないことだけを証明すればよい．F において，$ab=0$，$a\neq 0$，とすれば，a の逆元 a^{-1} が存在するから，それを両辺に左乗して，$a^{-1}ab=a^{-1}0$．$\therefore b=0$．従って，F は零因子を持たず，整域になる．

7. 任意の有限な整域は体であることを証明せよ.

注. 体 F は，その元の個数が有限ならば**有限体**，無限ならば**無限体**と呼ばれる. 有限体 F は，元の個数が q ならば，**q 元体**とも呼ばれる. 素数 p を法とする**剰余体** Z_p は有限体の典型的な例である. 2 元体 Z_2 は最小の有限体である. なお，任意の有限な斜体は体である（**Wedderburn の定理**）.

8. 次の環は整域であることを証明せよ.

(1) 整数環 Z　　　　　　　　　(2) Gauss 整数環 $Z[i]$

注. Z の正則元は $\{\pm 1\}$，$Z[i]$ の正則元は $\{\pm 1, \pm i\}$ である.

9. 複素数の或る集合 F が通常の加法，乗法に関して体をなすとき，F を**数体**という. 数体では単位元は 1 である. **有理数体** Q，**実数体** R，**複素数体** C は数体の典型的な例である.

有理数体 Q は最小の数体である. すなわち，任意の数体 F は Q を含む無限体である. このことを証明せよ.

10. 次の集合は体をなすことを証明せよ. この体を **Gauss の数体**という.

$$Q(i) = \{a + ib \mid a, b \in Q\} \quad (i = \sqrt{-1}).$$

11. 4 元数全体の集合

$$H = \{a + ib + jc + kd \mid a, b, c, d \in R\}$$
$$(i^2 = j^2 = k^2 = ijk = -1)$$

解答のページ

7. F を有限な整域とする. 整域は可換な単位的環であるから, F が体であることを示すためには, F の各元 $a \neq 0$ が逆元を持つことだけを証明すればよい. そこで, 与えられた元 $a \neq 0$ に対して, F から F への写像

$$f : x \mapsto xa$$

を考えれば, これは単射である. 何故ならば, 問5によって整域では簡約律が成立し, $xa = ya$ とすれば $x = y$ を得るからである. しかるに, F は有限集合であるから, f は全射になる. 従って, 単位元 e の原像 x が存在して, $xa = e$ となる. この x が求める a の逆元に他ならない.

8. (1) $\boldsymbol{Z}$ は可換な単位的環である. 問6によって複素数体 $\boldsymbol{C}$ は零因子を持たないから, その部分集合 $\boldsymbol{Z}$ も零因子を持たない. 従って, $\boldsymbol{Z}$ は整域である.

(2) (1)と同様である.

9. F を数体とすれば, F は零元 0, 単位元 1 を持つ. F は加法に関して閉じているから,

$$1, \quad 1+1=2, \quad 2+1=3, \quad \cdots$$

など, すべての正整数を持つ. 従って, その反元も持ち, すべての整数を持つ. すると, F は除法も可能であるから, 任意の既約分数 $q/p \,(p \neq 0)$ も持つ. 従って, F は $\boldsymbol{Q}$ を含む.

10. $\boldsymbol{Q}(i)$ に属する任意の二つの元を

$$a+ib, \quad c+id$$

とすれば,

$$(a+ib)+(c+id)=(a+c)+i(b+d),$$
$$(a+ib)-(c+id)=(a-c)+i(b-d),$$
$$(a+ib)(c+id)=(ac-bd)+i(ad+bc),$$
$$\frac{a+ib}{c+id}=\frac{ac+bd}{c^2+d^2}+i\frac{bc-ad}{c^2+d^2}$$

であるから, $\boldsymbol{Q}(i)$ は四則演算に関して閉じている. 従って, 体をなす. なお, §25, 問13を参照のこと.

11. 0 以外の任意の4元数は, 逆元

$$(a+ib+jc+kd)^{-1}=\frac{1}{a^2+b^2+c^2+d^2}(a-ib-jc-kd)$$

を持つ. それ以外の条件は容易に確かめられる. 従って, $\boldsymbol{H}$ は斜体をなす.

は斜体をなすことを証明せよ.

　注. この斜体 *H* を **4元数体**という. このような, 実数体 *R* 上の有限次元の "多元体" は *R*, *C*, *H* に限る. なお, §17, 問16を参照のこと.

12. 　体 *F* の元を成分に持つ *n* 次正方行列の全体 $M_n(F)$ は, 零行列 *O* を零元, 単位行列 *E* を単位元とする環をなす. この環 $M_n(F)$ を *F* 上の *n* 次**全行列環**という. *n* 次正方行列 *A* が正則であるための必要十分条件は, det *A* $\neq 0$ なることである. 体 *F* の元を成分に持つ *n* 次正則行列の全体 $GL(n, F)$ は行列の乗法に関して群をなす. 以上のことがらを証明せよ.

13. 　環 *R* において, 条件 "$a^2=a$" をみたすような元 *a* は**ベキ等**であるという. 特に, 各元がベキ等であるような単位的環は **Boole 環**と呼ばれる.

　Boole 環は可換環で, かつ, 任意の元 *a* に対し, "$2a=0$" が成立つ. このことを証明せよ.

14. 　空でない集合 *S* の部分集合全体を *R* とし, *R* における加法と乗法を, それぞれ,

$$A+B=(A\cap\overline{B})\cup(\overline{A}\cap B), \quad AB=A\cap B \quad (A, B\subseteq S)$$

によって定義する. 但し, $\overline{A}$ は *A* の補集合で, *A+B* は *A*, *B* の**対称差**である. このとき, *R* は Boole 環となることを証明せよ.

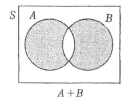

A+B

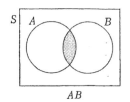

AB

解答のページ

12. 行列の加法, 乗法の定義から容易に確かめられる. 最後の命題は問3から明らかである.

13. Rの任意の2元a, bに対して, ベキ等律により,
$$(a+b)^2=a+b, \quad a^2=a, \quad b^2=b.$$

他方,
$$(a+b)^2=(a+b)(a+b)=a^2+ab+ba+b^2.$$
$$\therefore ab+ba=0. \quad \cdots\cdots(1)$$

ここで, $b=a$と置けば, $2a^2=2a=0$.
$$\therefore 2a=0. \quad \cdots\cdots(2)$$

(2)より, Rの任意の元aに対して, $a=-a$が成立つから, (1)により,
$$ab=-ba=ba. \quad \therefore R\text{は可換環である}.$$

14. Rが零元ϕ, 単位元Sを持つ可換環になることは容易に確かめられる.
$$A^2=A\cap A=A \quad (A\subseteq S)$$
であるから, RはBoole環である. なお, $A\cap\overline{A}=\phi$であるから, A, $\overline{A}$はRの零因子となっており, Rは整域にはならない.

問題B（☞解答は右ページ）

15. 可換な単位的環 R の元を係数とする変数 x の多項式
$$f(x)=a_0+a_1x+a_2x^2+\cdots+a_nx^n \quad (a_i\in R)$$
の全体 $R[x]$ は，$x^0=e$（単位元）と規約するとき，

$$\text{加法}: \sum_{i=0}^{n} a_i x^i + \sum_{j=0}^{m} b_j x^j = \sum_{k=0}^{l} (a_k+b_k) x^k,$$

$$\text{但し，} l=\max\{n, m\};$$

$$\text{乗法}: \left(\sum_{i=0}^{n} a_i x^i\right)\left(\sum_{j=0}^{m} b_j x^j\right) = \sum_{k=0}^{n+m}\left(\sum_{i+j=k} a_i b_j\right) x^k$$

に関して，可換な単位的環をなす．このことを証明せよ．

　注．この環 $R[x]$ を R 上の**多項式環**といい，R をその**係数環**という．このとき，R に変数 x を添加して得られた多項式環 $R[x]$ も可換な単位的環であるから，これに更に変数 y を添加して，R 上の2変数の多項式環
$$R[x, y]=R[x][y]$$
を作ることが出来る．これを繰返して，R 上の n 変数の多項式環 $R[x_1, \cdots, x_n]$ を作ることが出来る．

16. 多項式環 $R[x]$ において，
$$f(x)=a_0+a_1x+\cdots+a_nx^n, \quad a_n\neq 0$$
のとき，n を $f(x)$ の**次数**といい，$n=\deg f(x)$ で表わす．但し，0 でない定数多項式 a に対しては $\deg a = 0$ とし，**零多項式 0 に対しては次数を定義しない**．なお，多項式は，応用上，"降ベキの順" にも表わされる．

　0 でない二つの多項式 $f(x)$, $g(x)$ に対して，不等式
$$\deg f(x)g(x)\leq\deg f(x)+\deg g(x)$$
が成立つ．特に，係数環 R が整域ならば，常に等号が成立つ．このことを証明せよ．

17. 整域 R 上の多項式環 $R[x]$ は整域である．このことを証明せよ．

解答のページ ━━━━━━━━━━━━━━━━━━━

────問題Bの解答────

15. $R[x]$ が環をなすことは容易に確かめられる. 可換環になることは, R が可換環であるから,

$$f(x)g(x)=\sum_{k=0}^{n+m}\Big(\sum_{i+j=k}a_ib_j\Big)x^k=\sum_{k=0}^{m+n}\Big(\sum_{j+i=k}b_ja_i\Big)x^k=g(x)f(x)$$

とすればよい. また, $R[x]$ の単位元は $x^0=e$ である.

16. 前問の乗法の定義より,

$$\deg f(x)g(x)\leqq\deg f(x)+\deg g(x)$$

が成立つ. ここで, a_n, b_m が零因子のときは, $a_nb_m=0$ となり, 不等号が成立つ. R が整域ならば, $a_n\neq0$, $b_m\neq0$ のときは, $a_nb_m\neq0$ となり, 常に等号が成立つ.

17. $f(x)$, $g(x)$ を 0 でない二つの多項式とすれば, $f(x)$, $g(x)$ は, それぞれ, 少なくとも一つの 0 でない係数 a_n, b_m を持つ. このとき, R が整域ならば, $a_nb_m\neq0$ である. 従って,

$$f(x)g(x)=a_0b_0+\cdots+a_nb_mx^{n+m}\neq0.$$

従って, $R[x]$ は零因子を持たない. 問15によって, $R[x]$ は可換な単位的環であるか

18.　有理係数，実係数，複素係数の多項式環

$$Q[x], \quad R[x], \quad C[x]$$

は，いずれも整域である．このことを証明せよ．

ら，整域になる．

18. 　問6によって，任意の体は整域であるから，前問によって，$Q[x]$, $R[x]$, $C[x]$ は整域になる．

§22. イ デ ア ル

SUMMARY

① 環 R の部分集合 A が R の加法，乗法に関して再び環になるとき，A を R の**部分環**という．特に，部分環 A が整域または体になるときは，それぞれ，**部分整域**または**部分体**という．

② 環 R の空でない部分集合 A が R の部分環になるための条件：

$$a, b \in A \Rightarrow a-b, ab \in A.$$

③ A, B が環 R の部分環（部分整域，部分体）ならば，共通部分 $A \cap B$ も R の部分環（部分整域，部分体）である．

④ 環 R の空でない部分集合 A が，A の任意の2元 a，b と R の任意の元 x に対して，条件

$$a-b \in A, \quad xa \in A, \quad ax \in A$$

をみたすとき，A を R の**イデアル**（ideal）という．イデアル A は R の部分環である．

⑤ 任意の環 R は二つの**自明なイデアル** R，$\{0\}$ を持つ．これら以

問題A（☞解答は右ページ）

1. 環 R の空でない部分集合 A が R の部分環になるための必要十分条件は，

$$a, b \in A \Rightarrow a-b, ab \in A$$

が成立つことである．このことを証明せよ．

2. 整数 a の倍数全体の集合

$$aZ = \{0, \pm a, \pm 2a, \cdots\}$$

は整数環 Z の部分環である．このことを証明せよ．

　注. これに対し，剰余環 Z_m は Z の部分環ではない．加法，乗法が Z のものと異なるからである．なお，§1，問3参照．

3. 整域 R の部分環 A が R の部分整域になるための必要十分条件は，A が R の単位元 e を持つことである．このことを証明せよ．

外のイデアルを**真のイデアル**という．　単位的環 R が真のイデアル
を持たないとき，R を**単純環**という．

⑥　A, B が環 R のイデアルならば，共通部分 $A \frown B$ も R のイデア
ルである．

⑦　環 R の部分集合 S を含む最小のイデアルを，　S で生成される**イ
デアル**といい，記号 (S) で表わす．特に，$S = \{a_1, a_2, \cdots, a_n\}$ な
らば，(S) は**有限生成**であるといい，

$$(S) = (a_1, a_2, \cdots, a_n)$$

で表わす．　R の一つの元 a によって生成されるイデアル (a) は
単項イデアル（主イデアル） と呼ばれる．

⑧　環 R において，$(0) = \{0\}$（**零イデアル**）である．また，R が
単位元 e を持つとき，$(e) = R$（**単位イデアル**）である．

⑨　可換な単位的環 R の任意のイデアルが単項イデアルであると
き，R を**単項イデアル環**という．特に，R が整域ならば，**単項イ
デアル整域**という．整数環 Z はこの典型的な例である．

――問題Aの解答――

1.　必要なることは明らかである．逆に，R の任意の 2 元 a，b に対して，$a - b \in A$ な
らば，A は加法群 R の部分群であり，また，$ab \in A$ ならば，A は半群 R の部分半群であ
る．分配律は R で成立しているから，その部分集合 A でも成立する．従って，A は R の
部分環である．

2.　a の任意の二つの倍数 ax，ay に対して，それらの差と積

$$ax - ay = a(x - y), \quad ax \cdot ay = a^2 xy$$

は再び a の倍数であるから，前問によって，aZ は Z の部分環になる．

3.　R の部分整域 A の単位元を e' とすれば，$e'e' = e'$．R の単位元を e とすれば，$ee' = e'$．∴ $e'e' = ee'$．$e' \neq 0$ であるから，簡約律により，$e' = e$．従って，A は R の単位元 e を

注. 一般の環Rでは，部分環AがRの単位元eを持たなくても部分整域になることがある．例えば，剰余環Z_{10}（単位元 1）の部分環

$$A = \{0,\ 2,\ 4,\ 6,\ 8\}\ (\mathrm{mod.}\ 10)$$

は，単位元 6 を持つZ_{10}の部分整域である．

4.　整数環Zの部分整域はZに限ることを証明せよ．

5.　体Fの部分環 $A \neq \{0\}$ がFの部分体になるための必要十分条件は，Aの各元 $a \neq 0$ に対して，$a^{-1} \in A$ が成立つことである．このことを証明せよ．

6.　A, B が環Rの部分環（部分整域，部分体）ならば，共通部分 $A \cap B$ もRの部分環（部分整域，部分体）である．このことを証明せよ．

7.　環Rの空でない部分集合Aが，Aの任意の 2 元 $a,\ b$ とRの任意の元xに対して，条件 "$a-b \in A,\ xa \in A$" をみたすとき，AをRの **左イデアル** という．同様にして，Aが条件 "$a-b \in A,\ ax \in A$" をみたすとき，AをRの **右イデアル** という．この意味で，通常のイデアルは **両側イデアル** とも呼ばれる．Rが可換環ならば，左右のイデアルを区別する必要はない．

　　環Rの左，右または両側イデアルAはRの部分環であることを証明せよ．

　注. 部分環とイデアルの関係は，群論における部分群と正規部分群の関係に類似している．なお，条件 $xa \in A,\ ax \in A$ は，それぞれ，$RA \subseteq A,\ AR \subseteq A$ とも表わされる．

8.　体Fは真のイデアルを持たないことを証明せよ．

9.　A, B が環Rのイデアルならば，共通部分 $A \cap B$ もRのイデアルであることを証明せよ．合併集合 $A \cup B$ はRのイデアルであるか．

持つ. 逆に, R の部分環 A が R の単位元 e を持つならば, A は R の部分集合として可換かつ零因子を持たない環であるから, R の部分整域となる.

4. Z の任意の部分整域を A とすれば, 前問によって, A は単位元 1 を持つ. A は加法群であるから, 零元 0, および,

$$1, \quad 1+1=2, \quad 2+1=3, \quad \cdots$$

など, すべての正整数を持つ. 従って, その反元も持ち, すべての整数を持つ. 従って, $A=Z$ が成立つ.

5. 必要なることは明らかである. 逆に, A の元 $a \neq 0$ に対して, $a^{-1} \in A$ とすれば, A は乗法に関して閉じているから, $aa^{-1}=e \in A$. 従って, A は可換な単位的環になり, 仮定によって各元 $a \neq 0$ は正則であるから, F の部分体になる.

6. A, B が R の部分環ならば, $A \cap B$ の任意の 2 元 a, b に対して,

$$a-b, \ ab \in A, \ かつ, \ a-b, \ ab \in B.$$
$$\therefore a-b, \ ab \in A \cap B.$$

従って, 問 1 より, $A \cap B$ は R の部分環になる. 他の場合も同様にして証明できる.

7. A を R の左または右イデアルとすれば, A の任意の 2 元 a, b に対して,

$$a-b, \ ab \in A$$

が成立つ. 従って, 問 1 より, A は R の部分環である.

8. $A \neq \{0\}$ を F のイデアルとする. F は体であるから, A の元 $a \neq 0$ の逆元 a^{-1} を持つ. すると, A はイデアルであるから, $aa^{-1}=e \in A$. 従って, F の任意の元 x に対して, $x=ex \in A$. $\therefore F=A$. 従って, F は真のイデアルを持たない.

注. 体 F は自明なイデアル $F=(e)$, $\{0\}=(0)$ しか持たないが, 単項イデアル整域である.

9. A, B が R のイデアルならば, $A \cap B$ の任意の 2 元 a, b と R の任意の元 x に対して,

10. 可換な単位的環 R においては，R の任意の元 a に対して，

$$(a)=aR, \quad 但し，\ aR=\{ax\,|\,x\in R\}$$

が成立つ．このことを証明せよ．

　注．環 R が可換でない場合や単位元 e を持たない場合は，単項イデアル (a) といえども，それに属する元の形は決して単純ではない．任意の整数 n と，R の任意の元 x，y，u，v に対して，(a) はイデアルであるから，

$$na+xa+ay+uav\in(a)$$

となるが，これらの項，および，それらの有限個の和は必ずしも簡単な形にまとめられないからである．

11. 整数環 Z のイデアルは，単項イデアル

$$(a)=aZ$$

に限る．従って，Z は単項イデアル整域である．このことを証明せよ．

12. 整数環 Z において，二つの整数 a, b の最大公約数を g，最小公倍数を l とすれば，

$$(a,\,b)=(g),\quad (a)\cap(b)=(l)$$

が成立つ．このことを証明せよ．

$$a-b,\ xa,\ ax \in A,\ \text{かつ},\ a-b,\ xa,\ ax \in B.$$

$$\therefore a-b,\ xa,\ ax \in A \cap B.$$

従って，$A \cap B$ は R のイデアルである．

整数環 Z において，二つのイデアル (2)，(3) の元 2，3 の和 $2+3=5$ は，それらのいずれの元でもない．従って，$A \cup B$ は必ずしもイデアルにはならない．

10. R が可換環ならば，本問（注）において，R の元 z によって，

$$na+xa+ay+uav=na+(x+y+uv)a=na+za$$

とまとめることが出来る．更に，R が単位元 e を持つならば，

$$na+za=(ne+z)a=ra=ar \quad (r \in R)$$

とまとめることが出来る．従って，それらの有限個の和もこの形で表わされ，$(a)=aR$ が成立つ．

11. まず，等式 $(a)=aZ$ を証明する．aZ は整数 a を持つイデアルであるから，(a) の最小性により，$(a) \subseteq aZ$．また，(a) はイデアルであるから，a の任意の倍数 ax を持ち，$(a) \supseteq aZ$．$\therefore (a)=aZ$．

次に，Z の任意のイデアル A が (a) の形で表わされることを証明する．$A=\{0\}$ ならば $A=(0)$ とすればよいから，$A \neq \{0\}$ として証明を進める．A が整数 $a \neq 0$ を持つならば，A はその反数 $-a$ を持つから，A は少なくとも一つの正整数を持つ．しからば，自然数の整列性により，A に属する正整数の中には最小数 a が存在する．このとき，$A=(a)$ である．何故ならば，任意の整数 x に対して，A はイデアルであるから，$ax \in A$．$\therefore A \supseteq (a)$．逆に，$A$ の任意の整数 y に対して，

$$y=qa+r,\ 0 \leq r < a$$

と置けば，A はイデアルであるから，$y \in A$，$qa \in A$ より，$r=y-qa \in A$．そこで，a の最小性により，$r=0$．$\therefore y=qa$．$\therefore A \subseteq (a)$．以上によって，$A=(a)$ を得る．従って，Z のイデアルは単項イデアル (a) に限る．

12. 前問によって，証明すべき式は，それぞれ，

$$aZ+bZ=gZ,\ aZ \cap bZ=lZ$$

と表わされる．第1式は §4，問2で証明済みであり，第2式は §7，問1で証明済みである．

注. 初等整数論では，二つの整数 a, b の最大公約数を $(a, b)=g$ と記すのであるが，もしこの右辺を (g) と記せば，両辺はイデアルとして一致するわけである.

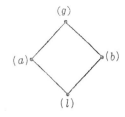

13. 整数環 Z において，任意の整数 a, b に対して，
$$(ab) \subseteq (a) \cap (b)$$
が成立つことを証明せよ.

問題B （☞解答は右ページ）

14. 環 R の任意の部分集合 S に対して，集合
$$Z(S) = \{a \in R \mid a^{-1}xa = x \ (x \in S)\}$$
は R の部分環をなす. このことを証明せよ.

注. この環 $Z(S)$ を S の**可換子環**という. これは S の各元 x と可換であるような R の元全体の集合である. 特に $S=R$ であるとき，$Z(R)$ を R の**中心**という.

15. 環 R が部分集合 S で生成されるならば，$Z(S)$ は R の中心に等しいことを証明せよ.

16. 整域 R の 2 元 $a \neq 0$, b に対して，等式
$$b = qa \quad (q \in R)$$
が成立つとき，b は a で**整除される**といい，
$$a \mid b \quad (\textbf{Landau} \text{ の記号})$$
で表わす. このとき，a は b の**約元**，b は a の**倍元**といい，特に，q が正則のとき，a と b は**同伴**であるという. 整除の問題においては，正則元因子の

13.　前問により，$(a) \cap (b) = (l)$．また，§1，問7により，$ab = gl \in (l)$．従って，$(ab) \subseteq (l)$．

——問題Bの解答——

14.　$Z(S)$ の任意の2元 a，b と S の任意の元 x に対して，a，b は x と可換であるから，

$$(a-b)x = ax - bx = xa - xb = x(a-b),$$
$$(ab)x = a(bx) = a(xb) = (ax)b = (xa)b = x(ab).$$
$$\therefore a-b,\ ab \in Z(S).$$

従って，問1により，$Z(S)$ は R の部分環である．

15.　$Z(S) \supseteq Z(R)$ は明らかであるから，$Z(S) \subseteq Z(R)$ を証明する．いま，S の有限個の元の多項式

$$a_1 a_2 \cdots a_m + \cdots + b_1 b_2 \cdots b_n$$

の形に表わされるような R の元全体の集合を A とすれば，A は S を含む R の部分環である．しかるに，R が S で生成されるならば，R は S を含む最小の部分環になり，$A = R$ となる．そこで，$Z(S)$ の任意の元 a は，A の各元と可換であるから，R の各元とも可換になり，$Z(S) \subseteq Z(R)$ を得る．従って，$Z(S)$ は R の中心に等しい．

16.　まず，$(a) = (b)$ とすれば，問10によって，

$$b = ax,\quad a = by \quad (x,\ y \in R)$$

と置ける．そこで，

$$a = by = axy.\quad \therefore axy = a.$$

R は整域であるから，両辺を $a \neq 0$ で簡約すれば，$xy = e$（単位元），従って，x，y は正則になり，a，b は同伴になる．逆に，a，b が同伴とすれば，適当な正則元 q によ

違いは本質的ではない．正則元，0以外の元pが自明な約元（同伴元と正則元）の他には約元を持たないとき，pを素元という．

　整域Rにおいて，(0)でない二つのイデアル(a)，(b)が等しいための必要十分条件は，a，bが同伴なることである．このことを証明せよ．

17.　可換な単位的環Rの各元　$a \neq 0$　に次の2条件をみたす非負整数$N(a)$が定義されているとき，$N(a)$をaのノルム（norm）といい，Rを **Euclid** 環という．

　　(1)　任意の元qに対して，$qa \neq 0$ ならば，$N(a) \leqq N(qa)$ が成立つ．

　　(2)　任意の元bに対して，
$$b = qa + r, \ r = 0 \ \text{または} \ N(r) < N(a)$$
をみたす2元q，rが存在する（除法定理）．

　このとき，特に，Rが整域ならば，**Euclid** 整域という．Euclid 整域においては，Euclid の互除法，素因数分解定理などが成立つ（§10, 問5参照）．

　Euclid 整域Rにおいて，0でない2元a，bが同伴ならば，a，bのノルムは等しいことを証明せよ．この逆は成立つか．

18.　任意の Euclid 環は単項イデアル環であることを証明せよ．

19.　体Fは Euclid 整域であることを証明せよ．

20.　体F上の多項式環$F[x]$は Euclid 整域であることを証明せよ．従って，$F[x]$は単項イデアル整域である．

　注. $F[x]$の素元をF上の**既約多項式**という（§25, 問4参照）．$F[x]$の正則元は0でない定数多項式である．

って, $b=qa$ と置ける. しからば,

$$(b)=(qa)\subseteq(a), \quad (a)=(q^{-1}b)\subseteq(b). \quad \therefore (a)=(b).$$

17. a, b が同伴ならば, 正則元 q によって, $b=qa$ と置ける. 従って, ノルムの条件によって,

$$N(a)\leq N(qa)=N(b)\leq N(q^{-1}b)=N(a). \quad \therefore N(a)=N(b).$$

逆は成立しない. 例えば, $Z[i]$ において, $2+i$, $2-i$ は共にノルム5であるが, 同伴ではない.

18. Euclid 環 R の任意のイデアルを A とする. $A=\{0\}$ ならば $A=(0)$ とすればよいから, $A\neq\{0\}$ として証明を進める. このとき, A は0でない少なくとも一つの元を持つから, その中でノルムが最小となる一つの元を a とすれば, $A=(a)$ である. その証明は問11と同様である.

19. 体 F の各元 $a\neq0$ に対して, $N(a)=0$ と定義する. このとき, 任意の元 $q\neq0$ に対して, $N(a)=N(qa)=0$ であるから, 条件(1)が成立つ. また, 任意の元 b に対して, $q=ba^{-1}$, $r=0$ と置けば, $b=qa+r$ であるから, 条件(2)が成立つ. 更に, §21, 問6によって, 体は整域であるから, F は Euclid 整域である.

20. $F[x]$ の多項式 $f(x)$ のノルムをその次数によって定義すれば, $F[x]$ は Euclid 環になる. 更に, §21, 問17によって, $F[x]$ は整域であるから, Euclid 整域になる.

§23. 環の準同型定理

SUMMARY

1　環RのイデアルをAとする．加法群としてのRの部分群Aによる剰余群
$$R/A = \{A + a \mid a \in R\}$$
は，
加法：$(A+a) + (A+b) = A + a + b$,
乗法：$(A+a)(A+b) = A + ab$
のもとで環をなす．この環R/AをRのAに関する**剰余環**といい，特に，R/Aが体をなすときは，**剰余体**という．

2　環Rの2元a, bがイデアルAに関する同じ剰余類に属しているとき，a, bはAに関して**合同**であるといい，合同式
$$a \equiv b\,(A)$$
で表わす．これは，Rにおける同値関係である．

3　$\qquad a \equiv b\,(A) \iff a - b \in A$

問題A（☞解答は右ページ）

1.　環RのイデアルAに関する合同式において，
$$a \equiv b\,(A),\quad c \equiv d\,(A)$$
ならば，次の各式が成立つことを証明せよ．

(1)　$a + c \equiv b + d\,(A)$　　　(2)　$ac \equiv bd\,(A)$

注．従って，R/Aは環をなす．これは，整数環$\boldsymbol{Z}$に対して定義された"合同"の概念を一般の環Rに拡張したものである（§3参照）．なお，本節の各命題は，§18の各命題を加法群Rに適用したものであることに注意せよ．

2.　環準同型写像$f: R \to R'$について，次のことがらを証明せよ．

(1)　Rの零元0はR'の零元$0'$に移る：$f(0) = 0'$

(2)　Rの元xの反元はR'の元$f(x)$の反元に移る：$f(-x) = -f(x)$.

注．R'の零元$0'$も単に0と記すことがある．なお，R, R'がそれぞれ単位元e, e'

----

④ 環 R から環 R' への写像 f は，もしそれが条件

$$f(a+b)=f(a)+f(b), \quad f(ab)=f(a)f(b)$$

をみたすならば，(環) 準同型写像と呼ばれる．

⑤ 環準同型写像 f は，もしそれが全単射ならば，(環) 同型写像と呼ばれる．環 R から環 R' の上への同型写像が存在するとき，R と R' は (環) 同型であるといい，$R \cong R'$ で表わす．

⑥ 環 R から環 R' への準同型写像 f において，

   (1) R の f による像 (準同型像)

$$\operatorname{Im} f=\{x' \in R' \mid x'=f(x), \ x \in R\}$$

は R' の部分環をなす．f が全射 $\Leftrightarrow \operatorname{Im} f=R'$．

   (2) R' の零元 $0'$ の原像を f の核という．核

$$\operatorname{Ker} f=\{x \in R \mid f(x)=0'\}$$

は R のイデアルをなす．f が単射 $\Leftrightarrow \operatorname{Ker} f=\{0\}$．

⑦ 環 R から環 R' への準同型写像 f において，

$$R/\operatorname{Ker} f \cong \operatorname{Im} f \quad (環の準同型定理).$$

——問題Aの解答——

1. 仮定より，$a-b=h, \ c-d=k \ (h, \ k \in A)$ である．

   (1) $\qquad (a-b)+(c-d)=h-k \equiv 0(A)$．

$$\therefore a+c \equiv b+d(A).$$

   (2) 第 1 式の両辺に c を，また第 2 式の両辺に b を掛けて，辺々を加えれば，

$$ac-bc+bc-bd=ch+bk$$

$$\therefore ac-bd=ch+bk \equiv 0(A).$$

$$\therefore ac \equiv bd(A).$$

2. 環準同型写像 $f:R \to R'$ を加法群の準同型写像と見做して，§ 18，問 3 を適用すればよい．

   注．これは，R の演算のうちで乗法を一たん度外視するという "忘却の効用" にもとづいている．以下の各問も同様である．

を持つとしても，$f(e) = e'$ が成立つとは限らない．通常，単位的環の準同型写像fに対しては，条件 "$f(e) = e'$" を仮定することが多い．

3.　環準同型写像 $f : R \to R'$ について，次のことがらを証明せよ．

(1)　$\mathrm{Im}\, f$ は R' の部分環である．　(2)　$\mathrm{Ker}\, f$ は R のイデアルである．

　注．環 R の部分環の間の包含関係は Hasse の図式で図示される（§15参照）．これを利用して，環準同型写像：$R \to R'$ における $\mathrm{Ker}\, f$ と $\mathrm{Im}\, f$ の対応関係を図示すれば，右図のようになる．

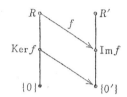

4.　環準同型写像 $f : R \to R'$ について，次のことがらを証明せよ：

$$x \equiv y (\mathrm{Ker}\, f) \Leftrightarrow f(x) = f(y) \quad (x,\ y \in R).$$

5.　環 R の任意のイデアルを A とし，R から剰余環 R/A への写像 p を，

$$p : x \mapsto A + x$$

によって定義すれば，p は全射 – 環準同型写像になる．このことを証明せよ．

　注．この環準同型写像 p を R から R/A の上への自然な準同型写像（標準的準同型写像）という．

6.　環の準同型定理を証明せよ．

7.　環 R において，次の同型を証明せよ．

(1)　$R/R \cong \{0\}$　　(2)　$R/\{0\} \cong R$

　注．特に，R が体ならば，R の剰余環はこの2種類しかない．

8.　環 R の部分集合 A が R のイデアルであるための必要十分条件は，環準同型写像 $f : R \to R'$ が存在して，$\mathrm{Ker}\, f = A$ となることである．このことを証明せよ．

9.　剰余環 Z_6 の準同型像となりうる環の型をすべて求めよ．

　注．環 R のイデアルと準同型像は1–1に対応することに注意せよ．

3. (1) $\mathrm{Im}\,f$ の任意の2元 $a'=f(a)$, $b'=f(b)$ に対し,

$$a'-b'=f(a)-f(b)=f(a-b),\quad a'b'=f(a)f(b)=f(ab).$$

$$\therefore a'-b',\ a'b'\in\mathrm{Im}\,f.\quad \therefore \mathrm{Im}\,f\ \text{は}\ R'\ \text{の部分環である}.$$

(2) $\mathrm{Ker}\,f$ の任意の2元 a, b と R の任意の元 x に対し,

$$f(a-b)=f(a)-f(b)=0'-0'=0',$$

$$f(xa)=f(x)f(a)=f(x)0'=0',\quad f(ax)=f(a)f(x)=0'f(x)=0'.$$

$$\therefore a-b,\ xa,\ ax\in\mathrm{Ker}\,f.\quad \therefore \mathrm{Ker}\,f\ \text{は}\ R\ \text{のイデアルである}.$$

4. §18, 問7を加法群 R へ適用すればよい.

5. §18, 問8を加法群 R へ適用すれば, p は加法群の全射・準同型写像であることがわかる. 更に, R の任意の2元 x, y に対して,

$$f(xy)=K+xy=(K+x)(K+y)=f(x)f(y)$$

であるから, p は環の全射・準同型写像である.

6. §18, 問9を加法群 R へ適用すれば, $K=\mathrm{Ker}\,f$ なるとき, G/K から $\mathrm{Im}\,f$ への写像 $\varphi: K+x\mapsto x'=f(x)$ は加法群の同型写像である. 更に,

$$\varphi((K+x)(K+y))=\varphi(K+xy)=f(xy)=f(x)f(y)=\varphi(K+x)\varphi(K+y)$$

であるから, φ は環の同型写像である.

7. §18, 問10を加法群 R へ適用すればよい.

8. A が R のイデアルであるとすれば, f を R から R/A の上への自然な準同型写像とするとき, $\mathrm{Ker}\,f=A$ となる. 逆は問3(2)から明らかである.

9. $Z_6/Z_6\cong\{0\}$, $Z_6/\{0,\ 2,\ 4\}\cong Z_2$, $Z_6/\{0,\ 3\}\cong Z_3$, $Z_6/\{0\}\cong Z_6$.

10. 整数環 Z において，任意の正整数を m とすれば，同型
$$Z/mZ \cong Z_m$$
が成立つ．このことを証明せよ．

11. 環 R が次のいずれかの構造を持てば，R と同型な環 R' も同じ構造を持つ．このことを証明せよ．

   (1) 可換環　　　　(2) 単位的環　　　　(3) 整域

  注．二つの環 R，R' が同型ならば，それらは文字の違いを除けば完全に同じ構造を持つ．特に，R が体ならば，R' も体である．

12.
$$\begin{bmatrix} a & b \\ -b & a \end{bmatrix} \quad (a, b \text{は実数})$$

なる形をした 2 次正方行列全体のなす集合 R は複素数体 C と同型であることを証明せよ．

13.
$$\left[\begin{array}{cc|cc} a & b & c & d \\ -b & a & d & -c \\ \hline -c & -d & a & b \\ -d & c & -b & a \end{array} \right] \quad (a, b, c, d \text{ は実数})$$

なる形をした 4 次正方行列全体のなす集合 R は 4 元数体 H と同型であることを証明せよ．

問題B（☞解答は右ページ）

14. 環 R から R 自身への準同型写像を R の**自己準同型**といい，それが同型写像ならば R の**自己同型**という．R の自己同型の全体 $A(R)$ は写像の積に関して群をなす（これを R の**自己同型群**という）．このことを証明せよ．

  注．**各種の準同型**

準同型 (homomorphism)　　　　　同型 (isomorphism)

全射準同型 (epimorphism)　　　　単射準同型 (monomorphism)

自己準同型 (endomorphism)　　　自己同型 (automorphism)

解答のページ ━━━━━━━━━━━

10. Z から Z_m の上への環準同型写像

$$mk+r \mapsto r \quad (r=0,\ 1,\ \cdots,\ m-1)$$

に環の準同型定理を適用すればよい.

11. 環同型写像を f, R' の任意の2元を $x'=f(x)$, $y'=f(y)\,(x,\ y \in R)$ とする.

(1) $x'y'=f(x)f(y)=f(xy)=f(yx)=f(y)f(x)=y'x'.$

(2) $f(e)=e'$ (e は R の単位元) とすれば,

$$x'e'=f(x)f(e)=f(xe)=f(x)=x'.\ \text{同様にして,}\ e'x'=x'.$$

従って, e' は R' の単位元である.

(3) $x'y'=0'$ ($0'$ は R' の零元) とすれば, $f(xy)=f(0)$ となるが, f は単射であるから, $xy=0$ を得る. もし R が零因子を持たないとすれば, $x=0$ または $y=0$. $\therefore x'=0'$ または $y'=0'$. 従って, R' も零因子を持たない.

12. 与えられた行列に複素数 $a+ib$ を対応させればよい.

13. 与えられた行列に4元数 $a+ib+jc+kd$ を対応させればよい. なお, §21, 問11 を参照のこと.

━━━━問題Bの解答━━━━

14. §18, 問16(1)によって, 加法群 R の自己同型の全体 B は群をなすから, $A(R)$ が B の部分群になることを証明すればよい. f, g が環 R の自己同型ならば, $f \circ g$, f^{-1} もそうであることは容易に確かめられる.

15. 環 R が環 R' の部分環に同型であるとき，すなわち，R から R' への単射準同型写像 f が存在するとき，R は R' に**埋め込まれる**という．このとき，R とその同型像 $\mathrm{Im}\, f$ はしばしば同一視される．

　任意の環 R は単位的環 R' に埋め込まれる（**埋め込み定理**）．このことを証明せよ．

16. 任意の整域 R は体に埋め込まれることを証明せよ．

　　注．整域 R が埋め込まれる最小の体 F を R の**商体**という．一般に，商体 F の元は，分数

$$\frac{a}{b} \quad (a,\ b \in R,\ b \neq 0)$$

の形で表わされる．例えば，整数環 Z の商体は有理数体 Q である．

17. 体 F 上の多項式環 $F[x]$ は商体を持つことを証明せよ．

　　注．この商体を F 上の**有理式体**といい，$F(x)$ で表わす．これは F の元を係数とする変数 x の有理式（分数式）の全体である．同様にして，F 上の n 変数の有理式体

$$F(x_1,\ \cdots,\ x_n)$$

が定義される．なお，$F[x]$，$F(x)$ において，変数 x は単なる記号に過ぎず，F の一般的な元を代表するという意味はない．

18. 体 F から体 F' への環準同型写像 f が**零写像** 0 （各元 x を零元 0 に移す写像）でなければ，f は単射であり，f によって F は F' に埋め込まれる．

解答のページ

15. 直積集合

$$R \times Z = \{(x, m) \mid x \in R, \ m \in Z\}$$

に加法，乗法を，それぞれ，

$$(x, m) + (y, n) = (x+y, \ m+n),$$

$$(x, m)(y, n) = (xy + nx + my, \ mn)$$

によって定義すれば，$R \times Z$ は零元 $(0, 0)$，単位元 $(0, 1)$ を持つ環をなす．そして，R から $R \times Z$ への単射準同型写像 $x \mapsto (x, 0)$ によって，R は $R \times Z$ に埋め込まれる．

16. $R' = R - \{0\}$ と置き，直積集合 $E = R \times R'$ に同値関係 $\sim$ を

$$(a, b) \sim (c, d) \iff ad = bc$$

によって定義し，この同値関係 $\sim$ による E の同値類を

$$\frac{a}{b} = \left\{ (x, y) \in E \ \middle| \ (a, b) \sim (x, y) \right\}$$

と表わす．同値類の全体 $F = E/\sim$ に加法，乗法を，それぞれ，

$$\frac{a_1}{b_1} + \frac{a_2}{b_2} = \frac{a_1 b_2 + a_2 b_1}{b_1 b_2}, \qquad \frac{a_1}{b_1}\frac{a_2}{b_2} = \frac{a_1 a_2}{b_1 b_2}$$

によって定義すれば，F はこの演算のもとで体をなす．そして，R から F への単射準同型写像

$$x \mapsto \frac{bx}{b} \quad (b \neq 0)$$

によって，R は F に埋め込まれる．

　注．この整域 R から商体 F を構成する方法は，整数環 Z から有理数体 Q を作る方法を一般化したものである．ここでは，有理数に "比の値" という意味はなくなり，"同値類" という意味が与えられる．

17. §21, 問17によって，$F[x]$ は整域である．従って，前問によって，$F[x]$ は商体を持つ．

18. 問3(2)により，$\mathrm{Ker}\, f$ は F のイデアルになるが，F は体であるから，§22, 問8によって，$\mathrm{Ker}\, f = \{0\}$ または $\mathrm{Ker}\, f = F$ が成立つ．しかし，f は零写像ではないから，後

このことを証明せよ.

19.　整域 R から R の商体 F への単射準同型写像を g とすれば，R から任意の体 F' への単射準同型写像 f に対して，$f = h \circ g$ であるような単射準同型写像 $h : F \to F'$ が存在する（拡張定理）. このことを証明せよ.

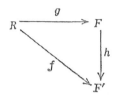

20.　環 R において，加法群としての R の自己準同型（環自己準同型とは限らない）全体の集合を $E(R)$ とする. いま，$E(R)$ の 2 元 f, g に対し，加法 $f + g$，乗法 fg を，それぞれ，R の元 x についての等式
$$(f + g)(x) = f(x) + g(x), \quad (fg)(x) = f(g(x))$$
によって定義すれば，$E(R)$ はこの演算のもとで環をなす. このことを証明せよ.

注.　この環 $E(R)$ を加法群 R の自己準同型環という.

21　環 R において，一つの元 a を左乗するという写像
$$l_a : x \mapsto ax \quad (x \in R)$$
は，加法群としての R の自己準同型であることを証明せよ. これは R の環自己準同型であるか.

22.　単位的環 R は加法群 R の自己準同型環 $E(R)$ に埋め込まれることを証明せよ.

者は不可能である．∴$\mathrm{Ker}\,f=\{0\}$．従って，fは単射である．

19. fは単射であるから，Rの元 $b\neq0$ に対して，$f(b)\neq0$ である．そこで，写像 $h:F\to F'$ を，

$$h\left(\frac{a}{b}\right)=f(a)f(b)^{-1}\qquad(a,\ b\in R;\ b\neq0)$$

によって定義する．hが環準同型写像になることは容易に確かめることが出来るから，前問により，hは単射準同型写像になる．更に，Rの任意の元aに対して，$b\neq0$ として，

$$f(a)=f(a)f(b)f(b)^{-1}=f(ab)f(b)^{-1}=h\left(\frac{ab}{b}\right)=h(g(a))=h\circ g(a).$$

従って，$f=h\circ g$ が成立つ．

20. $E(R)$ の各元fに対して，Rの元xを $-f(x)$ に移す写像を $-f$ で表わせば，

$$(-f)+f=f+(-f)=o\quad(o\text{ は零写像})$$

によって，$E(R)$ は加法群になる．更に，$E(R)$ が分配律

$$f(g+h)=fg+fh,\quad(g+h)f=gf+hf$$

をみたすことも容易に確かめられ，$E(R)$ は環をなす．

21. Rの任意の2元x，yに対して，

$$l_a(x+y)=a(x+y)=ax+ay=l_a(x)+l_a(y).$$

従って，l_a は加法群Rの自己準同型である．次に，

$$l_a(xy)=axy,\quad l_a(x)l_a(y)=axay$$

で，両者は一般に等しくないから，l_a はRの環自己準同型にはならない．

22. 環Rから環$E(R)$ への写像

$$\lambda:a\mapsto l_a\quad(a\in R)$$

は環準同型写像になる．これに環の準同型定理を適用すれば，

$$R/\mathrm{Ker}\,\lambda\cong\mathrm{Im}\,\lambda.$$

ここで，

$$\mathrm{Ker}\,\lambda=\{a\in R\mid ax=0\ (x\in R)\}.$$

しかるに，Rは単位元eを持つから，$\mathrm{Ker}\,\lambda$ の任意の元aに対して，$a=ae=0$.

$$\therefore\mathrm{Ker}\,\lambda=\{0\}.\quad\text{従って，}\ R\cong\mathrm{Im}\,\lambda\subseteq E(R).$$

23. 整数環 Z において，加法群 Z の自己準同型環 $E(Z)$ は Z と同型である ことを証明せよ.

24. 整数環 Z の環自己準同型は零写像と恒等写像の他には存在しないことを 証明せよ.

25. 環 R から環 R' の上への準同型写像 f について，次のことがらを証明せ よ.

(1) A が R のイデアルならば，$A'=f(A)$ は R' のイデアルである.

(2) A' が R' のイデアルならば，$A=f^{-1}(A')$ は R のイデアルである.

(3) (2)において，

$$R/A \cong R'/A' \quad \text{(環の第1同型定理)}.$$

26. 環 R において，A を R の部分環，B を R のイデアルとするとき，次のこ とがらを証明せよ.

(1) $A+B=\{a+b \,|\, a \in A, \, b \in B\}$ は R の部分環であり，B はそのイデアル である.

(2) $A \cap B$ は A のイデアルである.

(3) $(A+B)/B \cong A/(A \cap B)$ (環の第2同型定理).

解答のページ

23. 前間によって，Z から $E(Z)$ への環準同型写像

$$\lambda : a \mapsto l_a \quad (a \in Z)$$

は単射である．$E(Z)$ の任意の元 f に対して，n を任意の正整数として，

$$f(n) = f(1 + \cdots + 1) = f(1) + \cdots + f(1) = nf(1).$$

従って，$f(1) = a$ と置けば，$f(n) = an = l_a(n)$．このことは任意の整数 n に対して成立つから，$f = l_a$ を得る．従って，λ は全射である．$\therefore Z \cong E(Z)$．

24. Z の任意の環自己準同型を f とすれば，f は加法群 Z の自己準同型でもあるから，前問により，$f = l_a \ (a \in Z)$ と表わされる．これが Z の環自己準同型になるためには，Z の任意の2元 x，y に対して，

$$l_a(xy) = l_a(x)l_a(y). \quad \therefore axy = a^2 xy.$$

x，y は任意であるから，$a = a^2$．$\therefore a = 0$ または $a = 1$．従って，$a = 0$ のときは f は零写像，$a = 1$ のときは f は恒等写像になる．

25. (1) A' の任意の2元 $a' = f(a)$，$b' = f(b) (a, b \in A)$ と R' の任意の元 $x' = f(x) (x \in R)$ に対して，A は R のイデアルであるから，$a - b$，xa，ax は A の元であり，

$$a' - b' = f(a) - f(b) = f(a - b) \in A',$$
$$x'a' = f(x)f(a) = f(xa) \in A',$$
$$a'x' = f(a)f(x) = f(ax) \in A'.$$

従って，A' は R' のイデアルである．

(2) R' から R'/A' の上への自然な準同型写像を p' とし，$\varphi = p' \circ f$ と置けば，φ は R から R'/A' の上への準同型写像になる．従って，その核 $A = \mathrm{Ker}\,\varphi$ は R のイデアルになる．

(3) (2)の φ に環の準同型定理を適用すればよい．

26. (1) $A + B$ の任意の2元

$$a + b, \ a' + b' \quad (a, a' \in A \ ; \ b, b' \in B)$$

に対して，

$$(a + b) - (a' + b') = (a - a') + (b - b') \in A + B,$$
$$(a + b)(a' + b') = aa' + (ab' + ba' + bb') \in A + B.$$

従って，$A + B$ は R の部分環である．B がそのイデアルになることは明らかである．

(2) R から R/B の上への自然な準同型写像 p によって，R の部分環 A は R/B の部分環 $(A + B)/B$ に移される．そこで，p を A から $(A + B)/B$ の上への準同型写像と見做せば，その核 $\mathrm{Ker}\,p = A \cap B$ は A のイデアルになる．

27.　環Rのイデアル$A \neq R$は，Rの2元a , b に対して，条件

　　　　$ab \in A \Rightarrow a \in A$ または $b \in A$

をみたすとき，Rの**素イデアル**と呼ばれる．特に，Rが整域ならば，零イデアル（0）はRの素イデアルである．

　可換な単位的環RのイデアルAが素イデアルであるための必要十分条件は，剰余環 R/A が整域になることである．このことを証明せよ．

28.　環Rのイデアル $A \neq R$ は，$A \subset B \subset R$ なるイデアルBが存在しないとき，Rの**極大イデアル**と呼ばれる．

　可換な単位的環RのイデアルAが極大イデアルであるための必要十分条件は，剰余環 R/A が体になることである．このことを証明せよ．

29.　可換な単位的環RのイデアルAは，もし極大イデアルならば，素イデアルである．このことを証明せよ．

30.　単項イデアル整域Rにおいて，元 $p \neq 0$ に対する次の4条件は同値であることを証明せよ．

　(1) pは素元である．

解答のページ ━━━━━━━━

(3) (2)のpに環の準同型定理を適用すればよい.

27. $A \neq R$ がRの素イデアルであるための条件は,合同式により,

$$ab \equiv 0(A) \Rightarrow a \equiv 0(A) \text{ または } b \equiv 0(A)$$

と表わされるが,これは R/A が零因子を持たないための条件に他ならない.従って,可換な単位的環RのイデアルAが素イデアルであるための必要十分条件は,R/A が整域になることである.

28. AをRの極大イデアルとする.R/A が体になることを証明するためには,R/A の零元ではない任意の元 $A+a$ $(a \notin A)$ に対して,その逆元 $A+x$ が存在することを示せばよい.但し,xは,$xa \equiv e(A)$,eはRの単位元,となるようなRの元である.そこで,集合

$$B = \{xa+y \mid x \in R, \ y \in A\}$$

を考えると,これはRのイデアルになる.何故なら,

$$(xa+y)-(x'a+y')=(x-x')a+(y-y') \in A,$$
$$x'(xa+y)=x'xa+x'y \in A$$

となるからである.Aの任意の元yに対し,$y = 0a+y \in B$ であるから,$A \subseteq B$.しかし,$a = ea+0 \in B$ かつ $a \notin A$ であるから,$A \neq B$.ここで,AはRの極大イデアルであるから,$B=R$を得る.すると,単位元eもBに属することになり,$xa+y=e(x \in R, \ y \in A)$ と置ける.$\therefore xa \equiv e(A)$.この x を逆元とすればよい.

逆に,R/A は体とする.AがRの極大イデアルであることを証明するためには,$A \subset B$ なるイデアルBが存在するとして,$B=R$ となることを示せばよい.そこで,$A \subset B$ とすれば,$b \notin A$,$b \in B$ なる元bが存在する.R/Aは体であるから,$e \equiv xb(A)$ なるRの元xが存在する.$A \subset B$であり,$b \in B$であるから,

$$e \equiv xb \equiv 0(B). \quad \therefore e \in B.$$

従って,$B=R$ を得る.

29. AをRの極大イデアルとすれば,前問によって,R/A は体になる.§21,問6によって,R/A は整域になる.しからば,問27によって,Aは素イデアルになる.

30. (4)$\Rightarrow$(3)$\Rightarrow$(2)$\Rightarrow$(1)$\Rightarrow$(4)の順で証明する.このうち,(4)$\Rightarrow$(3)は前問で証明済みである.

(3)$\Rightarrow$(2):(p) が素イデアルならば,定義により,Rの2元a,bに対して,

$$\text{“}ab \in (p) \Rightarrow a \in (p) \text{ または } b \in (p)\text{”}$$

(2) $p \mid ab$ ならば，$p \mid a$ または $p \mid b$ $(a, b \in R)$.

(3) (p) は素イデアルである．

(4) (p) は極大イデアルである．

注，従って，単項イデアル整域 R においては．素イデアル (0) を除けば，"素イデアル⇔極大イデアル" が成立つ．なお，整数環 Z の素元は，定義により，$\pm p$ (p は素数) となる．

31. 整数環 Z において，次のイデアルの中で素イデアルはどれか：

$(0), (1), (2), (3), (4), (5), (6)$.

32. Gauss 整数環 $Z[i]$ において，イデアル $(2+i)$ について，次のことがらを証明せよ．

(1) $(2+i)$ は極大イデアルである．

(2) $Z[i]/(2+i) \cong Z_5$.

注．§10，問13を参照せよ．

解答のページ

が成立つ. これを言い換えたものが(2)である.

(2)⇒(1): $p=ab$ と分解されたとすれば, $p|ab$ であるから, (2)によって, $p|a$ または $p|b$ が成立つ. もし $p|a$ ならば, $a=pa'$ と置けば,

$$p=ab=pa'b. \quad \therefore p=pa'b.$$

Rは整域であるから, 両辺を $p\neq 0$ で簡約することが出来て, $a'b=e$ を得る. 従って, bは正則元になる. もし $p|b$ ならば, 同様にして, a が正則元になる. 従って, pは素元である.

(1)⇒(4): $(p)\subseteq(a)$ とすれば, aはpの約元になり, $p=ab$と表わされる. しかるに, pは素元であるから, aまたはbは正則元になる. そこでaを正則元とすれば, $(a)=R$. また, bを正則元とすれば, §22, 問16により, $(p)=(a)$ となる. 従って, (p) は極大イデアルである.

31. (0), (2), (3), (5).

32. (1) $Z[i]/(2+i)$ の完全剰余系は,

$$0,\ 1,\ 2,\ 1-i,\ 2-i$$

であり, 各元 $a\neq 0$ は逆元 a^{-1} を持つ. すなわち,

$$1と1,\quad 2と1-i,\quad 2-iと2-i$$

は, それぞれ, 互いに逆元である. 従って, $Z[i]/(2+i)$ は体をなす. しからば, 問28によって, $(2+i)$ は極大イデアルである.

(2) §10, 問13の図によってもわかるように, $Z[i]/(2+i)$ の完全剰余系は,

$$0,\ 1,\ 2,\ 3,\ 4$$

と置き換えてもよく, この体は Z_5 と同型になる.

§24. 線 形 空 間

SUMMARY

1　加法群Vの各元xと体Fの各元aに対して，**スカラー倍** $ax \in V$
が定義されており，4条件

(1)　$a(x+y)=ax+ay$

(2)　$(a+b)x=ax+bx$

(3)　$(ab)x=a(bx)$

(4)　$ex=x$（eはFの単位元）

が成立つとき，Vを**係数体**F**上の線形空間**または**ベクトル空間**と
いう．但し，上式で$x, y \in V$; $a, b \in F$ とする．

2　線形空間Vの各元xを**ベクトル**，係数体Fの各元aを**スカラー**
という．特に，加法群Vの零元oを**零ベクトル**という．

$$ax=o \iff a=0 \text{ または } x=o.$$

3　線形空間Vの空でない部分集合Wに対して，2条件

(1)　$x, y \in W \Rightarrow x+y \in W$

問題A（☞解答は右ページ）

1.　体Fにおいて，直積集合 $F^n = F \times \cdots \times F$（$n$個）の各元

$$x = \begin{bmatrix} x_1 \\ \vdots \\ x_n \end{bmatrix} \quad (x_i \in F)$$

に対して，加法とスカラー倍を，それぞれ，

$$x+y = \begin{bmatrix} x_1 \\ \vdots \\ x_n \end{bmatrix} + \begin{bmatrix} y_1 \\ \vdots \\ y_n \end{bmatrix} = \begin{bmatrix} x_1+y_1 \\ \vdots \\ x_n+y_n \end{bmatrix}, \quad ax = a\begin{bmatrix} x_1 \\ \vdots \\ x_n \end{bmatrix} = \begin{bmatrix} ax_1 \\ \vdots \\ ax_n \end{bmatrix} \quad (a \in F)$$

によって定義すれば，F^n は F 上の線形空間になることを証明せよ．

　注. 係数体Fが R または C のとき，その上の線形空間Vは，それぞれ，**実線形空間**
または**複素線形空間**と呼ばれる．また，Fが数体のとき，本問の線形空間 F^n はn次元
数線形空間，その元xはn次元数ベクトルと呼ばれる．

(2) $x \in W \Rightarrow ax \in W$（$a$ は任意のスカラー）

が成立つとき，W を V の（線形）部分空間という．

4 線形空間 V の部分集合 S を含む最小の部分空間を， S で生成される部分空間といい，記号 $\langle S \rangle$ で表わす．特に，$S = \{x_1, \cdots, x_n\}$ ならば，$\langle S \rangle$ は $x_1, \cdots, x_n$ の 1 次結合

$$a_1 x_1 + \cdots + a_n x_n \quad (a_1, \cdots, a_n \text{ はスカラー})$$

全体のなす集合である．

5 線形空間 V の有限部分集合 $S = \{x_1, \cdots, x_n\}$ の 1 次関係

$$a_1 x_1 + \cdots + a_n x_n = o \quad (a_1, \cdots, a_n \text{ はスカラー})$$

が自明な場合（各係数がすべて 0）に限るか否かに応じて，それぞれ，S は **1 次独立**または **1 次従属**であるといわれる．

6 線形空間 V が 1 次独立な有限部分集合 $S = \{x_1, \cdots, x_n\}$ で生成されるとき，S を V の**基底**という．V の各基底に属するベクトルの個数 $n = \dim V$ は一定であり，V の**次元**と呼ばれる．**零空間** $\{o\}$ の次元は 0 である．

——問題Aの解答——

1. 与えられた加法とスカラー倍が線形空間の条件をみたすことは容易に確かめられる．

[補足] 係数体 F は有限体であってもよい．§27では，有限体 $GF(p^n)$ を素体 $GF(p)$ 上の n 次元線形空間と見做す．

2.   体FはF上の一つの線形空間であることを証明せよ．

3.   体F上の線形空間Vにおいて，零ベクトルをoとするとき，
$$ax=o \iff a=0 \text{ または } x=o \quad (a\in F,\ x\in V)$$
が成立つ．このことを証明せよ．

4.   体F上の線形空間Vにおいて，次の等式を証明せよ：
$$\langle x_1, \cdots, x_n \rangle = \{a_1 x_1 + \cdots + a_n x_n \mid a_1, \cdots, a_n \in F\}.$$

5. W, U が線形空間Vの部分空間ならば，共通部分 $W \cap U$ もVの部分空間であることを証明せよ．合併集合 $W \cup U$ はVの部分空間であるか．

6.   線形空間Vのベクトルxに対して，次のことがらを証明せよ：
$$\{x\} \text{ が1次独立} \iff x \neq o.$$

7.   線形空間Vの有限部分集合Sが1次独立ならば，Sの任意の部分集合も1次独立であることを証明せよ．但し，空集合$\varnothing$は1次独立であると規約する．

　注．線形空間Vの無限部分集合Sに対しても，Sの任意の有限部分集合が1次独立であるときSは1次独立，Sの少なくとも一つの有限部分集合が1次従属であるときSは1次従属，と定義できる．

8.   線形空間Vの有限部分集合Sが1次従属ならば，Sを含むVの任意の有限部分集合も1次従属である．このことを証明せよ．

9.   線形空間Vの有限部分集合Sが零ベクトルoを持てば，Sは1次従属である．このことを証明せよ．

解答のページ ━━━━━━

2. 前問において，$n=1$ とすればよい．

3. 逆を先に証明する．F の単位元を e とすれば，$ex=x$ であるから，

$$0x+x=(0+e)x=ex=x. \quad \therefore 0x=o.$$

$$ao+ax=a(o+x)=ax. \quad \therefore ao=o.$$

$$\therefore a=0 \text{ または } x=o \text{ ならば，} ax=o \text{ である．}$$

次に，$ax=o$，$a\neq 0$ とすれば，上の結果により，$x=a^{-1}o=o$ を得る．

4. 右辺の集合が V の部分空間になることは容易に証明できる．更に，この部分空間が $\{x_1, \cdots, x_n\}$ を含む最小の部分空間になることも明らかである．

$$\therefore \langle x_1, \cdots, x_n\rangle=\{a_1x_1+\cdots+a_nx_n|a_1, \cdots, a_n\in F\}.$$

5. $W\cap U$ の任意の 2 元 x，y に対して，W，U は V の部分空間であるから，$x+y$，ax（a は任意のスカラー）は W にも U にも属する．

$$\therefore x+y, ax\in W\cap U.$$

従って，$W\cap U$ は V の部分空間である．

これに対し，$W\cup U$ は V の部分空間になるとは限らない．例えば，$V=R^2$ において，W を x 軸，U を y 軸とすれば，$i\in W$，$j\in U$ ではあるが，$i+j$ は $W\cup U$ には属さない．

6. 問 3 によって，$a\neq 0$ に対して，$ax=o \Leftrightarrow x=o$.

$$\therefore \{x\} \text{ が 1 次従属} \Leftrightarrow x=o.$$

$$\therefore \{x\} \text{ が 1 次独立} \Leftrightarrow x\neq o.$$

7. $S=\{x_1, \cdots, x_n\}$ の任意の部分集合を，必要なら番号を変更して，

$$T=\{x_1, \cdots, x_m\} \quad (m\leq n)$$

とする．T が 1 次従属ならば，T に対して自明でない 1 次関係

$$a_1x_1+\cdots+a_mx_m=o$$

が成立つ．すると，S に対しても自明でない 1 次関係

$$a_1x_1+\cdots+a_mx_m+\cdots+a_nx_n=o$$

が成立ち，S も 1 次従属になる．従って，S が 1 次独立ならば，S の任意の部分集合 T も 1 次独立である（空集合は 1 次独立であるから，$T\neq\phi$ として証明してよい）．

8. 前問の対偶である．

9. 問 6 によって $\{o\}$ は 1 次従属であるから，前問によって，$\{o\}$ を含む任意の有限部分集合 S も 1 次従属である．

10. 線形空間 V の二つの有限部分集合 S, T に対して，次のことがらを証明せよ： $S \subseteq \langle T \rangle$ ならば，$\langle S \rangle \subseteq \langle T \rangle$.

11. 線形空間 V の有限部分集合
$$S = \{x_1, \cdots, x_n\}$$
が V の基底であるための必要十分条件は，V の各ベクトル x が $x_1, \cdots, x_n$ の 1 次結合として一意的に表わされることである．このことを証明せよ．

12. 線形空間 V の有限部分集合
$$S = \{x_1, \cdots, x_n\}$$
が 1 次独立であり，$S \cup \{x\}$ が 1 次従属ならば，x は $x_1, \cdots, x_n$ の 1 次結合として一意的に表わされる．このことを証明せよ．

13. 線形空間 V の各基底に属するベクトルの個数 n は一定であることを証明せよ．

注．本問によって，V の次元 $\dim V = n$ が定義される．零空間 $\{o\}$ は空集合 $\varnothing$ を基底に持ち，その次元は 0 である．なお，一般に，線形空間 V が基底を持つか否かに応じ

解答のページ ―――――――――

10. 仮定より，S の各元 x_i は T の元の1次結合として表わされる:

$$x_i = \sum_j b_{ij}\, y_j \quad (y_j \in T).$$

従って，$\langle S \rangle$ の任意の元 x は，

$$x = \sum_i a_i\, x_i = \sum_i a_i \Big(\sum_j b_{ij}\, y_j\Big) = \sum_j \Big(\sum_i a_i b_{ij}\Big) y_j \in \langle T \rangle. \quad \therefore \langle S \rangle \subseteq \langle T \rangle.$$

11. S が V の基底であるとすれば，V の任意の元 x は S の元の1次結合として表わされる．この表わし方が，

$$x = a_1 x_1 + \cdots + a_n x_n = b_1 x_1 + \cdots + b_n x_n$$

のように2通りあるとすれば，移項して，

$$(a_1 - b_1) x_1 + \cdots + (a_n - b_n) x_n = o.$$

S は1次独立であるから，この1次関係は自明な場合となり，

$$a_1 = b_1, \cdots, a_n = b_n.$$

従って，x は S の元の1次結合として一意的に表わされる．

逆に，V の各元 x が S の元の1次結合として一意的に表わされるならば，零元 o の表わし方も自明な場合，すなわち，

$$o = 0 x_1 + \cdots + 0 x_n$$

だけに限ることになり，S は1次独立になる．

12. $S \cup \{x\}$ が1次従属ならば，自明でない1次関係

$$a_1 x_1 + \cdots + a_n x_n + a x = o$$

を得るが，ここで，もし $a = 0$ とすれば，

$$a_1 x_1 + \cdots + a_n x_n = o$$

は自明でない1次関係になり，S が1次独立であることに矛盾する．従って，$a \neq 0$ であり，

$$x = -\frac{a_1}{a} x_1 - \cdots - \frac{a_n}{a} x_n.$$

S は1次独立であるから，前問によって，この表わし方も一意的である．

13. V の二つの基底を

$$S = \{x_1, \cdots, x_n\}, \quad T = \{y_1, \cdots, y_m\}$$

とする．S は基底であるから，

$$y_1 = a_1 x_1 + \cdots + a_n x_n$$

て，それぞれ，Vは**有限次元**または**無限次元**であるという．多項式環 $F[x]$ は F 上の無限次元線形空間である．

14. 線形空間Vの次元がnならば，Vの$n+1$個以上のベクトルから成る有限部分集合Sは1次従属である．このことを証明せよ．

15. 線形空間Vの有限部分集合

$$S=\{x_1, \cdots, x_n\}$$

に含まれる1次独立な最大の部分集合をTとすれば，TはSで生成される部分空間$\langle S \rangle$の基底である．このことを証明せよ．

注．本問において，Tに属するベクトルの個数，すなわち，部分空間$\langle S \rangle$の次元をSの**階数**といい，

$$\text{rank } S = \dim \langle S \rangle$$

で表わす．もし，$V=F^m$ ならば，rank S は行列

$$\begin{bmatrix} x_{11} & \cdots & x_{1n} \\ \vdots & & \vdots \\ x_{m1} & \cdots & x_{mn} \end{bmatrix}, \quad \text{但し，} \quad x_j=\begin{bmatrix} x_{1j} \\ \vdots \\ x_{mj} \end{bmatrix} \ (j=1, \cdots, n)$$

の階数に一致し，その値は"掃き出し法"によって計算される．

16. R^3 において，次の4個のベクトルで生成される部分空間の次元を求めよ．

$$\begin{bmatrix} 1 \\ 2 \\ 1 \end{bmatrix}, \quad \begin{bmatrix} 1 \\ 3 \\ 2 \end{bmatrix}, \quad \begin{bmatrix} 2 \\ 5 \\ 3 \end{bmatrix}, \quad \begin{bmatrix} 3 \\ 8 \\ 5 \end{bmatrix}.$$

注．R^3 の部分空間は，幾何学的には，原点 $\{o\}$（0次元），原点を通る直線（1次

解答のページ

と表わされる．Tは1次独立であるから，問9によって，$y_1 \neq o$．そこで，係数a_1, …, a_nの少なくとも一つは0ではなく，必要なら番号を変更して，$a_1 \neq 0$としても一般性を失わない．

$$\therefore x_1 = \frac{1}{a_1} y_1 - \frac{a_2}{a_1} x_2 - \cdots - \frac{a_n}{a_1} x_n.$$

従って，問10により，

$$\langle S \rangle = \langle y_1, \ x_2, \ \cdots, \ x_n \rangle.$$

このとき，もし$n < m$ならば，同様の論法を繰返して，

$$\langle S \rangle = \langle y_1, \ y_2, \ \cdots, \ y_n \rangle$$

を得るが，$\langle S \rangle = \langle T \rangle$であるから，$y_{n+1}$は$y_1$, y_2, …y_nの1次結合になり，Tが1次独立であることに矛盾する．従って，$n \geqq m$でなければならない．SとTの立場をかえて，$n \leqq m$も同様に成立つから，結局，$n = m$を得る．

14.　前問から明らかである．

15.　問12によって，Sの各元はTの元の1次結合として一意的に表わされる．従って，問10によって，$\langle S \rangle = \langle T \rangle$が成立つ．よって，$T$は$\langle S \rangle$の基底である．

16.　2

元), 原点を通る平面 (2次元), R^3 (3次元) のいずれかである.

問題 B (☞解答は右ページ)

17. 体 F 上の線形空間 V の部分空間 W に対して, 加法群としての V の部分群 W による剰余群

$$V/W = \{ W + x \mid x \in V \}$$

は,

　　加法: $(W+x)+(W+y) = W+(x+y)$,

　　スカラー乗法: $a(W+x) = W+ax \quad (a \in F)$

のもとで F 上の線形空間となる. このことを証明せよ.

　　注. この空間 V/W を V の W に関する**剰余空間**という.

18. 体 F 上の二つの線形空間 V, V' に対して, V から V' への写像 f が2条件

　(1) $f(x+y) = f(x)+f(y) \quad (x, y \in V)$,

　(2) $f(ax) = af(x) \quad (x \in V, a \in F)$

をみたすとき, f を**線形写像**という. このとき, f が全単射ならば, V, V' は**同型**であるといい, $V \cong V'$ で表わす.

　　体 F 上の n 次元線形空間 V は F^n と同型であることを証明せよ.

19. 体 F 上の二つの有限次元線形空間 V, V' が同型であるための必要十分条件は, V, V' の次元が等しいことである. このことを証明せよ.

解答のページ ━━━━━━━

━━問題 B の解答━━

17. 与えられた加法と スカラー倍が 線形空間の 条件を みたすことは 容易に 確かめられる.

18. V の基底 $S=\{x_1, \cdots, x_n\}$ を F^n の標準基底 $\{e_1, \cdots, e_n\}$ と

$$x_i \mapsto e_i \ (i=1, \cdots, n)$$

なる対応をさせれば, V から F^n の上への同型写像

$$f : x=a_1x_1+\cdots+a_nx_n \mapsto f(x)=a_1e_1+\cdots+a_ne_n$$

を得る.

　注. F^n の標準基底とは,

$$e_i = \begin{bmatrix} 0 \\ \vdots \\ e \\ \vdots \\ 0 \end{bmatrix} \quad (\text{第 } i \text{ 行目だけが } F \text{ の単位元 } e \text{ で他の成分はすべて } 0)$$

なる基底 $\{e_1, \cdots, e_n\}$ のことである.

19. $f : V \to V'$ を同型写像とし, V の基底 $S=\{x_1, \cdots, x_n\}$ の f による像を

$$S'=\{f(x_1), \cdots, f(x_n)\}$$

とする. f は全射であるから, V' の任意の元 x' は,

$$x'=f(x)=f(a_1x_1+\cdots+a_nx_n)=a_1f(x_1)+\cdots+a_nf(x_n)$$

と表わされる. 従って, $V'=\langle S' \rangle$ となる. 更に,

$$a_1f(x_1)+\cdots+a_nf(x_n)=o' \quad (V' \text{の零ベクトル})$$

とすれば, 左辺は $f(a_1x_1+\cdots+a_nx_n)$ になり, f は単射であるから,

$$a_1x_1+\cdots+a_nx_n=o$$

を得る. S は 1 次独立であるから, $a_1=\cdots=a_n=0$ となり, S' も 1 次独立である. 従っ

20. 線形写像 $f: V \rightarrow V'$ に対して，次のことがらを証明せよ．

(1) 像 $\operatorname{Im} f = \{x' \in V' \mid x' = f(x), \ x \in V\}$ は V' の部分空間である．

(2) 核 $\operatorname{Ker} f = \{x \in V \mid f(x) = o'\}$（$o'$ は V' の零ベクトル）は V の部分空間である．

(3) 線形空間の準同型定理：$V/\operatorname{Ker} f \simeq \operatorname{Im} f$．

(4) 次元定理：V が有限次元ならば，

$$\dim V = \dim(\operatorname{Ker} f) + \dim(\operatorname{Im} f).$$

注．$\dim(\operatorname{Ker} f)$, $\dim(\operatorname{Im} f)$ を，それぞれ，f の**退化次数** (nullity)，**階数** (rank)という．

[補足] 本節はいわゆる "線形代数学" を学習するためのものではなく，その理念が今後の体の理論にとって必要となるからである：

(1) 拡大 K/F において，拡大体 K は係数体 F 上の線形空間として自然な構造を持っている（§25，問 1 参照）．

(2) 有限次拡大 K/F は，K を F 上の有限次元線形空間と見做すことに相当する（§26，問 5 参照）．

解答のページ

て，S' は V' の基底になり，V' の次元は n であることがわかる．

逆に，V, V' の次元が共に n であるとし，それらの基底がそれぞれ

$$S=\{x_1, \cdots, x_n\}, \quad S'=\{x'_1, \cdots, x'_n\}$$

であるとすれば，対応

$$x_i \mapsto x'_i \ (i=1, \cdots, n)$$

によって V から V' の上への同型写像

$$f: x=a_1 x_1+\cdots+a_n x_n \mapsto f(x)=a_1 x'_1+\cdots+a_n x'_n$$

が定義される．

20. (1) $\operatorname{Im} f$ の任意の2元

$$x'=f(x), \ y'=f(y) \quad (x, y\in V)$$

に対し，

$$x'+y'=f(x)+f(y)=f(x+y), \ a x'=af(x)=f(ax).$$

$$\therefore x'+y', \ ax'\in\operatorname{Im} f \ (a は任意のスカラー).$$

$$\therefore \operatorname{Im} f は V' の部分空間である．$$

(2) $\operatorname{Ker} f$ の任意の2元 x, y に対し，$f(x)=o'$, $f(y)=o'$ であるから，

$$f(x+y)=f(x)+f(y)=o', \ f(ax)=af(x)=o'.$$

$$\therefore x+y, \ ax\in\operatorname{Ker} f \ (a は任意のスカラー).$$

$$\therefore \operatorname{Ker} f は V の部分空間である．$$

(3) 線形写像 $f: V\to V'$ を加法群 V から加法群 V' への準同型写像と見做して準同型定理を適用すれば，加法群としての同型写像

$$\varphi: V/\operatorname{Ker} f \to \operatorname{Im} f$$

を得る．φ は線形写像になるから，これは線形空間としての同型写像でもある．

(4) $\dim V=n$, $\dim(\operatorname{Ker} f)=s$ とする．$\operatorname{Ker} f$ の基底を $\{x_1, \cdots, x_s\}$ とすれば，$\operatorname{Ker} f$ は V の部分空間であるから，V の基底を

$$\{x_1, \cdots, x_s, x_{s+1}, \cdots, x_{s+r}\} \quad (s+r=n)$$

と選ぶことが出来る．このとき，

$$\{x_{s+1}, \cdots, x_{s+r}\}$$

は $\operatorname{Im} f$ の基底になり，与えられた公式が証明される．

§25. 体 の 拡 大

SUMMARY

1. 体 F が体 K の部分体であるとき，K を F の**拡大体**といい，両者のこの関係を拡大 K/F という．

2. 拡大 K/F において，K の元をベクトルと見做せば，K は係数体 F 上の線形空間になる．このとき，もし線形空間 K が有限次元ならば，この拡大 K/F を**有限次拡大**といい，その次元 $n=[K:F]$ を**拡大次数**という．

3. 体 F 上の多項式 $f(x)$ を 0 に等置して出来る方程式 $f(x)=0$ を F 上の**代数方程式**といい，その解を $f(x)$ の**根**という．根は F の元とは限らない．拡大 K/F において，K の元 α は，それを根とする F 上の多項式が存在するときは F に関して**代数的**，存在しないときは F に関して**超越的**であるといわれる．

4. 拡大 K/F は，K の元がすべて F に関して代数的であるときは**代数拡大**，そうでないときは**超越拡大**と呼ばれる．

問題A（☞解答は右ページ）

1. 拡大 K/F において，K の元をベクトルと見做せば，K は係数体 F 上の線形空間になる．このことを証明せよ．

注. F が K の部分体でない場合に対しても，拡大 K/F の概念は拡張される．すなわち，一般に，体 F が体 K に埋め込まれるとき，K を F の "拡大体" と定義するのである．この場合，F は K の部分体と同一視される．なお，拡大の記号／は同値関係による "商集合" とは無関係である．

2. 拡大 K/F の任意の中間体を L とするとき，K/F が有限次拡大であるための必要十分条件は，$K/L, L/F$ が共に有限次拡大であることである．このことを証明せよ．

5　拡大 K/F において，$K \supseteq L \supseteq F$ なる体 L を K/F の中間体という．S を K の部分集合とするとき，S を含む K/F の最小の中間体を，F に S を添加して得られる体といい，$F(S)$ で表わす．F と S を含む最小の環は $F[S]$ で表わされる．

6　体 F に唯一つの元 α を添加する拡大 $F(\alpha)/F$ を単純拡大という．このとき，もし α が F に関して代数的ならば単純代数拡大，超越的ならば単純超越拡大という．

7　拡大 K/F に対して，次のことがらが成立つ：

単純代数拡大 $\Rightarrow$ 有限次拡大 $\Rightarrow$ 代数拡大.

8　体 F に含まれる最小の部分体 P を F の素体という（一般に，体 P が P 以外には部分体を持たないとき，P を素体という）．このとき，次のいずれかが成立つ：

$$P \cong \boldsymbol{Q} \ \text{または} \ P \cong \boldsymbol{Z}_p \ (p \text{ は素数}).$$

この同型のいずれが成立つかに応じて，それぞれ，F の標数は 0 または p であるという．任意の数体の標数は 0 である．

――問題Aの解答――

1.　K は加法群であり，体 K での乗法 av $(a \in F,\ v \in K)$ はスカラー倍の条件をみたすから，K は F 上の線形空間をなす．

2.　$[K : F] = n$ とする．これは，F に関して 1 次独立な K の元の個数が n ということである．$F \subseteq L$ であるから，L に関して 1 次独立な K の元は F に関しても 1 次独立である．

$$\therefore [K : L] \leqq [K : F] = n.$$

また，$L \subseteq K$ であるから，F に関して 1 次独立な L の元の個数は n を越えない．

3. 拡大 K/F を有限次拡大，L をその中間体とすれば，
$$[K:F]=[K:L][L:F]$$
が成立つ．このことを証明せよ．

4. 多項式 $f(x)=x^4+1$ を，有理数体 Q，実数体 R，複素数体 C の各範囲

解答のページ ──────

$$\therefore [L:F] \leqq n.$$

逆に，$[K:L]=l$，$[L:F]=m$ とする．このとき，Lに関するKの基底を $\{\alpha_1, \cdots, \alpha_l\}$，$F$に関する$L$の基底を $\{\beta_1, \cdots, \beta_m\}$ とすれば，Kの任意の元 θ は，

$$\theta = \sum_{i=1}^{l} \lambda_i \alpha_i \quad (\lambda_i \in L)$$

の形に表わされ，係数 λ_i は L の元であるから，

$$\lambda_i = \sum_{j=1}^{m} a_{ij} \beta_j \quad (a_{ij} \in F)$$

の形に表わされる．代入して，

$$\theta = \sum_i \left(\sum_j a_{ij} \beta_j \right) \alpha_i = \sum_{i,j} a_{ij} \alpha_i \beta_j \quad (1 \leqq i \leqq l, \ 1 \leqq j \leqq m).$$

従って，Kの任意の元 θ は，Fを係数体として，lm 個の元

$$\alpha_i \beta_j \quad (1 \leqq i \leqq l, \ 1 \leqq j \leqq m)$$

の1次結合によって表わすことが出来る．$\therefore [K:F] \leqq lm.$

3. 前問の証明によって，

$$\{\alpha_i \beta_j\} \quad (1 \leqq i \leqq l, \ 1 \leqq j \leqq m)$$

がFに関して1次独立であることを示せば，等式 $[K:F]=lm$ が証明される．そこで，

$$\sum_{i,j} a_{ij} \alpha_i \beta_j = 0 \quad (a_{ij} \in F)$$

と置けば，

$$\sum_i \left(\sum_j a_{ij} \beta_j \right) \alpha_i = 0.$$

$\{\alpha_1, \cdots, \alpha_l\}$ はLに関して1次独立であるから，

$$\sum_j a_{ij} \beta_j = 0.$$

$\{\beta_1, \cdots, \beta_m\}$ はFに関して1次独立であるから，

$$a_{ij} = 0 \quad (1 \leqq i \leqq l, \ 1 \leqq j \leqq m).$$

従って，

$$\{\alpha_i \beta_j\} \quad (1 \leqq i \leqq l, \ 1 \leqq j \leqq m)$$

はFに関して1次独立である．

4. 有理係数 x^4+1，実係数 $(x^2+\sqrt{2}\,x+1)(x^2-\sqrt{2}\,x+1)$，複素係数

内で，既約多項式の積に分解せよ.

注. 体 F 上の1次以上の多項式 $f(x)$ は，それが係数体 F の範囲内で $f(x)$ より次数の低い二つ以上の多項式の積に分解できるときは F 上で**可約**，分解できないときは F 上で**既約**といわれる. F 上の既約多項式は多項式環 $F[x]$ の"素元"に他ならない（§22，問20参照）. F 上の任意の1次多項式は F 上で既約であるが，逆に，F 上の既約多項式が1次式に限るとき，F は**代数的閉体**と呼ばれる. 複素数体 C は代数的閉体である（**代数学の基本定理**）.

5. 体 F 上の多項式 $f(x)$ について，次のことがらを証明せよ.

(1) $f(x)$ を1次式 $x-\alpha$ で整除した剰余は $f(\alpha)$ に等しい（**剰余定理**）.

(2) $f(x)$ が1次因数 $x-\alpha$ を持つ $\Leftrightarrow f(x)$ が根 α を持つ（**因数定理**）.

6. $\sqrt{2}+\sqrt{3}$ を根に持つようなモニックな整数係数の多項式を求めよ.

注. 最高次の係数が1である多項式 $f(x)$ は**モニック**（monic）であるという.

7. 次の各数は有理数体 Q 上で代数的であることを証明せよ.

(1) $\sqrt[3]{2}+\sqrt{3}$ (2) $\sqrt{2}+\sqrt{3}+\sqrt{5}$

注. Q 上で代数的な複素数を**代数的数**，超越的な複素数を**超越数**という. 自然対数の底 e，円周率 π は超越数である. e の超越性は1873年に Hermite が，また，π の超越性は1882年に Lindemann が初めて証明した. 種々の数の超越性を証明することが **Hilbert** の第7問題である.

8. 単純拡大 $F(\alpha)/F$ について，次のことがらを証明せよ.

(1) $F(\alpha)/F$ が単純代数拡大ならば，α を根とする F 上のモニックな既約多項式 $\varphi(x)$ が一意的に定まり，$F(\alpha) \cong F[x]/(\varphi(x))$ が成立つ.

(2) $F(\alpha)/F$ が単純超越拡大ならば，$F(\alpha) \cong F(x)$ が成立つ.

注. (1)によって定まる $\varphi(x)$ は，α を根とする F 上の多項式の中で次数が最低のものであり，α の F 上の**最小多項式**と呼ばれる. このとき，$\varphi(x)$ の次数を α の F 上の**次数**という. なお，次問を参照せよ.

解答のページ

$$\left(x+\frac{\sqrt{2}}{2}-\frac{\sqrt{2}}{2}i\right)\left(x+\frac{\sqrt{2}}{2}+\frac{\sqrt{2}}{2}i\right)\left(x-\frac{\sqrt{2}}{2}-\frac{\sqrt{2}}{2}i\right)\left(x-\frac{\sqrt{2}}{2}+\frac{\sqrt{2}}{2}i\right).$$

5. (1) 体 F 上の多項式環 $F[x]$ は，§22，問20によって，Euclid 整域であるから，除法定理が成立し，

$$f(x)=q(x)(x-\alpha)+r(x)$$

となる．ここで，

$$r(x)=0, \quad \text{または，} \quad \deg r(x)<\deg(x-\alpha)=1$$

であるから，$r(x)=r$（定数）である．上の式で x に α を代入すれば，

$$f(\alpha)=q(\alpha)(\alpha-\alpha)+r. \quad \therefore r=f(\alpha).$$

(2) (1)から直ちに証明される．

6. $x=\sqrt{2}+\sqrt{3}$ と置き，両辺を平方すれば，$x^2=5+2\sqrt{6}$．次に，$x^2-5=2\sqrt{6}$ の両辺を再び平方して，$x^4-10x^2+1=0$．従って，求める多項式は，x^4-10x^2+1（または，その多項式倍）．

7. (1) $x^6-9x^4-4x^3+27x^2-36x-23$ の根である．

(2) $x^8-40x^6+352x^4-960x^2+576$ の根である．

8. $F[x]$ から $F[\alpha]$ の上への環準同型写像 σ を，変数 x に α を"代入する"という操作

$$\sigma: f(x) \mapsto f(\alpha)$$

によって定義すれば，環の準同型定理によって，

$$F[x]/A \cong F[\alpha], \quad \text{但し，} A=\operatorname{Ker}\sigma.$$

$F[\alpha]$ は体 $F(\alpha)$ の部分環として整域であるから，§23，問27によって A は $F[x]$ の素イデアルになる．§22，問20によって，$F[x]$ は単項イデアル整域であるから，§23，

9. 単純拡大 $F(\alpha)/F$ が単純代数拡大であるための必要十分条件は，それが有限次拡大であることであり，その拡大次数は α の F 上の次数に等しい．このことを証明せよ．

10. 単純拡大 $F(\alpha)/F$ が単純代数拡大であるための必要十分条件は，$F(\alpha)$ $=F[\alpha]$ が成立つことである．このことを証明せよ．

問30によって,

$$A=(0), \quad \text{または, } A=(\varphi(x)) \quad (\varphi(x) \text{ はある既約多項式})$$

と表わされる.

(1) $F(\alpha)/F$ が単純代数拡大ならば, $A \neq (0)$ であるから,

$$A=(\varphi(x)) \quad (\varphi(x) \text{ はある既約多項式})$$

が成立し, しかも, Aは $F[x]$ の極大イデアルになる. 従って, §23, 問28によって, $F[x]/A$ は体になり, これと同型な $F[\alpha]$ も体になる. しからば, $F(\alpha)$ の最小性によって, $F[\alpha] \simeq F(\alpha)$ を得る. $\therefore F(\alpha) \simeq F[x]/(\varphi(x))$.

(2) $F(\alpha)/F$ が超越拡大ならば, α を根に持つような既約多項式 $\varphi(x)$ は存在しないから, $A=(0)$ が成立し, $F[x] \simeq F[\alpha]$ となる. 両辺の商体をとれば, $F(x) \simeq F(\alpha)$ を得る.

9. $F(\alpha)/F$ が単純代数拡大であるとすれば, 前問(1)によって, $F(\alpha)=F[\alpha]$ であるから, $F(\alpha)$ の任意の元は α の多項式 $f(\alpha)$ である. そこで, α の最小多項式を $\varphi(x)$, その次数を n として,

$$f(x)=q(x)\varphi(x)+r(x), \quad r(x)=0 \text{ または } \deg r(x) < \deg \varphi(x)=n$$

と置けば, x に α を代入して, $f(\alpha)=r(\alpha)$ を得るから, $f(\alpha)$ は α の高々 $n-1$ 次の多項式で表わされる. 従って, $F(\alpha)/F$ は有限次拡大である. いま,

$$f(\alpha)=a_0+a_1\alpha+\cdots+a_{n-1}\alpha^{n-1}=b_0+b_1\alpha+\cdots+b_{n-1}\alpha^{n-1}$$

と2通りに表わされたとすれば, 移項して, 自明でない1次関係

$$(a_0-b_0)+(a_1-b_1)\alpha+\cdots+(a_{n-1}-b_{n-1})\alpha^{n-1}=0$$

を得るが, これは $\varphi(x)$ の次数の最小性に矛盾する. 従って, 上の表わし方は一意的である. 従って, $[F(\alpha):F]=n=\deg \varphi(x)$.

逆に, $F(\alpha)/F$ を有限次拡大とし, その拡大次数を n とすれば, §24, 問14によって, $n+1$個の元の集合

$$\{e, \alpha, \alpha^2, \cdots, \alpha^n\} \quad (e \text{ は} F \text{の単位元})$$

はFに関して1次従属である. 従って, 自明でない1次関係

$$a_0+a_1\alpha+\cdots+a_n\alpha^n=0$$

が存在し, αはFに関して代数的になる. 従って, $F(\alpha)/F$ は単純代数拡大である.

10. 必要性は問8(1)で証明した. 逆に, $F(\alpha)=F[\alpha]$ とすれば, $\alpha^{-1} \in F(\alpha)$ であるから, α^{-1} は α のある多項式で表わされ,

$$\alpha^{-1}=a_0+a_1\alpha+\cdots+a_n\alpha^n$$

11.　単純拡大　$F(\alpha)/F$　が有限次拡大であるとき，その拡大次数を n とすれば，$F(\alpha)$ の任意の元は α に関する F 上の高々 $n-1$ 次の多項式

$$a_0+a_1\alpha+a_2\alpha^2+\cdots+a_{n-1}\alpha^{n-1} \quad (a_i\in F)$$

として一意的に表わされる．このことを証明せよ．

　注．すなわち，$[F(\alpha):F]=n$ ならば，$F(\alpha)$ は

$$\{e,\ \alpha,\ \alpha^2,\ \cdots,\ \alpha^{n-1}\}\quad (e は F の単位元)$$

を基底とする F 上の n 次元線形空間である．一般に，拡大 K/F において，K を F 上の線形空間として扱うと便利なことが多い．

12.　m を平方因数を含まないような 0，1 以外の整数とするとき，有理数体 Q の 2 次の拡大体 $Q(\sqrt{m})$ を **2次体** といい，特に，$m>0$ のときは **実2次体**，$m<0$ のときは **虚2次体** という．このとき，

$$Q(\sqrt{m})=\{a+b\sqrt{m}\,|\,a,\ b\in Q\}$$

であることを証明せよ．

　注．Q の任意の代数拡大体を **代数体**（代数的数体）という．

13.　Gauss 整数環 $Z[i]$ の商体は Gauss の数体

$$Q(i)=\{a+ib\,|\,a,\ b\in Q\}$$

であることを証明せよ．

　注．この包含関係は右図の通りである．

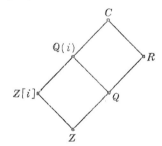

14.　次のことがらを証明せよ（逆は不成立）．

　(1)　単純代数拡大は有限次拡大である．

　(2)　有限次拡大は代数拡大である．

解答のページ

と置ける. 従って, 両辺に α を乗じて,

$$-e+a_0\alpha+a_1\alpha^2+\cdots+a_n\alpha^{n+1}=0 \quad (e \text{ は } F \text{ の単位元})$$

を得る. これは α が F に関して代数的であることを示しており, $F(\alpha)/F$ は単純代数拡大になる.

11. 問9で証明済みである.

12. 問10によって,

$$Q(\sqrt{m})=Q[\sqrt{m}]=\{a+b\sqrt{m}\,|\,a,\ b\in Q\}.$$

13. 問10によって,

$$Q(i)=Q[i]=\{a+ib\,|\,a,\ b\in Q\}.$$

この任意の元は整数 $p,\ p',\ q,\ q'$ によって,

$$\frac{p}{q}+i\frac{p'}{q'}=\frac{pq'+iqp'}{qq'} \quad (qq'\neq 0)$$

のように, $Z[i]$ の2元を分子, 分母とする分数の形に表わされるから, $Q(i)$ は $Z[i]$ の商体である.

14. (1) 問9で証明済みである.

(2) K/F を有限次拡大とし, その拡大次数を n とする. §24, 問14によって, K の任意の元 α に対して, $n+1$ 個の元の集合

$$\{e,\ \alpha,\ \alpha^2,\ \cdots,\ \alpha^n\} \quad (e \text{ は } F \text{ の単位元})$$

は F に関して1次従属になり, 自明でない1次関係

問題B（☞解答は右ページ）

15.　体Fに有限個の元 $\alpha_1, \cdots, \alpha_m$ を添加する拡大を**有限生成拡大**という．こ
れは単純拡大の繰返しに等しい：
$$F(\alpha_1, \cdots, \alpha_m) = F(\alpha_1)(\alpha_2) \cdots (\alpha_m).$$
このことを証明せよ．

　注．一般に，$F(S)$ は F の元を係数とする S の任意の有限個の元の有理式の全体にな
る．特に，単純拡大 $F(\alpha)$ は F の元を係数とする α の有理式の全体になる．

16.　拡大 K/F が有限次拡大であるための必要十分条件は，Fに関して代数
的な元 $\alpha_1, \cdots, \alpha_m$ によって，
$$K = F(\alpha_1, \cdots, \alpha_m)$$
と表わされることである．このことを証明せよ．

解答のページ

$$a_0 + a_1\alpha + \cdots + a_n\alpha^n = 0$$

が成立つ. 従って, α は F に関して代数的になる. 従って, K/F は代数拡大である.

——問題Bの解答——

15. m に関する数学的帰納法によって証明する. $m=1$ のときは明らかに正しい. $m-1$ のとき正しいと仮定すれば,

$$F(\alpha_1, \cdots, \alpha_{m-1})(\alpha_m) = F(\alpha_1)(\alpha_2)\cdots(\alpha_m).$$

さて, $F(\alpha_1, \cdots, \alpha_{m-1})$ と α_m を含む K の最小の部分体は $F(\alpha_1, \cdots, \alpha_{m-1})(\alpha_m)$ であるから,

$$F(\alpha_1, \cdots, \alpha_{m-1})(\alpha_m) \subseteq F(\alpha_1, \cdots, \alpha_m).$$

他方, F と $\alpha_1, \cdots, \alpha_m$ を含む K の最小の部分体は $F(\alpha_1, \cdots, \alpha_m)$ であるから,

$$F(\alpha_1, \cdots, \alpha_m) \subseteq F(\alpha_1, \cdots, \alpha_{m-1})(\alpha_m).$$

$$\therefore F(\alpha_1, \cdots, \alpha_m) = F(\alpha_1, \cdots, \alpha_{m-1})(\alpha_m) = F(\alpha_1)(\alpha_2)\cdots(\alpha_m).$$

従って, m のときも正しい. 以上によって, 任意の正整数 m に対して命題は正しい.

16. K/F を有限次拡大とすれば, それが代数拡大になることは問14(2)で証明済みである. そこで, 次に,

$$K = F(\alpha_1, \cdots, \alpha_m)$$

と表わすことが出来ることを, 拡大次数 n に関する数学的帰納法によって証明する. $n=1$ のときは $K=F$ となって明らかに正しい. そこで, $n-1$ までの次数について正しいと仮定すれば, F には属さない K の元 α_1 をとると,

$$[K:F(\alpha_1)] < [K:F(\alpha_1)][F(\alpha_1):F] = [K:F] = n.$$

$$\therefore [K:F(\alpha_1)] < n.$$

すると, 帰納法の仮定から, 有限個の元の添加によって,

$$K = F(\alpha_1)(\alpha_2, \cdots, \alpha_m) = F(\alpha_1, \alpha_2, \cdots, \alpha_m)$$

と表わされる. 従って, n のときも正しい. 以上によって, 任意の拡大次数 n に対して命題は正しい.

逆に, F に関して代数的な元 $\alpha_1, \cdots, \alpha_m$ によって,

$$K = F(\alpha_1, \cdots, \alpha_m)$$

と表わされたとする. このとき, K/F が有限次拡大になることを, m に関する数学的帰納法によって証明する. $m=1$ のときは, 単純代数拡大は有限次拡大であるから, 命題は正しい. $m-1$ のとき正しいと仮定すれば, K/F の中間体として $F(\alpha_1, \cdots, \alpha_{m-1})$

17. 任意の素体Pに対して,
$$P \cong Q \text{ または } P \cong Z_p \text{ (pは素数)}$$
のいずれかが成立つことを証明せよ.

18. 体Fの標数がpならば,Fの各元aに対して $pa=0$ が成立つ. このことを証明せよ.

19. 任意の拡大 K/F において,FとKの標数は一致することを証明せよ.

20. 任意の数体の標数は 0 であることを証明せよ.

21. 体Fの標数が0ならば,Fは無限体である. このことを証明せよ. この逆は成立つか.

22. 体Fの標数が0ならば,F上の任意の既約多項式 $\varphi(x)$ は重根を持たない. このことを証明せよ.

解答のページ

をとれば，問3によって，K/F は有限次拡大になる．従って，m のときも正しい．以上によって，任意の正整数 m に対して命題は正しい．

17. 整数環 Z から P の部分整域

$$R = \{ne \mid n \in Z\} \quad (e は P の単位元)$$

の上への環準同型写像 f を

$$f : n \mapsto ne$$

によって定義すれば，環の準同型定理によって，

$$Z/A \cong R, \quad 但し，\ A = \mathrm{Ker}\, f.$$

R は整域であるから，§23，問27 によって，A は Z の素イデアルになり，

$$A = (0), \quad または，\ A = (p) \quad (p は素数)$$

が成立つ．そこで，まず，$A = (0)$ とすれば，$Z \cong R$ となるから，両辺の商体をとれば，$Q \cong P$ を得る．次に，$A = (p)$ とすれば，$Z_p \cong R$ となり，Z_p は体であるから，これと同型な R も体になる．従って，P は素体であるから，$P = R \cong Z_p$ を得る．

18. F の単位元を e とすれば，F の素体 P は Z_p と同型であるから，$pe = 0$. 従って，F の任意の元 a に対して，

$$pa = p(ea) = (pe)a = 0a = 0. \quad \therefore pa = 0.$$

19. K/F ならば，F と K は素体 P を共有するから，それらの標数は一致する．

20. §21，問9によって，任意の数体の素体は Q であるから，その標数は 0 である．

21. F の標数が 0 ならば，F は素体 $P \cong Q$ を含み，これは無限集合であるから，F は無限体である．この逆は成立しない．例えば，有理式体 $Z_p(x)$ （p は素数）は無限体ではあるが，標数は p である．

22. 一般に，体 F 上の多項式

$$f(x) = a_0 + a_1 x + \cdots + a_n x^n$$

に対して，多項式

$$f'(x) = a_1 + 2a_2 x + \cdots + na_n x^{n-1}$$

を $f(x)$ の形式的微分という．"形式的"であるというのは，これが極限操作によって定義されていないからである．しかし，微分公式

$$(f(x) + g(x))' = f'(x) + g'(x),$$

$$(f(x)g(x))' = f'(x)g(x) + f(x)g'(x)$$

は，$F = R$ のときと同様に，形式的微分に対しても成立つ．

23. 体 F の標数が 0 であり，$\alpha_1, \cdots, \alpha_m$ が F に関して代数的元であるならば，拡大

$$F(\alpha_1, \cdots, \alpha_m)/F$$

は単純代数拡大である。このことを証明せよ。

解答のページ ━━━━━

もし，F 上の多項式 $\varphi(x)$ が重根 α を持つとすれば，F の拡大体において，

$$\varphi(x)=(x-\alpha)^2 f(x)$$

と表わされるから，形式的微分によって，

$$\varphi'(x)=(x-\alpha)\{(x-\alpha)f'(x)+2f(x)\}$$

となり，$\varphi(x)$ と $\varphi'(x)$ は共通因数 $x-\alpha$ を持つ．従って，α は $\varphi(x)$ と $\varphi'(x)$ の最大公約数 $g(x)$ の根である．しかるに，$g(x)$ は $\varphi(x)$ と $\varphi'(x)$ から Euclid の互除法によって求められる F 上の多項式であり，しかも 1 次以上であるから，$\varphi(x)$ は既約多項式ではありえない．従って，F 上の任意の既約多項式 $\varphi(x)$ は重根を持たない．

注．もし F の標数が $p\neq 0$ ならば，例えば，$\varphi(x)=x^p+a$ に対して，

$$\varphi'(x)=px^{p-1}=0 \quad (零多項式)$$

となってしまい，上の議論は成立しない．なお，この定理によって，F の標数が 0 ならば，単純代数拡大 $F(\alpha)/F$ の原始元 α はその最小多項式 $\varphi(x)$ の単根である．

23. m に関する数学的帰納法によって証明する．$m=1$ のときは明らかに正しい．$m-1$ のとき正しいと仮定すれば，F に関して代数的な元 ξ によって，

$$F(\xi)=F(\alpha_1, \cdots, \alpha_{m-1})$$

と表わされる．そこで，$\eta=\alpha_m$ と置くとき，

$$F(\xi, \eta)=F(\alpha_1, \cdots, \alpha_m)$$

が単純代数拡大になることを証明すれば，m のときも正しいことがわかる．

ξ, η の最小多項式をそれぞれ $\varphi(x), \psi(x)$ とすれば，前問によって，それらはそれぞれ単根

$$\xi_1=\xi, \xi_2, \cdots, \xi_r; \quad \eta_1=\eta, \eta_2, \cdots, \eta_s$$

を持つ．問21によって F は無限体であり，また，

$$(\xi-\xi_i)^{-1}(\eta-\eta_j) \quad (2\leq i\leq r, 2\leq j\leq s)$$

は有限個の値しかとらないから，それらのどの元とも異なる F の元 c が存在する．そこで，

$$\theta=\xi+c\eta \in F(\xi, \eta)$$

と置けば，θ は F に関して代数的である．このとき，$F(\theta)\subseteq F(\xi, \eta)$ は明らかに成立つが，逆に，$F(\theta)\supseteq F(\xi, \eta)$ も成立つ．何故なら，$F(\theta)$ 上の多項式 $\varphi(\theta-cx), \psi(x)$ は共有根 η を持ち，しかも c のとり方から，それ以外の共有根を持たない．従って，$\varphi(\theta-cx), \psi(x)$ の最大公約数は 1 次式 $x-\eta$ である．最大公約数は Euclid の互除法から求めることが出来るから，その係数 η は $F(\theta)$ に属する．従って，$\xi=\theta-c\eta$ も

24. 体 F の標数が 0 ならば，有限次拡大 K/F は単純代数拡大である．この
ことを証明せよ．

25. 次の等式を証明せよ：

$$Q(\sqrt{2}, \sqrt{3}) = Q(\sqrt{2} + \sqrt{3}).$$

解答のページ ━━━━━━━━━━━━━━━━━━━━━━━━━━━━━

$F(\theta)$ に属する. $\therefore F(\theta) \supseteq F(\xi, \eta)$. 以上によって, $F(\theta) = F(\xi, \eta)$ が成立し, 証明が終了する.

24. 問16と前問から直ちに証明される.

25. $\sqrt{2} + \sqrt{3} \in Q(\sqrt{2}, \sqrt{3})$ であるから, $Q(\sqrt{2}, \sqrt{3}) \supseteq Q(\sqrt{2} + \sqrt{3})$. 逆に, $\alpha = \sqrt{2} + \sqrt{3}$ と置けば, $\alpha^3 = 11\sqrt{2} + 9\sqrt{3}$ であるから,

$$\sqrt{2} = \frac{1}{2}\left(\alpha^3 - 9\alpha\right), \qquad \sqrt{3} = \frac{1}{2}\left(11\alpha - \alpha^3\right)$$

と表わされ, $Q(\sqrt{2}, \sqrt{3}) \subseteq Q(\sqrt{2} + \sqrt{3})$ を得る.

$$\therefore Q(\sqrt{2}, \sqrt{3}) = Q(\sqrt{2} + \sqrt{3}).$$

なお,

$$[Q(\sqrt{2}, \sqrt{3}) : Q] = [Q(\sqrt{2}, \sqrt{3}) : Q(\sqrt{2})][Q(\sqrt{2}) : Q] = 2 \cdot 2 = 4$$

であるから, $Q(\sqrt{2} + \sqrt{3})/Q$ の拡大次数は 4 であり, 原始根 $\sqrt{2} + \sqrt{3}$ の最小多項式は問 6 で求めた通りである.

§26. Galois 拡 大

SUMMARY

1　体 F の二つの拡大体を K, K' とするとき，F の各元を不変にする K から K' への単射準同型

$$g : \alpha \mapsto \alpha^g \quad (\alpha \in K)$$

を K から K' への F-単射準同型といい，これが K' の上への同型ならば F-同型，特に，$K = K'$ ならば K の F-自己同型という．

2　拡大 K/F において，K の F-自己同型の全体 $G(K/F)$ は K の自己同型群 $A(K)$ の部分群をなし，拡大 K/F の **Galois 群** と呼ばれる．以下，$G = G(K/F)$ と置く．

3　拡大 K/F の任意の中間体 L に対して，

$$L^\circ = \{g \in G \,|\, \alpha^g = \alpha \ (\alpha \in L)\} \quad (K/L \text{ の Galois 群})$$

は G の部分群である．逆に，G の任意の部分群 H に対して，

$$H^\circ = \{\alpha \in K \,|\, \alpha^g = \alpha \ (g \in H)\} \quad (H \text{ の不変体})$$

は K/F の中間体である．この対応 $\circ$ を K/F の **Galois 対応** とい

問題 A（☞解答は右ページ）

1.　次のことがらを m に関する数学的帰納法によって証明せよ：

体 K から体 K' への相異なる単射準同型を $g_1, \cdots, g_m$ とするとき，K の各元 a に対して

$$\lambda_1 a^{g_1} + \cdots + \lambda_m a^{g_m} = 0$$

をみたす K' の元 $\lambda_1, \cdots, \lambda_m$ は $\lambda_1 = \cdots \lambda_m = 0$ に限る（**Dedekind の定理**）．

う．特に，$F^\circ = G$，$K^\circ = \{e\}$ である．

④ 有限次拡大 K/F は，もし $G^\circ = F$ $(F^{\circ\circ} = F)$ をみたすならば，（有限次）**Galois** 拡大と呼ばれる．

　　　　有限次拡大 K/F が Galois 拡大 $\Leftrightarrow$ $|G| = [K:F]$．

⑤ **Galois 理論の基本定理**

　　Galois 拡大 K/Fにおいては，Galois 対応

$$L \mapsto L^\circ, \quad H \mapsto H^\circ \quad (L は中間体，H は部分群)$$

は，K/F の中間体全体と $G = G(K/F)$ の部分群全体の間の包含関係を逆転させる 1-1 対応であり，次のことが成立つ：

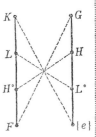

(1) $L^{\circ\circ} = L$, $H^{\circ\circ} = H$.

(2) K/L は Galois 拡大であり，
　　　$G(K/L) = L^\circ$.

(3) $(L^g)^\circ = gL^\circ g^{-1}$ $(g \in G)$.

(4) L/F が Galois 拡大 $\Leftrightarrow$ $L^\circ \trianglelefteq G$.

このとき，$G(L/F) \cong G/L^\circ$.

――問題Aの解答――

1.　$m=1$ のときは明らかに正しい．$m-1$ のとき正しいと仮定し，仮に，mのとき，K の各元aに対して

$$(*) \quad \lambda_1 a^{g_1} + \cdots + \lambda_m a^{g_m} = 0$$

となるような，ことごとくは 0 でないKの元 $\lambda_1, \cdots, \lambda_m$ が存在したとする．λ_i の中に 0 があれば $m-1$ の場合に帰着するから，各λ_i は 0 でないと仮定してよい．$g_1 \neq g_m$ であるから，$b^{g_1} \neq b^{g_m}$ をみたすKの元bが存在する．$(*)$のaをabで置き換えて，

$$\lambda_1 a^{g_1} b^{g_1} + \cdots + \lambda_m a^{g_m} b^{g_m} = 0.$$

また，$(*)$の両辺を b^{g_m} 倍して，

$$\lambda_1 a^{g_1} b^{g_m} + \cdots + \lambda_m a^{g_m} b^{g_m} = 0.$$

両式の差をとって，

$$\lambda_1 a^{g_1}(b^{g_1} - b^{g_m}) + \cdots + \lambda_{m-1} a^{g_{m-1}}(b^{g_{m-1}} - b^{g_m}) = 0.$$

2. 体 F の二つの拡大体を K, K' とするとき，K から K' への相異なる F-単射準同型の個数は高々 $[K:F]$ であることを証明せよ．

3. 有限次拡大 K/F に対して，次の不等式を証明せよ：
$$|G(K/F)| \leqq [K:F].$$

4. 体 K の自己同型群 $A(K)$ の任意の有限部分群 G に対して
$$F = \{\alpha \in K \mid \alpha^g = \alpha \ (g \in G)\} \quad (G \text{の不変体})$$
と置けば，K/F は Galois 拡大であり，また，
$$G = G(K/F), \quad |G| = [K:F]$$
が成立つ．以上のことがらを証明せよ．

解答のページ

これはKの各元aに対して成立つから，帰納法の仮定により，

$$\lambda_1(b^{g_1}-b^{g_m})=\cdots=\lambda_{m-1}(b^{g_{m-1}}-b^{g_m})=0.$$

$$\therefore b^{g_1}=b^{g_m}.$$

しかし，これは不合理である．従って，mのときも命題は正しい．

2. KからK'への相異なるm個のF-単射準同型$g_1, \cdots, g_m$が存在したとする．$[K:F]=n$とし，KのF上の基底を$\{u_1, \cdots, u_n\}$とすれば，Kの任意の元は

$$a=a_1u_1+\cdots+a_nu_n \quad (各\ a_i\in F)$$

と表わされる．ここで，もし $m>n$ とすれば，連立1次方程式

$$x_1u_i^{g_1}+\cdots+x_mu_i^{g_m}=0 \quad (i=1, \cdots, n)$$

は，未知数の個数mが方程式の個数nより大きいから，ことごとくは0でないK'の元$\lambda_1, \cdots, \lambda_m$を解に持つ．すなわち，

$$\lambda_1u_i^{g_1}+\cdots+\lambda_mu_i^{g_m}=0 \quad (i=1, \cdots, n).$$

この両辺をa_i倍して，すべてのiについて加えれば，

$$\lambda_1\sum a_iu_i^{g_1}+\cdots+\lambda_m\sum a_iu_i^{g_m}=0.$$

$$\therefore \lambda_1a^{g_1}+\cdots+\lambda_ma^{g_m}=0.$$

しかし，これは前問に反する．従って，$m\leqq n$ でなければならない．

3. 前問において，$K=K'$とすればよい．

4. $|G|=n$ とすれば，$G\subseteq F^\circ=G(K/F)$ であるから，前問によって，$n\leqq[K:F]$ が成立つ．従って，$[K:F]\leqq n$ なることを証明すれば，

$$G=G(K/F), \quad |G|=[K:F]$$

なることが証明できる．それには，Kの $n+1$ 個の元の集合

$$S=\{u_1, \cdots, u_{n+1}\}$$

がF上で1次独立であると仮定して矛盾を導き出せばよい．さて，gがGのn個の元を動くとき，連立1次方程式

$$x_1u_1^g+\cdots+x_{n+1}u_{n+1}^g=0 \quad (g\in G)$$

は，未知数の個数 $n+1$ が方程式の個数nより大きいから，ことごとくは0でないKの元 $\lambda_1, \cdots, \lambda_{n+1}$ を解に持つ．このような解のうち0でないものの個数rが最小のものを，もし必要ならば番号を変更して，

$$\lambda_1, \cdots, \lambda_r, 0, \cdots, 0$$

5. 有限次拡大 K/F が Galois 拡大であるための必要十分条件は,

$$|G(K/F)| = [K:F]$$

が成立つことである. このことを証明せよ.

注. 本書では "Galois 拡大" を有限次拡大の場合に限定しているが, 今日では Galois 理論は無限次拡大の場合にも拡張されている. Galois 拡大 K/F が無限次ならば, その Galois群 $G(K/F)$ は無限群である.

6. Galois 理論の基本定理を証明せよ.

注. Galois 対応○において, $L \mapsto L^\circ$ (体を群へ) とその逆 $H \mapsto H^\circ$ (群を体へ) は異なる対応であり, 厳密には別個の記号で表わすべきものであるが, ここでは便宜上同じ記号○で表わしている. なお, この記法は本書だけのものであり, 慣用のものではない.

とする. すなわち,

$$(*) \quad \lambda_1 u_1{}^g + \cdots + \lambda_r u_r{}^g = 0 \quad (g \in G).$$

ここで, $r=1$ とすれば, $\lambda_1 = 0$ または $u = 0$ となって不合理であるから, $r \geqq 2$ である. もし必要ならば両辺を λ_r で割って, あらかじめ, $\lambda_r = e$ (K の単位元) と仮定してもよい. また, 各 λ_t がすべて F に属しているとすれば, S の1次独立性に反するから, 例えば, $\lambda_1 \overline{\in} F$ と仮定してもよい. すると, $\lambda_1{}^h \neq \lambda_1$ をみたす G の元 h が存在する. $(*)$ にこの h を作用させると,

$$\lambda_1{}^h u_1{}^{gh} + \cdots + \lambda_r{}^h u_r{}^{gh} = 0 \quad (g \in G).$$

$(*)$ は G の各元 g に対して成立つから, gh に対しても,

$$\lambda_1 u_1{}^{gh} + \cdots + \lambda_r u_r{}^{gh} = 0 \quad (g \in G).$$

両式の差をとれば, $\lambda_r{}^h = \lambda_r = e$ なることに注意して,

$$(\lambda_1{}^h - \lambda_1) u_1{}^{gh} + \cdots + (\lambda_{r-1}{}^h - \lambda_{r-1}) u_{r-1}{}^{gh} = 0 \quad (g \in G).$$

しかし, 集合 $\{gh \mid g \in G\}$ は G 自身であるから, これは $(*)$ 型の等式で, しかも, $\lambda_1{}^h - \lambda_1 \neq 0$. これは r の最小性に反する. 従って, S が1次独立であるという仮定は不合理であり, $[K:F] \leqq n$ でなければならない.

$$\therefore G = G(K/F), \quad |G| = [K:F].$$

更に, 仮定によって $G^{\circ} = F$ であるから, K/F は Galois 拡大である.

5. $G = G(K/F)$ と置けば, 問2によって, G は $A(K)$ の有限部分群になる. 従って, 前問によって, K/G° は Galois 拡大であり, $|G| = [K:G^{\circ}]$ が成立つ. そこで,

$$K/F \text{ が Galois 拡大} \quad \Leftrightarrow \quad G^{\circ} = F \quad \Leftrightarrow \quad |G| = [K:F].$$

6. まず, Galois 対応 ○ の定義から明らかに, 中間体 L, M について,

$$L \supseteq M \text{ ならば } L^{\circ} \subseteq M^{\circ}$$

であり, また, 部分群 H, I について,

$$H \supseteq I \text{ ならば } H^{\circ} \subseteq I^{\circ}$$

である. また, 次に証明する (1) によって, K/F が Galois 拡大ならば, この対応 ○ が 1-1 対応であることもわかる. 従って, Galois 対応 ○ は包含関係を逆転させる 1-1 対応になる. 以下, $G = G(K/F)$ とする.

(1) 定義によって, $L^{\circ\circ} \supseteq L$, $H^{\circ\circ} \supseteq H$ は明らかであるから, この逆を証明する. $L^{\circ\circ}$

[補足] "ガロア理論の基本定理"の要点は次の通りである：

「拡大 K/F において，K は F 上のある分離的な多項式の"分解体"であるとする（問13参照）．このとき，K の F-自己同型の全体 G は拡大 K/F の"ガロア群"と呼ばれ，K/F の中間体全体と G の部分群全体は"ガロア対応"によって1対1に対応づけられる．」

ガロア理論は，さまざまの異なる分野を群論的見地から統一化する，数学のもっとも美しい理論の一つである．それは，今日では，歴史的な方程式論の枠組を越えて，可換環，斜体，微分方程式などのガロア理論に発展している．

7. 数体 F 上の任意の2次の拡大は Galois 拡大である．このことを証明せ

解答のページ ━━━

$=M$ と置けば，問 4 によって，K/M は Galois 拡大で，$|L^\circ|=[K:M]$ が成立つ．また，$|G|=[K:F]$ であるから，公式

$$[K:F]=[K:M][M:F]$$

を用いて，

$$[M:F]=|G|/|L^\circ|=|G:L^\circ| \quad (\text{この値を} m \text{と置く})$$

を得る．いま，G を L° に関する左剰余類に類別し，$\{g_1, \cdots, g_m\}$ をその完全剰余系とすれば，$g_1, \cdots, g_m$ は L から K への相異なる F-単射準同型をひきおこす．従って，問 2 によって，$m \leqq [L:F]$．もし，M が L の真の拡大体ならば，

$$[L:F]<[M:F]=m$$

となるが，これは不合理である．$\therefore M=L$．従って，$L^{\circ\circ}=L$ が成立つ．次に，

$$H^\circ=\{\alpha \in K | \alpha^g=\alpha \quad (g \in H)\}$$

であるから，問 4 によって，$H^{\circ\circ}=H$ を得る．

(2) $L^{\circ\circ}=L$ であるから明らかである．

(3) $h \in (L^g)^\circ \Leftrightarrow g^{-1}hg \in L^\circ \Leftrightarrow h \in gL^\circ g^{-1}$．$\therefore (L^g)^\circ=gL^\circ g^{-1}$．

(4) L/F が Galois 拡大ならば，前問によって，$|G(L/F)|=[L:F]$ が成立つ．いま，L から K への F-単射準同型の全体を A とすれば，問 2 によって，$|A| \leqq [L:F]$ であり，しかも $A \supseteq G(L/F)$ であるから，結局，$A=G(L/F)$ を得る．また，$F \subseteq L \subseteq K$ であるから，K の任意の F-自己同型 g を L に制限した写像 g' は A の元になる．

$$\therefore g' \in G(L/F). \quad \text{従って，} L^g=L^{g'}=L.$$

(3) によって，$gL^\circ g^{-1}=(L^g)^\circ=L^\circ$．$\therefore L^\circ \triangleleft G$．

逆に，L° が G の正規部分群ならば，G の任意の元 g に対して，$gL^\circ g^{-1}=L^\circ$ が成立つが，(3) によってこの左辺は $(L^g)^\circ$ に等しいから，$(L^g)^\circ=L^\circ$ となる．両辺に対応 ○ を作用させて (1) を用いれば，$L^g=L$ を得る．従って，g を L に制限した写像 g' は L の F-自己同型である．$\therefore g' \in G(L/F)$．K において $G^\circ=F$ であるから，L に制限しても，$G(L/F)^\circ=F$．従って，L/F は Galois 拡大である．

次に，G から $G(L/F)$ の上への準同型写像

$$g \mapsto g' \quad (g' \text{は} g \text{を} L \text{に制限した写像})$$

をとれば，その核は L° であるから，準同型定理によって，

$$G(L/F) \cong G/L^\circ$$

を得る．

7. K/F が数体 F の 2 次の拡大ならば，既約多項式

よ.

注. 従って, 任意の2次体 $Q(\sqrt{m})$ は Q の Galois 拡大体である. また, $C=R(i)$ は R の Galois 拡大体である.

8. $Q(\sqrt[3]{2})/Q$ は Galois 拡大であるか.

9. 拡大 $Q(\sqrt{2}, \sqrt{3})/Q$ の中間体を すべて求めよ. また, この拡大の Galois 群を求めよ.

10. Galois 拡大 K/F において, Galois 群 $G=G(K/F)$ が可換群のとき K/F を **Abel 拡大** といい, 特に, G が巡回群のときは **巡回拡大** という.
   次の各拡大は Abel 拡大か. また, それは巡回拡大か.
   (1) $Q(\sqrt{2}, \sqrt{3})/Q$ (2) $Q(\sqrt{2}, \sqrt{3}, \sqrt{5})/Q$

11. 任意の体 F に対して, $\bar{F}/F$ が代数拡大であるような代数的閉体 $\bar{F}$ が F-同型を度外視して一意的に定まる (**Steinitz の定理**). このとき, $\bar{F}$ を F の **代数的閉包** という. 任意の体 F はその代数的閉包 $\bar{F}$ まで代数拡大できる.
   有理数体 Q の代数的閉包 $\bar{Q}$ は代数的数の全体, 実数体 R の代数的閉包 $\bar{R}$ は複素数体 C である. 一般に, 数体 F の代数的閉包 $\bar{F}$ は F に関して代数的

$$\varphi(x) = x^2 + ax + b \quad (a, \ b \in F)$$

の根 α によって，$K = F(\alpha)$ と表わされる．α の共役根を α' とすれば，F は数体である

から，§ 25，問22によって，$\alpha \neq \alpha'$ である．また，$\alpha + \alpha' = -a$ であるから，

$$\alpha = -\alpha' - a \in F(\alpha'), \quad \therefore F(\alpha) \subseteq F(\alpha').$$
$$\alpha' = -\alpha - a \in F(\alpha), \quad \therefore F(\alpha) \supseteq F(\alpha').$$

従って，$F(\alpha) = F(\alpha')$ であり，置換 $(\alpha, \ \alpha')$ は K の F-自己同型となる．問3によっ

て，$|G(K/F)| \leq [K : F] = 2$ であるから，

$$G(K/F) = \{e, \ (\alpha, \ \alpha')\}$$

となり，この不変体は F になる．従って，K/F は Galois 拡大である．

8. $K = Q(\alpha)$，$\alpha = \sqrt[3]{2}$，と置けば，$\alpha^3 - 2 = 0$．K の任意の Q-自己同型 g に対して，

$$(\alpha^g)^3 - 2 = (\alpha^3 - 2)^g = 0^g = 0$$

であるから，α^g は多項式 $x^3 - 2$ の根である．従って，g は

$$\alpha \mapsto \alpha, \ \alpha \mapsto \alpha\omega, \ \alpha \mapsto \alpha\omega^2 \quad (\omega は 1 の原始 3 乗根)$$

のいずれかになる．しかし，K は虚数を含まないから，$g = e$（恒等置換）となる．

$$\therefore G(K/Q) = \{e\}.$$

この不変体は K 自身であり，$Q^{\circ\circ} = K$ となるから，K/Q はGalois 拡大ではない．

9. 中間体は次の 5 個である：

$$Q(\sqrt{2}, \ \sqrt{3}), \quad Q(\sqrt{2}), \quad Q(\sqrt{3}), \quad Q(\sqrt{6}), \quad Q.$$

Galois 群は

$$\sqrt{2} \mapsto \pm\sqrt{2}, \ \sqrt{3} \mapsto \pm\sqrt{3} \ （符号の選び方は任意）$$

なる 4 個の置換からなる群であり，従って，Klein の 4 元群 D_2 に同型である．

10. (1) 前問によって，$G \cong D_2$ であるから，与えられた拡大は Abel 拡大ではあるが巡

回拡大ではない．

(2) $G \cong C_2 \times C_2 \times C_2$ となり，§ 20，問11によって，これは可換群である．従って，

与えられた拡大は Abel 拡大ではあるが巡回拡大ではない．

11. F に関して代数的な複素数の全体を K とする．K の任意の 2 元 α，β に対して，

$$\alpha + \beta, \ \alpha - \beta, \ \alpha\beta, \ \alpha\beta^{-1} \ (\beta \neq 0)$$

は F の代数拡大体 $F(\alpha, \ \beta)$ に属し，従って，K に属する．そこで，K は体をなし，仮

定によって，K/F は代数拡大である．次に，K 上の任意の多項式を

$$f(x) = a_0 + a_1 x + \cdots + a_n x^n \ (a_i \in K)$$

な複素数の全体である．このことを証明せよ．

12. 代数拡大 K/F において，K の二つの元 α, β の F に関する最小多項式が一致するとき，すなわち，α, β が F 上の同一の既約多項式 $\varphi(x)$ の根であるとき，α, β は F に関して共役な元，中間体 $F(\alpha)$, $F(\beta)$ は F に関して共役な体であるという．このとき，$F(\alpha)$, $F(\beta)$ は対応 $\alpha \mapsto \beta$ によって F-同型になることを証明せよ．

13. 代数拡大 K/F は，もし K の各元 α の最小多項式の根がすべて K に属するならば**正規拡大**，また，もし K の各元 α の最小多項式が重根を持たないならば**分離拡大**と呼ばれる．

　一般に，体 F 上の１次以上の多項式 $f(x)$ は，その F における既約因数がすべて重根を持たないとき，F 上で**分離的**であるという．

　体 F に F 上の多項式 $f(x)$ の根 $\alpha_1, \cdots, \alpha_m$ をすべて 添加して得られる拡大体

$$K = F(\alpha_1, \cdots, \alpha_m)$$

を $f(x)$ に対する F 上の**分解体**という．これは，$f(x)$ が１次式の積に分解するような F の最小の拡大体であり，同型を除けば一意的に定まる．

　次の３条件は互いに同値であることを証明せよ：

　(1)　K/F は Galois 拡大である．

　(2)　K/F は有限次・正規・分離拡大である．

　(3)　K/F において，K は F 上のある 分離的な多項式 $f(x)$ の分解体である．

　注．このとき，群 $G = G(K/F)$ を多項式 $f(x)$ の **Galois 群**という．G の元 g は $f(x)$ の根の間の置換として作用する．すなわち，G は $f(x)$ の根全体の集合 $\{\alpha_1, \cdots, \alpha_m\}$ 上の位数 $|G| = [K:F]$ の置換群と見做すことが出来る．この意味で，G の元を **Galois 置換**ともいう．もともと "Galois群" の概念はこの形式で導入されたのであり，拡大 K/F の自己同型群として線形的な扱いへの道を開いたのは Dedekind である．なお，

とし，その根を α とすれば，$f(x)$ は F の代数拡大体 $L=F(a_0,\ a_1,\ \cdots,\ a_n)$ 上の多項式と見做されるから，その根 α は L に関して代数的であり，

$$L(\alpha)=F(a_0,\ a_1,\ \cdots,\ a_n,\ \alpha)$$

は F の代数拡大体になる．従って，α は F に関して代数的であり，K に属する．従って，K は代数的閉体である．以上によって，K は F の代数的閉包になり，$K=\bar{F}$ を得る．

12. § 25, 問 8 によって，

$$F(\alpha)\cong F[x]/(\varphi(x)),\ \ F(\beta)\cong F[x]/(\varphi(x))$$

となるから，対応 $\alpha\mapsto\beta$ によって，$F(\alpha)$ と $F(\beta)$ も F-同型となる．

13. $G=G(K/F)$ と置く．

(1) $\Rightarrow$ (2)： K/F が Galois 拡大であるとすれば，これは定義によって有限次拡大であり，問 5 によって，$|G|=[K:F]$ が成立つ．いま，K の任意の元 α が与えられたとき，

$$A=\{\alpha^g\,|\,g\in G\}=\{\beta_1,\ \cdots,\ \beta_r\}\ \ (r\leq|G|)$$

と置けば，G の各元 h の作用によって A は不変，すなわち，

$$\{\beta_1^h,\ \cdots,\ \beta_r^h\}=\{\beta_1,\ \cdots,\ \beta_r\}$$

であるから，多項式

$$\varphi(x)=(x-\beta_1)\cdots(x-\beta_r)$$

を展開整頓したときの各係数は h の作用によって不変である．従って，それらの係数は F に属し，$\varphi(x)$ は F 上の多項式になる．$\alpha\in A$ であるから，α は $\varphi(x)$ の根である．そこで，α を根に持つ F 上の任意の多項式を $f(x)$ とすれば，

$$f(\alpha^g)=f(\alpha)^g=0.$$

すなわち，$f(x)$ は A の各元を根に持ち，$\varphi(x)$ を因数に持つ．従って，$\varphi(x)$ は F 上の既約多項式であり，α の F に関する最小多項式になる．しかも，その共役根 $\beta_1,\ \cdots,\ \beta_r$ はすべて K に属する．従って，K/F は正規拡大である．更に，明らかに $\varphi(x)$ は F 上で分離的であるから，結局，K/F は有限次・正規・分離拡大になる．

(2) $\Rightarrow$ (3)： K/F が有限次・正規・分離拡大であるとする．K/F は有限次拡大であるから，§ 25, 問 16 によって，F に関して代数的な元 $\alpha_1,\ \cdots,\ \alpha_m$ によって，$K=F(\alpha_1,\ \cdots,\ \alpha_m)$ と表わされる．そこで，各 α_i の F に関する最小多項式を $\varphi_i(x)$ とし，

F の標数が 0 ならば, "分離性" は自動的に成立つ（§25, 問22参照）.

14. 有理数体 Q 上の次の各既約多項式の Galois 群を求めよ.

(1) $(x^2-2)(x^2-3)$ 　　　　　(2) x^3-2

解答のページ

$$f(x)=\varphi_1(x)\cdots\varphi_m(x)$$

と置けば, K/F は分離拡大であるから, $f(x)$ は F 上の分離的な多項式になる. また, K/F は正規拡大であるから, 各 $\varphi_i(x)$ はそのすべての根を K 内に持ち, $f(x)$ の根もすべて K に属する. K は F と $f(x)$ の根で生成されているから, K は $f(x)$ に対する F 上の分解体になる.

(3) $\Rightarrow$ (1): K が F 上の分離的な多項式 $f(x)$ の分解体であるとすれば, §25, 問16 によって, K/F は有限拡大である. このとき, K/F が Galois 拡大になることを, $n=[K:F]$ に関する数学的帰納法によって証明する. $n=1$ ならば明らかに正しいから, $n>1$ とすれば, $f(x)$ の既約因数の中に少なくとも一つは2次以上のもの

$$\varphi(x)=(x-\theta_1)\cdots(x-\theta_m) \quad (2\leqq m\leqq n)$$

が存在することになる. K は $F(\theta_1)$ 上での $f(x)$ の分解体でもあり,

$$[K:F(\theta_1)]=n/m<n$$

であるから, 帰納法の仮定によって, $K/F(\theta_1)$ は Galois 拡大である. そこで, G° の任意の元を α とすれば,

$$\alpha\in G^\circ\subseteq G(K/F(\theta_1))^\circ=F(\theta_1), \quad [F(\theta_1):F]=m$$

であるから,

$$\alpha=a_0+a_1\theta_1+\cdots+a_{m-1}\theta_1{}^{m-1} \quad (a_i\in F)$$

と表わされる. 仮定によって, α は G の元

$$\theta_1\mapsto\theta_i \quad (\imath=1, \cdots, m)$$

の作用によって不変であるから, 等式

$$\alpha=a_0+a_1\theta_i+\cdots+a_{m-1}\theta_i{}^{m-1} \quad (i=1, \cdots, m)$$

も成立つ. これは $m-1$ 次多項式が m 個の相異なる解を持つことを示すから, 各係数ごとに0になり, $\alpha=a_0\in F$ を得る. 従って, $G^\circ\subseteq F$ となり, $G^\circ\supseteq F$ は明らかであるから, 結局, $G^\circ=F$ となり, K/F は Galois 拡大となる.

14. (1) 分解体は $Q(\sqrt{2}, \sqrt{3})$. Galois 群は, 置換

$$\sqrt{2}\mapsto\pm\sqrt{2}, \quad \sqrt{3}\mapsto\pm\sqrt{3} \quad (符号の選び方は任意)$$

を持ち, D_2 と同型になる.

(2) 分解体は

$$Q(\sqrt[3]{2}, \sqrt[3]{2}\,\omega, \sqrt[3]{2}\,\omega^2)=Q(\sqrt[3]{2}, \omega),$$

但し, ω は1の原始3乗根である. Galois 群は,

$$\sqrt[3]{2}, \quad \sqrt[3]{2}\,\omega, \quad \sqrt[3]{2}\,\omega^2$$

問題B （☞解答は右ページ）

15.　有理数体 Q に1の原始 n 乗根 ω を添加して得られる拡大体 $Q(\omega)$ を円分体（円の n 分体）といい，ω の Q 上の最小多項式 $\phi_n(x)$ を指数 n の円分多項式という。

次のことがらを証明せよ。

(1)　$\phi_n(x)=\prod(x-\omega^k)$　$(k\in Z_n{}^*)$.

すなわち，$\phi_n(x)$ は1の原始 n 乗根の全体を根に持つ次数 $\varphi(n)$（φ はEuler の関数）の多項式である。

(2)　$\phi_n(x)=\dfrac{x^n-1}{\prod\phi_d(x)}$　$(1\leqq d\leqq n-1,\ d|n)$.

(3)　$[Q(\omega):Q]=\varphi(n)$.

(4)　$G(Q(\omega)/Q)\cong Z_n{}^*$.

(5)　$Q(\omega)/Q$ は Abel 拡大である。

注．公式(2)によって，指数 $n=1,\ 2,\ \cdots$ の円分多項式 $\phi_n(x)$ を次々に求めることが出来る：

$$\phi_1(x)=x-1,$$
$$\phi_2(x)=x+1,$$
$$\phi_3(x)=x^2+x+1,$$
$$\phi_4(x)=x^2+1,$$
$$\phi_5(x)=x^4+x^3+x^2+x+1.$$

円分体は Q の Abel 拡大体であるが，逆に，Q 上の任意の Abel 拡大体は円分体またはその部分体である（**Kronecker の定理**）。なお，1の原始 n 乗根については，§12，問20を参照せよ。

解答のページ ————————————————

の置換全体であり，S_3 と同型になる．

————問題Bの解答————

15. (1) 1の原始 n 乗根の全体を根に持つ次数 $\varphi(n)$ の多項式を

$$f_n(x)=\prod(x-\omega^k)\quad(k\in \boldsymbol{Z}_n{}^*)$$

と置き，$\phi_n(x)=f_n(x)$ となることを証明する．そこで，まず，$f_n(x)$ がモニックな整数係数の多項式であることを，n に関する数学的帰納法によって証明する．$n=1$ のときは，$\phi_1(x)=f_1(x)=x-1$ であるから，明らかに成立つ．そこで，$n\geqq 2$ とする．1の任意の n 乗根は n のある約数 d に関する原始 d 乗根になっているから，

$$x^n-1=\prod_{k=0}^{n-1}(x-\omega^k)=\prod_{d|n}\prod_{(k,d)=1}(x-\omega^k)=\prod_{d|n}f_d(x).$$

従って，

$$(a)\quad x^n-1=f_n(x)\prod f_d(x)\quad(1\leqq d\leqq n-1,\ d|n).$$

帰納法の仮定によって，各 $f_d(x)$ はモニックな整数係数の多項式であるから，両辺の係数を比較すれば，$f_n(x)$ もそうであることがわかる．さて，

$$(b)\quad x^n-1=\phi_n(x)\psi(x)$$

と置く，$\phi_n(x)$，$\psi(x)$ は整数係数の多項式である．$f_n(x)$ は ω を根に持つから，§25，問8によって，$\phi_n(x)|f_n(x)$ が成立つ．従って，仮に，$\phi_n(x)\neq f_n(x)$ とすれば，少なくとも一つの1の原始 n 乗根 ω^k で $\phi_n(x)$ の根ではないものが存在することになる．このとき，正整数 k は最小のものをとっておく．$\omega^1=\omega$ は $\phi_n(x)$ の根であるから，$k>1$ である．いま，k の任意の素因数を p とし，$\zeta=\omega^{k/p}$ と置けば，k の最小性によって，ζ は $\phi_n(x)$ の根である．(b) の両辺に $x=\omega^k$ を代入すれば，$\phi_n(\omega^k)\neq 0$ であるから，

$$\psi(\omega^k)=\psi(\zeta^p)=0.\quad \therefore \phi_n(x)|\psi(x^p).$$

従って，

$$\psi(x^p)=\phi_n(x)\lambda(x)$$

と表わされる．これらはすべて整数係数の多項式であるから，各係数を法 p の剰余類で置き換えて，$a^p\equiv a\ (\mathrm{mod}.\ p)$ に注意すれば，

$$\psi(x^p)\equiv\psi(x)^p\equiv\phi_n(x)\lambda(x)\quad(\mathrm{mod}.\ p)$$

を得る．従って，$\phi_n(x)$ と $\psi(x)$ は法 p に関して共通因数を持つ．従って，

$$x^n-1\equiv\phi_n(x)\psi(x)\quad(\mathrm{mod}.\ p)$$

は重根を持つことになる．しかるに，p は k の素因数であり，$(k, n)=1$ であるから，

16. ω を 1 の原始 p 乗根（p は素数）とすれば，$\boldsymbol{Q}(\omega)/\boldsymbol{Q}$ は巡回拡大である
ことを証明せよ．

17. 数体 F 上の多項式

$$f(x) = x^n - c \quad (c \in F,\ c \neq 0)$$

に対する分解体 K は，$f(x)$ の一つの根を α とすれば，

$$K = F(\alpha, \omega) \quad (\omega は 1 の原始 n 乗根)$$

で与えられることを証明せよ．

注．このとき，K/F を 2 項拡大という．

18. K/F を数体 F 上の 2 項拡大とすれば，その Galois 群は可解群である．
このことを証明せよ．

注．前問において，拡大 $K/F(\omega)$，$F(\omega)/F$ は，いずれも Abel 拡大になることを
証明せよ．

解答のページ

左辺の形式的微分をとると，

$$(x^n-1)'=nx^{n-1}\not\equiv 0(\mathrm{mod}.\,p)$$

となり，これは左辺が重根を持たないことを示している．これは不合理である．従って，$\phi_n(x)=f_n(x)$ でなければならない．

(2) (1)の (a) によって証明済みである．

(3) (1)によって，$[\boldsymbol{Q}(\omega):\boldsymbol{Q}]=\deg\phi_n(x)=\varphi(n)$．

(4) 1 の原始 n 乗根は $\omega^k(k\in\boldsymbol{Z}_n{}^*)$ と表わされるから，$\boldsymbol{Q}(\omega)$ は円分多項式 $\phi_n(x)$ に対する $\boldsymbol{Q}$ 上の分解体になっている．従って，$\boldsymbol{Q}(\omega)/\boldsymbol{Q}$ は Galois 拡大である．$G=G(\boldsymbol{Q}(\omega)/\boldsymbol{Q})$ の任意の元 g に対して，

$$\omega^g=\omega^k\quad(k\in\boldsymbol{Z}_n{}^*)$$

なる k が一意的に決まるから，G から $\boldsymbol{Z}_n{}^*$ の上への同型写像 $g\mapsto k$ を得る．

(5) (4)によって，$G\cong\boldsymbol{Z}_n{}^*$ が Abel 群であるから，Galois 拡大 $\boldsymbol{Q}(\omega)/\boldsymbol{Q}$ は Abel 拡大である．

16. 前問(5)の証明において，$n=p$（素数）とすれば，$\boldsymbol{Z}_p{}^*$ は位数 p の巡回群であるから，$\boldsymbol{Q}(\omega)/\boldsymbol{Q}$ は巡回拡大になる．

17. $f(x)=x^n-c$ の根は，

$$\alpha,\ \alpha\omega,\ \alpha\omega^2,\ \cdots,\ \alpha\omega^{n-1}\quad(\omega\text{は}1\text{の原始}n\text{乗根})$$

で与えられる．これらは，いずれも $F(\alpha,\ \omega)$ に属する．$\therefore K\subseteq F(\alpha,\ \omega)$．逆の包含関係も明らかである．従って，$K=F(\alpha,\ \omega)$ を得る．

18. 前問において，K は $f(x)$ に対する F 上の分解体であるから，問13によって，K/F は Galois 拡大である．従って，拡大体の系列

$$F\subset F(\omega)\subset K$$

に Galois 群 $G=G(K/F)$ の部分群の系列

$$G\supset G_1\supset\{e\},\ G_1=G(K/F(\omega))$$

が対応する．この系列が可解列であることを証明すれば，G が可解群であることがわかる．

さて，K は $f(x)$ に対する $F(\omega)$ 上の分解体でもあるから，$K/F(\omega)$ は Galois 拡大である．その Galois 群 G_1 の任意の 2 元

19. 数体F上の拡大 K/F は，L_i/L_{i-1} $(i=1, 2, \cdots, r)$ が2項拡大であるような拡大体の系列

$$F=L_0 \subset L_1 \subset \cdots \subset L_r = K$$

が存在するときベキ根による拡大と呼ばれ，特に，K/F が Galois 拡大でもあるときはベキ根による **Galois** 拡大と呼ばれる．

　K/F がベキ根による Galois 拡大ならば，その Galois 群は可解群である．このことを証明せよ．

20. 数体F上の多項式 $f(x)$ は，その分解体KがFの適当なベキ根による拡大体になっているとき，ベキ根によって解ける（代数的に解ける）という．

　このとき，代数方程式 $f(x)=0$ の解は，$f(x)$ の係数に四則と開ベキ（ベキ

解答のページ

$$g : \alpha \mapsto \alpha\omega^i, \qquad h : \alpha \mapsto \alpha\omega^j \quad (0 \leqq i, \ j \leqq n-1)$$

について，g，h は ω を不変にするから，

$$\alpha^{gh} = (\alpha^g)^h = (\alpha\omega^i)^h = \alpha^h \omega^i = \alpha\omega^j \omega^i = \alpha\omega^i \omega^j = \alpha^{hg}.$$

$$\therefore gh = hg.$$

従って，G_1 は可換群であり，$K/F(\omega)$ は Abel 群である．同様にして，$F(\omega)$ は多項式 $x^n - 1$ に対する F 上の分解体であるから，$F(\omega)/F$ は Galois 拡大である．その Galois 群 G_2 の任意の 2 元

$$g : \omega \mapsto \omega^i, \qquad h : \omega \mapsto \omega^j \quad (0 \leqq i, \ j \leqq n-1)$$

についても，$\omega^{gh} = \omega^{hg}$ となることが確かめられ，$gh = hg$ を得る．従って，G_2 は可換群であり，$F(\omega)/F$ は Abel 拡大である．

そこで，K/F，$F(\omega)/F$ は共に Galois 拡大であるから，Galois 理論の基本定理(4)によって，G_1 は G の正規部分群であり，かつ，

$$G/G_1 \cong G_2$$

が成立つ．従って，系列 $G \supset G_1 \supset \{e\}$ は可解列になり，G が可解群であることが証明された．

19. K/F をベキ根による Galois 拡大とし，F と K は 2 項拡大体の系列

$$F = L_0 \subset L_1 \subset \cdots \subset L_r = K$$

で結ばれているとする．すると，この系列に，Galois 群 $G = G(K/F)$ の部分群の系列

$$G = H_0 \supset H_1 \supset \cdots \supset H_r = \{e\}, \quad H_i = G(K/L_i)$$

が対応する．さて，

$$K/L_{i-1}, \quad L_i/L_{i-1} \quad (i=1, \ 2, \ \cdots, \ r)$$

は共に Galois 拡大であるから，Galois 理論の基本定理(4)によって，H_i は H_{i-1} の正規部分群であり，かつ，

$$G(L_i/L_{i-1}) \cong H_i/H_{i-1}$$

が成立つ．L_i/L_{i-1} は 2 項拡大であるから，前問によって，$G(L_i/L_{i-1})$ は可解群である．従って，上記の G の部分群の系列は，可解な剰余群列を持つ正規鎖である．すると，§19，問22によって，G が可解群になることがわかる．

20. 前問によって証明済みである．

根 $\sqrt[n]{\ \ }$ ）の演算を有限回施すことによって求められる．

　数体 F 上の多項式 $f(x)$ がベキ根によって解けるならば，その Galois 群は可解群である．このことを証明せよ．

　注．この逆も成立つ．すなわち，数体 F 上の多項式 $f(x)$ がベキ根によって解けるための必要十分条件は，その Galois 群が可解群であることである（**Galoisの定理**）．この定理が"可解群"という名称の由来である．

21. 　有理数体 Q 上の次数 p （素数）の既約多項式 $\varphi(x)$ が丁度二つの虚根を持つならば，その Galois 群は対称群 S_p に同型である．このことを証明せよ．

22. 　前問を用いて，Q 上の既約多項式

$$\varphi(x)=x^5-6x+3$$

の Galois 群は対称群 S_5 に同型であることを証明せよ．

　注．しかるに，$S_n\ (n\geqq5)$ は非可解群であるから，上記の多項式 $\varphi(x)$ はベキ根によって解くことが出来ない．このようにして，5次方程式はベキ根によって解けるとは限らないことが証明された（§19，問15参照）．

23. 　代数方程式の解法に関連して，Euclid 幾何学における**作図不能問題**がある．平面図形は，2種類の操作：

　(1)　与えられた2点を通る直線を引く（**定規**）

　(2)　与えられた中心と半径を持つ円を描く（**コンパス**）を有限回行なうことによって得られるならば，**作図可能**であるという．解析幾何学を用いれば，平面上の各点は二つの実数の組で与えられ，また，直線と円の問題は1

21. 次数 p の既約多項式 $\varphi(x)$ の p 個の根を

$$\alpha_1, \cdots, \alpha_{p-2}, \beta, \overline{\beta} \quad (\alpha_i \text{ は実数, } \beta \neq \overline{\beta})$$

とする. $\varphi(x)$ に対する Q 上の分解体を K, その Galois 群を G とすれば, G は $\varphi(x)$ の根全体の上の置換群であるから, S_p の部分群 H と同型である. K/Q は Galois 拡大であるから,

$$|G| = [K : Q] = [K : Q(\beta)][Q(\beta) : Q]$$

が成立つ. ここで,

$$[Q(\beta) : Q] = \deg \varphi(x) = p$$

であるから, $|G|$ は素因数 p を持ち, §16, 問12によって, G は位数 p の元 g を持つ. また, G は位数2の元 $h : \beta \to \overline{\beta}$ を持つ. そこで, H は g に対応する位数 p の巡回置換 $(1\ 2\ \cdots\ p)$ と h に対応する互換 $(1\ 2)$ を持つと仮定してもよい. しかるに, この二つの置換によって S_p 全体が生成されるから, $H = S_p$ を得る. $\therefore G \cong S_p$.

22. $y = \varphi(x)$ のグラフを描けば, $\varphi(x)$ が三つの実根と二つの虚根を持つことがわかる. 従って, 前問によって, その Galois 群は S_5 に同型である.

23. θ が $\alpha_1, \cdots, \alpha_m$ に定規またはコンパスの操作を有限回施して作図できるとすれば, その各回の体の拡大次数は1または2であるから, $[F(\theta) : F]$ は2のベキになる.

次または2次の方程式の問題に帰着するから，"作図"とは，与えられた幾つかの実数 $\alpha_1, \cdots, \alpha_m$ に四則と開平（平方根$\sqrt{}$）の演算を有限回施して実数 θ を作ることに他ならない．

上の意味で，θ が $\alpha_1, \cdots, \alpha_m$ から作図可能ならば，

$$F = Q(\alpha_1, \cdots, \alpha_m)$$

と置くとき，$[F(\theta):F]$ は2のベキになることを証明せよ．

注．数体 F 上の多項式 $f(x)$ が四則と開平だけで解けるための必要十分条件は，その Galois 群の位数が2のベキになることである．

24. 次の問題はいずれも作図不能であることを証明せよ．

(1) 与えられた立方体から，その2倍の体積を持つ立方体を作図すること（立方体倍積問題）．

(2) 与えられた角から，その1/3の角を作図すること（角の3等分問題）．

(3) 与えられた円から，それと等しい面積を持つ正方形を作図すること（円積問題）．

注．伝説によれば，ギリシアのデロス島で伝染病が流行したとき，「祭壇（立方体）を体積が2倍のものに作り直せば疫病は治まるであろう」という神託があった．そこで，(1)を "Delos' problem" ともいう．(3)の解決には π の超越性を用いる（§25，問7参照）．なお，定規とコンパスという "Platon の束縛" から離れて，適当な道具を追加すれば，上の三つの問題はすべて作図可能である．

24. (1) 与えられた立方体の一辺を 1 とすれば，求める立方体の一辺は

$$\varphi(x)=x^3-2$$

の実根 $\sqrt[3]{2}$ になる． $[Q(\sqrt[3]{2}):Q]=3$ であるから，前問によって，この値は作図不能である．

(2) 単位円周上で，弧 3θ の 3 等分 θ が作図できるとは限らないことを証明する．この問題は，x 軸上で考えれば，与えられた線分 $\cos 3\theta$ から線分 $\cos \theta$ を作図することと同じである．そこで，3 倍角の公式

$$\cos 3\theta=4\cos^3\theta-3\cos\theta$$

において，$3\theta=\pi/3$ と置けば，$\cos 3\theta=1/2$ であるから，

$$x^3-3x-1=0 \quad (x=2\cos\theta)$$

を得る．これは Q 上の既約多項式であるから，$[Q(x):Q]=3$ となる．これは，$3\theta=\pi/3$ のとき，線分 $\cos 3\theta=1/2$ から線分 $2\cos\theta$ が作図できないことを示している．従って，線分 $\cos\theta$ も作図できない．

(3) 与えられた円の半径を 1 とすれば，この問題は単位線分から長さ $\sqrt{\pi}$ の線分を作図することと同じである． π の超越性により，$[Q(\pi):Q]$ は有限ではなく，特に，2 のベキではない．そこで，単位線分から π の作図は出来ない．従って，$\sqrt{\pi}$ の作図も出来ない．

§27. Galois 体

SUMMARY

1. 有限個数の元からなる体 F を**有限体**という．通常，標数 p の有限体 F の単位元は $1 \,(\mathrm{mod}.\,p)$ と表わされ，その素体 P は法 p の剰余体 Z_p と同一視される．

2. 元の個数が q である有限体 F を **q 元体**という．q 元体は同型を除けば一意的である．

3. q 元体 F の各元 $a \neq 0$ に対して，$a^{q-1}=1$ が成立つ．

4. 元 α を適当に選べば，乗法群 $F^*=F-\{0\}$ は α を生成元とする位数 $q-1$ の巡回群となる：
$$F^*=\{1,\ \alpha,\ \alpha^2,\ \cdots,\ \alpha^{q-2}\}\ (\alpha^{q-1}=1).$$
この元 α を F の**原始根**，α の素体 P 上の最小多項式 $\varphi(x)$ を F の**原始多項式**という．乗法にはこのベキ表示が便利である．

5. 前項において，$\deg \varphi(x)=n$ とすれば，
$$F=P(\alpha),\quad [F:P]=n,\quad q=p^n\ (p\text{ は標数})$$

問題A（☞解答は右ページ）

1. p 元体 P（p は素数）は同型を除けば法 p の剰余体 Z_p に限る．このことを証明せよ．

　注．従って，以下，標数 p の有限体 F の単位元を $1\,(\mathrm{mod}.\,p)$ とし，その素体 P を Z_p と同一視する．

2. q 元体 F の各元 $a \neq 0$ に対して，$a^{q-1}=1$ が成立つ．このことを証明せよ．

　注．本問は Z_p に対する "Fermat の定理" の q 元体への拡張である．

3. 有限体 F はその素体 P の Galois 拡大体であることを証明せよ．

　注．前問によって，q 元体 F の乗法群 F^* が素体 P 上の多項式 $f(x)=x^{q-1}-1$ の根の全体と一致することに注意せよ．

4. q 元体 F は同型を除けば一意的であることを証明せよ．

が成立つ. すなわち, F は P 上の n 次元線形空間であり,
$$F = \{a_0 + a_1\alpha + \cdots + a_{n-1}\alpha^{n-1} | a_i \in P\}.$$

6　標数 p の素体 P に次数 n の原始根 α を添加して得られる q 元体 $F = P(\alpha)$ $(q = p^n)$ を, **位数 q の Galois 体**といい,
$$GF(q) \quad (GF \text{ は “Galois field” の略})$$
で表わす. $GF(q)$ の各元は, 応用上,
$$\boldsymbol{p} \textbf{ 進 } \boldsymbol{n} \textbf{ 桁数} \quad a_0 a_1 \cdots a_{n-1} \quad (a_i \in Z_p)$$
として**コード** (code――符号) 化される.

7　q 元体 F が存在するための必要十分条件は,
$$q = p^n \quad (p \text{ は素数}, n \text{ は正整数})$$
が成立つことである. このとき, $F \cong GF(q)$ が成立つ.

8　q 元体は同型を除けば $GF(q)$ に限り, しかも, その構造は位数 q から一意的に決定される. この意味で, "有限体" と "Galois 体" は同義語として用いられる.

9　$GF(p^n)$ が $GF(p^m)$ と同型な部分体を持つ $\Leftrightarrow m | n$.

――問題 A の解答――

1. P を p 元体とし, Q をその素体とすれば, Q は加法群として P の部分群であるから, Lagrange の定理によって, $|Q|$ は $|P| = p$ の約数である. しかるに, $|Q| \geqq 2$, p は素数であるから, $|Q| = p$. $\therefore P = Q$. 従って, §25, 問17によって, $P \cong Z_p$ を得る.

2. 乗法群 F^*, $|F^*| = q - 1$, に対し, §16, 問8(3) を適用すればよい.

3. F を q 元体とすれば, 前問によって, F^* は P 上の多項式 $f(x) = x^{q-1} - 1$ の根の全体と一致し, F は $f(x)$ に対する P 上の分解体となる. 従って, §26, 問13によって, F は P の Galois 拡大体である.

4. 前問によって, q 元体 F はその素体 P 上の多項式 $f(x) = x^{q-1} - 1$ に対する分解体で

5. q 元体 F の乗法群 F^* は位数 $q-1$ の巡回群であることを証明せよ.

注.　F の原始根 α は "1 の原始 $q-1$ 乗根" に他ならない. F の原始根の個数は $\varphi(q-1)$ であり, $q=p^n$ (p は素数) とすれば次式が成り立つ:
$$\varphi(p^n-1)\equiv 0 \ (\mathrm{mod}.\,p).$$

6.　q 元体 F はその素体 P の単純代数拡大体であり, その拡大次数を n とすれば, $q=p^n$ (p は標数) が成り立つ. このことを証明せよ.

注.　有限体 $F=GF(p^n)$ は, 拡大 F/P として, 素体 $P=GF(p)$ 上の n 次元線形空間である.

7.　q 元体 F が存在するための必要十分条件は,
$$q=p^n \quad (p \text{ は素数}, \ n \text{ は正整数})$$
が成立つことである. このことを証明せよ.

注.　以上によって, $GF(q)$ $(q=p^n)$ が一意的に構成される.

8.　標数 2 の素体 P 上の n 次 ($n=2,3,4$) のモニックな既約多項式 (*印は原始多項式) は次表の通りである. このことを確かめよ.

	2 次		3 次		4 次
*	x^2+x+1	*	x^3+x+1	*	x^4+x+1
		*	x^3+x^2+1	*	x^4+x^3+1
					$x^4+x^3+x^2+x+1$

解答のページ

あり，分解体の一意性によって，F も一意的に定まる．

5. 有限可換群の基本定理によって，F^* は幾つかの巡回部分群の直積に直既約分解される（§20，問19参照）．そこで，各直積因子の生成元を α_1, α_2, $\cdots$, α_r とし，$\alpha = \alpha_1 \alpha_2 \cdots \alpha_r$ と置けば，α は F^* において最大位数 m を持つ元になり，F^* の各元の位数は m の約数となる．従って，F^* の各元は多項式 $x^m - 1$ の根になり，問3の注によって，$x^m - 1$ は $f(x) = x^{q-1} - 1$ で割り切れる．$\therefore m \geqq q-1$．他方，問2によって，$m \leqq q-1$ であるから，$m = q-1$ が成立つ．従って，F^* は位数 $q-1$ の元 α を持つことになり，位数 $q-1$ の巡回群になる．

6. 前問によって，$F = P(\alpha)$ と表わされる．α は，$f(x) = x^{q-1} - 1$ の根であるから，P に関して代数的である．従って，F は P の単純代数拡大体である．そこで，$[F : P] = n$ とすれば，§25，問11によって，

$$F = \{a_0 + a_1 \alpha + \cdots + a_{n-1} \alpha^{n-1} \mid a_i \in P\}$$

と表わされる．従って，$|P| = p$ より，$|F| = q = p^n$ を得る．

7. 必要性は前問で証明済みである．逆に，$q = p^n$（p は素数）とする．p 元体 P は確かに存在するから，P 上の多項式 $f(x) = x^q - x$ の根の全体を F とする（$f(x)$ は P の代数的閉包 $\overline{P}$ において q 個の根を持つ）．標数 p の体では，

$$(\alpha + \beta)^p = \alpha^p + \beta^p$$

が成立し，n に関する数学的帰納法によって，$q = p^n$ に対し，

$$(\alpha + \beta)^q = \alpha^q + \beta^q$$

を得る．そこで，F の任意の2元 α，β に対し，$\alpha^q = \alpha$，$\beta^q = \beta$ であるから，

$$(\alpha + \beta)^q = \alpha^q + \beta^q = \alpha + \beta, \quad (\alpha\beta)^q = \alpha^q \beta^q = \alpha\beta.$$

$$\therefore \alpha + \beta, \ \alpha\beta \in F.$$

差や商についても同様のことが成立し，F は体となる．従って，F は q 元体である．

8. 一般に，標数 p の素体 P 上の n 次のモニックな多項式

$$a_0 + a_1 x + \cdots + a_{n-1} x^{n-1} + x^n \quad (a_i \in P)$$

の個数は p^n である．いま，$p = 2$，$n = 2$ とすれば，4個のモニックな多項式（慣習上，降ベキの順に書く）

$$x^2, \quad x^2 + 1, \quad x^2 + x, \quad x^2 + x + 1$$

を得る．標数2の体では，$x^2 + 1 = (x+1)^2$ であるから，最初の三つは既約ではない．最後の多項式は 0，1 のいずれをも根としないから既約である．$n = 3, 4$ についても同様

注. 一般に，標数 p の素体 P 上の n 次の原始多項式の個数は $\varphi(p^n-1)/n$（φ は Euler の関数）である．それらの全部で $\varphi(p^n-1)$ 個の根の中，どれを原始根 α に選んでも，同型な q 元体 $F=P(\alpha)$ $(q=p^n)$ が構成される．

9. 標数 3 の素体 P 上の 2 次のモニックな既約多項式をすべて求めよ．それらの中で原始多項式はどれか．

10. $GF(2^2)$ の原始多項式 $\varphi(x)=x^2+x+1$ の根を α とすれば，
$$\alpha^2+\alpha+1=0, \quad \therefore \alpha^2=-1-\alpha=1+\alpha.$$
そこで，$GF(2^2)$ の各元の原始根 α による "ベキ表示" と 2 進 2 桁数による "コード" とは次表のように対応づけられる．

ベ キ 表 示	コ ー ド
0	00
1	10
α	01
$\alpha^2=1+\alpha$	11

この方法に倣って，次の Galois 体の各元のベキ表示とコードを求めよ．

  (1) $GF(2^3)$ (2) $GF(3^2)$

注. 本問のようにコード化された p 進数を，更に，0, 1, 2, …と 10 進数に変換することもある．しかし，これは各元の "番号" を示すには都合がよいが，計算には不向きである．それは，$GF(q)$ の加法，乗法がこのようにコード化された p 進数もしくは10進数の通常の加法，乗法には従わないからである（次問参照）．

11. $GF(q)$ $(q=p^n)$ の各元を原始根 α のベキと p 進 n 桁数によるコードで表わしたとき，二つの元 a, b の加法と乗法は次の規則に従うことを証明せよ．

  （加法）a, b をコードで表わし，法 p の加法を各桁ごとに行なう．

  （乗法）a, b をベキ表示し，法 $q-1$ の指数計算を行なう：
$$\alpha^i \alpha^j=\alpha^{i+j} \quad (\alpha^{q-1}=1).$$

12. 次表は，$GF(5^2)$ の各元を原始根 α $(\alpha^2=3+\alpha)$ によってベキ表示し，
$$\alpha^k=a_0+a_1\alpha$$
のとき，その指数 $k \pmod{24}$ を平面上の点 (a_0, a_1) に配置したものである．但し，形式上，$0=\alpha^\infty$，$1=\alpha^0$ と規約する．

解答のページ ━━━━━━━━━━

にすればよい.

9. $x^2+x-1,\ x^2-x-1,\ x^2+1$ (最初の二つが原始多項式).

10. (1) 原始根 $\alpha\ (\alpha^3=1+\alpha)$　　　　(2) 原始根 $\alpha\ (\alpha^2=1+\alpha)$

ベキ表示	コード
0	000
1	100
α	010
α^2	001
$\alpha^3=1+\alpha$	110
$\alpha^4=\ \ \alpha+\alpha^2$	011
$\alpha^5=1+\alpha+\alpha^2$	111
$\alpha^6=1\ \ +\alpha^2$	101

ベキ表示	コード
0	00
1	10
α	01
$\alpha^2=1+\alpha$	11
$\alpha^3=1+2\alpha$	12
$\alpha^4=2$	20
$\alpha^5=\ \ \ 2\alpha$	02
$\alpha^6=2+2\alpha$	22
$\alpha^7=2+\alpha$	21

11. "加法"は多項式表示の係数の加法に従い, "乗法"はベキ表示の指数計算に従う
からである.

12.
13	22	3	2	5
19	8	4	11	9
7	21	23	16	20
1	17	14	15	10
∞	0	6	18	12

もし，α の代りに，原始根 β $(\beta^2 = 3 - \beta)$

を選べば，どのような表が得られるか．

注. このような表は原始根 α を底とする**指数表**と呼ばれる．これは Z_p^* の指数表の拡張である（§ 8，問7参照）．

13	5	14	3	10
19	9	11	16	20
7	8	4	23	21
1	22	15	2	17
∞	0	6	18	12

13. 前問の表を用いて次の計算をし，その結果を α のベキで表わせ．

(1) $\alpha^2 + \alpha^7$ (2) $\alpha^3 - \alpha$ (3) $\alpha^9 \alpha^{23}$ (4) $\alpha^4 \alpha^{-12}$

注. $GF(p^n)$ は $GF(p)$ 上の n 次元線形空間であり，その元の加法はベクトルの合成に関する"平行四辺形の法則"に従う．

14. $GF(2^n)$ の各元は

$$2 進 n 桁数 \qquad a_0 a_1 \cdots a_{n-1} \quad (a_i \in Z_2)$$

とコード化される．いま，二つの元

$$a = a_0 a_1 \cdots a_{n-1}, \quad b = b_0 b_1 \cdots b_{n-1}$$

の対応する桁を比較して，**偶奇性**（parity——0 か1かということ）の相異している個所の個数を $d(a, b)$ で表わせば，$GF(2^n)$ は d を距離関数として距離空間になる．このことを証明せよ．

注. この距離 $d(a, b)$ を **Hamming の距離**という．$GF(2^n)$ の各元は，このように 2進 n 桁数で表わせば，"n 次元超立方体"の各頂点と $1-1$ に対応づけられる．このとき，二つの元 a, b の距離が1であることは，それらが"隣接"していることを意味している．すなわち，距離 $d(a, b)$ は，超立方体において a から b に稜に沿って到達するとき，それに要する通過すべき稜の最小数である．

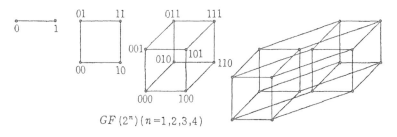

$$GF(2^n)\,(n=1,2,3,4)$$

注. 情報理論においては，情報量の単位としてビット（bit——binary digit の略）を用いる．1ビットは偶奇性の1回の判断を伝える情報量である．従って，2進 n 桁数は n ビットの情報量を伝える符号であり，Hamming の距離 $d(a, b)$ は a, b の情報量の相異を表わしている．

解答のページ ━━━━━━━━━━━━━━━━━━━━━━━━━━━━━━━━

13. (1) α^{16} (2) α^{16} (3) α^8 (4) α^{16}

14. 距離関数 d に関する 3 条件

  (1) $d(a, b)=0 \Leftrightarrow a=b$

  (2) $d(a, b)=d(b, a)$

  (3) $d(a, c) \leqq d(a, b)+d(b, c)$

を調べる. (1), (2)は定義から明らかに成立つ. (3)は次の様にして確かめられる. a, b, c の対応する一つの桁において, a と c の偶奇性が一致しているならば, 左辺は 0, 右辺は 0 または 2 になり, また, a と c の偶奇性が相異しているならば, 左辺も右辺も 1 になる. 従って, a, b, c の全体において, (3)が成立つ.

15. 　前問において，元 a の原点からの距離を a の**重み** $w(a)$ と呼ぶことにすれば，これは a を 2 進 n 桁数で表わしたときに現われる記号 1 の個数であり，

$$d(a,\ b)=w(a+b)\quad (a,\ b\in GF(2^n))$$

が成立つ．このことを証明せよ．

問題 B（☞解答は右ページ）

16. 　q 元体 F の乗法群 F^* において，m 乗（m は整数）するという写像

$$f:a\mapsto a^m\quad (a\in F^*)$$

は F^* の自己準同型であり，特に，m が $|F^*|=q-1$ と互いに素ならば F^* の自己同型である．このことを証明せよ．

17. 　次のことがらを証明せよ．

　(1)　有限体 F の素体を P とするとき，F の任意の自己同型は P-自己同型である．

　(2)　素体 P の自己同型は恒等自己同型 e に限る．

18. 　標数 p の有限体 F において，p 乗するという写像

$$\phi:a\mapsto a^p\quad (a\in F)$$

は F の P-自己同型（P は F の素体）である．このことを証明せよ．

　注．この写像 ϕ を F の **Frobenius 置換**という．

19. 　F を標数 p の q 元体（$q=p^n$），P をその素体とするとき，Galois 群 G $=G(F/P)$ は Frobenius 置換

解答のページ

15. a, b の対応する一つの桁において, a と b の偶奇性が一致しているならば, 左辺 $=$右辺$=0$ となり, また, 相異しているならば, 左辺$=$右辺$=1$ となるから, a, b の全体においても公式が成立つ.

―――問題Bの解答―――

16. F^* の任意の2元a, b に対して,
$$f(ab)=(ab)^m=a^m b^m=f(a)f(b).$$
従って, f は F^* の自己準同型である. 次に, $(q-1, m)=1$ とすれば, Bachet の定理によって, $(q-1)x+my=1$ をみたす整数 x, y が存在する. 従って, F^* の任意の元 b に対して,
$$b=b^{(q-1)x+my}=(b^x)^{q-1}(b^y)^m=(b^y)^m. \quad \therefore f(b^y)=b.$$
そこで, f は全射であり, F^* は有限集合であるから, 全単射になる. 従って, f は F^* の自己同型である.

　注. F^* の任意の元aは, 問2によって, $a^{q-1}=1$ をみたすから, $0\leqq m\leqq q-1$ の範囲で考察すれば十分である. なお, 本問の "自己準同型" は F^* の乗法群としての自己準同型であり, 写像 f は和を保存しないことに注意せよ.

17. (1) Pの任意の元 a は単位元 1 の累加 $a=1+\cdots+1$ で表わされるから, F の任意の自己同型をfとすれば, $f(1)=1$ に注意して,
$$f(a)=f(1+\cdots+1)=f(1)+\cdots+f(1)=1+\cdots+1=a.$$
従って, $f(a)=a$ であり, f は P-自己同型である.

　　(2) (1)によって, F の自己同型 f は P の各元を不変にするからである.

18. 標数がpであるから, P の元の個数は $q=p^n$ の形をしている. そこで, $(q-1, p)=1$ となり, 問16によって, 写像ϕは乗法群 F^* の自己同型になる. 更に, 標数pの体 F では,
$$(a+b)^p=a^p+b^p \quad (a, b\in F)$$
が成立つから, ϕ は F の体としての自己同型となる. 従って, 前問(1)によって, ϕ は F の P-自己同型である.

19. 問3によって, F/P は Galois 拡大である. 従って,
$$|G|=[F:P]=n$$

$$\phi : a \mapsto a^p \quad (a \in F)$$

を生成元とする位数 n の巡回群であることを証明せよ.

　注. 従って, F/P は巡回拡大である.

20.　F を標数 p の q 元体 $(q=p^n)$, P をその素体, $G=G(F/P)$ とする.　次の三者は互いに 1-1 対応することを証明せよ:

　(1)　F の部分体,

　(2)　G の部分群,

　(3)　n の正の約数.

21.　$GF(p^n)$ が $GF(p^m)$ と同型な部分体を持つための必要十分条件は, $m \mid n$ が成立つことである. このことを証明せよ. 但し, p は素数, m, n は正整数とする.

　注. 従って, F の部分体の間の包含関係を表わす Hasse の図式は, n の正の約数全体が整除関係に関して作る "束" と同型になる.

22.　$GF(2^6)$ の部分体は全部で何個あるか. また, それらはどのような Galois 体と同型になるか.

23.　$F=GF(p^n)$ の素体を $P=GF(p)$, F の原始根を α とし,

$$s=1+p+\cdots+p^{n-1}=\frac{p^n-1}{p-1}$$

と置くとき, 次のことがらを証明せよ.

　(1)　乗法群 P^* は α^s を生成元とする位数 $p-1$ の巡回群である.

解答のページ

である．前問によって，写像 ϕ は G の元であるから，G の位数 $m\,(m\leqq n)$ の巡回部分群 H を生成する．ϕ^m は恒等写像であるから，これを F の原始根 α に作用させれば，

$$\alpha^{p^m}=\alpha.\quad\therefore\alpha^{p^m-1}=1.$$

従って，§ 12，問11を乗法群 F^* に適用すれば，p^m-1 は α の位数 p^n-1 の倍数になる．従って，$m\geqq n$．以上によって，$m=n$，$G=H$ となり，G は ϕ を生成元とする位数 n の巡回群になる．

20. F の部分体と G の部分群が 1-1 対応することは，Galois 理論の基本定理によって明らかである．更に，n の任意の正の約数 m と ϕ^m（ϕ は Frobenius 置換）によって生成される G の位数 $l=n/m$ の巡回部分群 H_m が 1-1 対応するから，与えられた命題は証明された．なお，F の原始根を α とし，

$$s=1+p^m+p^{2m}+\cdots+p^{(l-1)m}=\frac{p^n-1}{p^m-1}\quad(n=lm)$$

と置けば，この対応関係は次の通りである．

(1) F の部分体 L_m，但し，
$$L_m{}^*=\{1,\ \alpha^s,\ \alpha^{2s},\ \cdots,\ \alpha^{(p^{m-2})s}\}\ (\text{位数}\ p^m-1).$$

(2) G の部分群
$$H_m=\{e,\ \phi^m,\ \phi^{2m},\ \cdots,\ \phi^{(l-1)m}\}\ (\text{位数}\ l=n/m).$$

(3) n の正の約数 m．

21. $GF(p^n)$ が $GF(p^m)$ と同型な部分体 L_m を持つとすれば，前問によって，$m\,|\,n$．逆も明らかである．

22. 6 の正の約数は 6，3，2，1．従って，$GF(2^6)$ の部分体は，
$$GF(2^6),\ GF(2^3),\ GF(2^2),\ GF(2)$$
の 4 個である．

23. (1) 問20において，$m=1$ とすればよい．

(2) 問16によって，$p-1$ 乗するという写像
$$f:a\to a^{p-1}\quad(a\in F^*)$$
は F^* の自己準同型である．以下，この写像 f の核と像を求める．さて，F^* において，位数 $p-1$ の元を $\beta=\alpha^k$ とすれば，

(2) 剰余群 F^*/P^* は α^{p-1} を生成元とする位数 s の巡回群に同型である.

(3) 剰余群 F^*/P^* の s 個の剰余類は,

$$P^*\alpha^k=\{\alpha^{ms+k}\,|\,m=0,\ 1,\ \cdots,\ p-2\}$$
$$(k=0,\ 1,\ \cdots,\ s-1)$$

で与えられる. すなわち,

$$\alpha^i\equiv\alpha^j(P^*)\Leftrightarrow i\equiv j\ (\mathrm{mod}.\,s).$$

(4) F を P 上の n 次元線形空間と見做すとき, F は s 個の 1 次元部分空間

$$P\alpha^k=P^*\alpha^k\cup\{0\}\quad(k=0,\ 1,\ \cdots,\ s-1)$$

を持つ.

注. $P\cong\boldsymbol{Z}_p$ であるから, P^* の生成元 α^s は法 p に関する原始根である (§8参照). F^* の各元に α^s を左乗するという写像

$$\sigma:\alpha^k\mapsto\alpha^s\alpha^k=\alpha^{s+k}\quad(k=0,\ 1,\ \cdots,\ q-2)$$

は F^* 上の置換であり, 位数 $p-1$ の巡回群を生成する. この巡回群の "軌道"——置換 σ を繰返すことによって到達可能な元の作る F^* の類——が s 個の剰余類

$$P^*\alpha^k\quad(k=0,\ 1,\ \cdots,\ s-1)$$

に他ならない. そして, この P^* に関する F^* の類別は, (3)によって, F^* の原始根 α を底とする指数表の法 s に関する類別と一致する (右表は問12, $s=6$). なお, (4)によって, 各剰余類 $P^*\alpha^k$ が原点 $0=\alpha^{\infty}$ を通る "直線" を構成する.

1	5	2	3	4
1	3	5	4	2
1	2	4	5	3
1	4	3	2	5
∞	0	0	0	0

$$\beta^{p-1} = \alpha^{k(p-1)} = 1. \quad \therefore k(p-1) \equiv 0 \ (\mathrm{mod}.\, p^n - 1).$$

従って，合同式の簡約公式(3)によって，$k \equiv 0 \ (\mathrm{mod}.\, s)$ を得る．

$$\therefore \mathrm{Ker} f = \{1, \ \alpha^s, \ \alpha^{2s}, \ \cdots, \ \alpha^{(p-2)s}\} = P^*.$$

また，$p-1$ 乗元は，$\alpha^{s(p-1)} = 1$ であるから，

$$\mathrm{Im} f = \{1, \ \alpha^{(p-1)}, \alpha^{2(p-1)}, \ \cdots \alpha^{(s-1)(p-1)}\} \quad (\text{位数 } s).$$

そこで，f に準同型定理を適用すれば，$F^*/P^* \cong \mathrm{Im} f$ を得る．

(3) $F^*/P^* = \{P^*, \ P^*\alpha, \ \cdots, \ P^*\alpha^{s-1}\}$ に(1)を用いればよい．

(4) $P\alpha^k$ の任意の2元 α^{ls+k}, α^{ms+k} に対し，

$$\alpha^{ls+k} + \alpha^{ms+k} = (\alpha^{ls} + \alpha^{ms})\alpha^k$$

となり，ここで $\alpha^{ls} + \alpha^{ms}$ は P の元であるから，$P\alpha^k$ は加法群であることがわかる．また，P の任意の元 α^{rs} に対し，

$$\alpha^{rs}\alpha^{ls+k} = \alpha^{(r+l)s+k}$$

が成立つから，$P\alpha^k$ は F の部分空間である（注．上記の証明において，一つ，または二つの元が0になる場合は α のベキとして表わされないが，この場合は自明である）．更に，$P\alpha^k$ は基底 $\{\alpha^k\}$ を持つから，F の1次元部分空間である．最後に，F^* の任意の元はいずれかの $P\alpha^k$ に属するから，F^* の1次元部分空間はこれ以外には存在しない．

索　　引

著者紹介：

加藤明史（かとう・あきのぶ）

鳥取大学名誉教授

著書：『初めて学ぶ微分積分問題集』，現代数学社

　　　『読んで楽しむ代数学』，現代数学社

　　　『大数学者の数学・ガウス／整数論への道』，現代数学社

訳書：『代数学の歴史』（ファン・デル・ヴェルデン 著），現代数学社，

など

しんせつ　　だいすうがくえんしゅう
親切な代数学演習　新装2版

2020 年 10 月 23 日　新装2版1刷発行

著　　　者　　　加藤明史

発 行 者　　　富田　淳

発 行 所　　　株式会社　現代数学社

　　　　　　　〒606-8425 京都市左京区鹿ヶ谷西寺ノ前町1

　　　　　　　TEL 075 (751) 0727　FAX 075 (744) 0906

　　　　　　　https://www.gensu.co.jp/

装　　　幀　　　中西真一（株式会社 CANVAS）

印刷・製本　　　有限会社ニシダ印刷製本

ISBN 978-4-7687-0544-5　　　　　　　　　2020　Printed in Japan